国家重点基础研究发展规划(973)项目
“黄河流域水资源演化规律与可再生性维持机理”(G19990436)系列专著

# 流域水循环分布式模拟

刘昌明　郑红星　王中根　等著



黄河水利出版社

## 内 容 提 要


本书是国家重点基础研究发展规划项目("973",G19990436)的研究成果之一,主要内容是分布式水文模型系统的研发与集成。全书共分10章。第一章介绍了分布式水文模型的基本概念和国内外研究进展;第二章探讨了分布式水文模型的理论基础;第三章阐述了分布式水文模型的相关支撑技术;第四章介绍了自主开发的流域分布式水文模拟系统HIMS的结构和功能;第五章至第七章介绍了自主开发的三种时空尺度的分布式水文模型;第八章和第九章介绍了国外分布式水文模型在黄河流域的应用;第十章对分布式水文模型的研究进行了总结,分析了分布式水文模型存在的问题及其发展前景。

本书重在理论研究与应用实践的结合,在流域水循环分布式模拟研究方面,具有很好的指导和示范作用,可供水利工程、环境工程、地质工程、地球科学等专业的科技工作者参考,也可作为相关专业教师、研究生、本科生的辅助教材。



**图书在版编目(CIP)数据**

流域水循环分布式模拟/刘昌明等著.—郑州:黄河水利出版社,2006.7

ISBN 7-80734-086-X

Ⅰ.流… Ⅱ.刘… Ⅲ.水循环-流域模型-研究 Ⅳ.P339

中国版本图书馆CIP数据核字(2006)第059031号

策划编辑:岳德军 13838122133

出 版 社:黄河水利出版社

地址:河南省郑州市金水路11号 邮政编码:450003

发行单位:黄河水利出版社

发行部电话:0371-66026940 传真:0371-66022620

E-mail:hhslcbs@126.com

承印单位:河南省瑞光印务股份有限公司

开本:787 mm×1 092 mm 1/16

印张:12.875

字数:297千字 印数:1—1 500

版次:2006年7月第1版 印次:2006年7月第1次印刷

书号:ISBN 7-80734-086-X/P·61 定价:35.00元

# 前　言

气候变化、人类活动、土地利用及覆被变化下的流域水文循环过程的研究是当前水科学研究的重要内容之一。国家重点基础研究发展规划项目“黄河流域水资源演化规律与可再生性维持机理”(简称黄河“973”项目,G19990436)正是在这样的背景下,以黄河流域为平台,以水资源为核心的一项综合性研究项目。流域水循环过程模拟是黄河“973”项目的重要组成部分,是深入认识黄河流域水循环过程的工具和推动力,同时也是解决黄河水问题重要的技术支撑。

黄河流域面积约 75.2 万 $km^2$(如包括鄂尔多斯内陆区,则约 80 万 $km^2$),地处干旱、半干旱与半湿润过渡地区。受大气环流,特别是季风环流的影响,各地区气候差异很大。流域多年平均降水量时空分布极其不均,总的趋势是由西北向东南递增,每年 6~9 月是降水季节,降水总量占全年的 75%。从地形上看,黄河从青藏高原到渤海,流经三个台阶,土壤与土地覆盖及土地利用类型等下垫面条件的分布也极其不均。考虑到黄河流域水文要素的空间变异性,为适应同时结合当前水文模拟的发展态势,我们从不同时空尺度,针对不同的应用目标开展了探索性的研究。经过初步研究,分别面向洪水预报、水资源评价与调度及管理、气候变化与土地利用的影响等三个层次的目标,提出了次降水径流过程、日水文过程、月/年水文过程等三个不同尺度的分布式水文模型。

应当指出的是,分布式水文模型的概念在提出后相当长的一段时间内发展缓慢,这主要是由于分布式模拟需要大量的数据支持以及较大的运算量。“3S”技术、空间技术、信息技术等高新技术的发展和成熟为分布式水文模型的研究提供了条件与技术支撑。基于此,黄河“973”项目研究提出了一个以数据库为基础、以 GIS/RS 为技术支撑、集成资源管理与决策功能为一体的、具有专业扩展性和广泛模拟能力的模块化结构的分布式水文模拟系统。该系统作为一个可扩展的平台,将逐步集成各类时空尺度下的分布式水文模型和其他功能模块的应用。

洪水是黄河流域的心腹之患。分布式次降水径流模型的设计针对次洪水过程的特点,以小时为步长,在栅格 DEM 的基础上生成数字流域,并构建了单元网格模型、河网汇流模型、水库调蓄模型,适用于半湿润半干旱、人类活动相对较少的山坡流域,为半物理结构的模型。模型的显著特点是充分利用了 GIS 技术,并将之与遥感和 DEM 紧密耦合。模型在黄河流域洛河卢氏以上流域得到比较成功的应用。

由于黄河流域下垫面和气象因素显著的空间变异性,需要分布式日过程水文模型的支持,以对流域水资源进行统筹规划与管理。为此,构建了以水文物理概念为基础的分布式水文模型。模型基于 DEM,将流域分成若干子流域,在子流域上建立物理概念模型,产流计算考虑地形坡度影响和变源面积规律,采用地形指数计算方法,汇流演算基于河网拓扑关系,采用分段马斯京根方法。模型已在黄河中游泾河流域进行了初步应用,具有较好的模拟精度,能够满足水资源管理的需要。

为考察气候变化及人类活动等因素对黄河流域水循环的影响，还构建了基于系统理论的月尺度分布式水文模型。它既具有分布式水文概念性模拟的特征，同时又具有水文系统分析适应能力强的优点，是水文非线性系统方法与空间分布式模拟的一种结合。依据这种思路发展的分布式时变增益模型(Distributed Time Variant Gain Model，DTVGM)通过DEM网格化和气候—水文变量的空间数据处理，描述流域降水、气温、蒸散发和不同土地利用条件下产汇流的空间分布变化；通过土壤湿度这一物理量的变化将水循环中的产汇流过程联系在一起，实现了基于网格和河网的流域分布式产汇流模拟。在对全黄河流域的模拟中，表明该模型能够对分布式空间降水输入产生确切的响应。

此外，在黄河流域水循环分布式模拟的研究中，我们还探讨了日本Ma和Fukushima等人提出的SVAT & HYCY模型以及美国的SWAT(Soil and Water Assessment Tool)，借鉴并积累了一些模型构建和应用方面的经验。这些经验对我们自主开发适合于黄河流域的分布式水文模型提供了有益的帮助和借鉴。

本书试图通过相关模型的综合分析，让读者对分布式水文模型的研究现状有一个更全面和完整的认识。全书共分10章。第一章简要介绍分布式水文模型的基本概念以及国内外研究进展；第二章重点讨论分布式水文模型的理论基础；第三章阐述了分布式水文模型的输入和参数的获取手段及方法；第四章结合黄河“973”项目的研究成果，详细探讨了流域分布式水文模拟系统(Hydro - Informatics Modeling System，HIMS)的结构和功能；第五章至第七章从理论和实践相结合的角度，分别介绍了自主开发的、针对不同目标、适用于不同尺度的分布式水文模型；第八章和第九章是对国外的分布式水文模型SWAT和SVAT & HYCY模型在黄河流域的应用介绍；第十章对分布式水文模型的研究进行了总结，提出了几个方面的认识，并探讨了未来分布式水文模型的发展前景，包括水量、水质评价、非点源污染、水土流失、生态水文效应等的研究。本书各章节的撰稿人分别为：

| 章节 | 标题 | 撰稿人 |
|---|---|---|
| 前言 | | 刘昌明 郑红星 |
| 第一章 | 绪论 | 郑红星 王中根 刘昌明 |
| 第二章 | 流域分布式水文模型理论基础 | 郑红星 王中根 刘昌明 |
| 第三章 | 分布式水文模拟的技术支撑 | 郑红星 王中根 杨胜天 牛存稳 |
| 第四章 | 流域分布式水文模拟系统 | 郑红星 王中根 王纲胜 叶爱中 |
| 第五章 | 分布式暴雨洪水模型及其应用 | 吴险峰 刘昌明 |
| 第六章 | 流域日水文过程分布式模拟 | 王中根 郑红星 刘昌明 |
| 第七章 | 分布式时变增益模型及其应用 | 夏军 王纲胜 叶爱中 |
| 第八章 | SWAT模型在黄河流域的应用 | 王中根 郝芳华 刘昌明 |
| 第九章 | SVAT & HYCY模型及其应用 | 郑红星 马燮铫 王中根 吴险峰 |
| 第十章 | 流域分布式水文模型的发展趋势 | 刘昌明 郑红星 |
| 附录 | 分布式水文模型：神话还是现实? | 郑红星(编译) |

全书由刘昌明、郑红星、王中根统稿。

总之，我们期望通过黄河流域分布式水文模拟的研究，促进我国流域水文水资源研究与量化手段的提高，发现和逐步解决科学领域和生产实际中面临的问题与新的挑战。限于时间和水平，本书错漏之处在所难免，请读者批评指正。

作　者

2005 年 12 月

# 目　录

# 第一章　绪　论

## 第一节　流域水文循环过程

自然界的水循环是连接大气圈、水圈、岩石圈和生物圈的纽带，是自然环境中发展演变最活跃的因素。在整个水循环运动中，流域尺度的水文循环过程更是与人类的生存和发展息息相关。由于受到气象因素（如降水、辐射、蒸发等）、下垫面因素（如地形、地貌、土壤、植被等）以及人类活动（如土地利用、水利工程等）的强烈影响，流域水文循环过程也变得极其复杂。

### 一、水文循环的基本过程

水文循环是指地球上各种形态的水，在太阳辐射、地心引力等作用下，通过蒸发、水汽输送、凝结降水、下渗以及径流等环节，不断地发生相态转换和周而复始运动的过程。从全球整体角度来说，这个循环过程可以设想从海洋的蒸发开始，蒸发的水汽升入空中，并被气流输送至各地，大部分留在海洋上空，少部分深入内陆。在适当条件下，这些水汽凝结，发生降水。其中海面上的降水直接回归海洋，降落到陆地表面的雨雪，除重新蒸发升入空中的水汽外，一部分成为地面径流补给江河、湖泊，另一部分渗入岩土层中，转化为壤中流与地下径流。地面径流、壤中流与地下径流，最后流入海洋，构成全球性统一、连续有序的巨大动态系统。

陆地表层系统中的水循环包含大气降水在地表系统（Land System）、次地表系统（Subsurface System）和土壤与含水层系统（Aquifer System）中的循环运动（如图 1-1 所示）。常年河流中的径流即来自这 3 个子系统。在地表系统中，降水、地表径流、下渗、土壤水、蒸散发是产流和水分损失的决定性环节。地表系统还可以进一步划分为 3 个子系统，即植被子系统（Vegetation Subsystem）、人工建筑子系统（Structural Subsystem）、土壤子系统（Soil Subsystem）。这些系统相应于截留、填洼和滞蓄等损失。这些损失则成为大气系统或地下系统的水分来源。

水文循环包含降水、径流、下渗、蒸发等环节，伴随着水量的转化和物质及能量的交换，是一个非常复杂的过程（刘昌明等，1988）。水文循环是联系地球系统地圈—生物圈—大气圈的纽带，是全球变化三大主题——碳循环、水资源和食物纤维的核心问题之一（夏军，2002），它受自然变化和人类活动的影响，决定水资源形成与演变的规律。

从全球的角度看，水分在地球上环绕分布构成水圈，因热力状况不同，水圈中的水可以为气态、液态或固态。海洋是液态水的主要载体，而陆地上液态水有地表水（包括江河水、湖水与水库蓄水）、土壤水和地下水。在热力、地心吸引力等多种外力的作用下，水不断地运动并进行三态的交替变化，各水体相互转化和不断更新，并通过全球水循环联系起

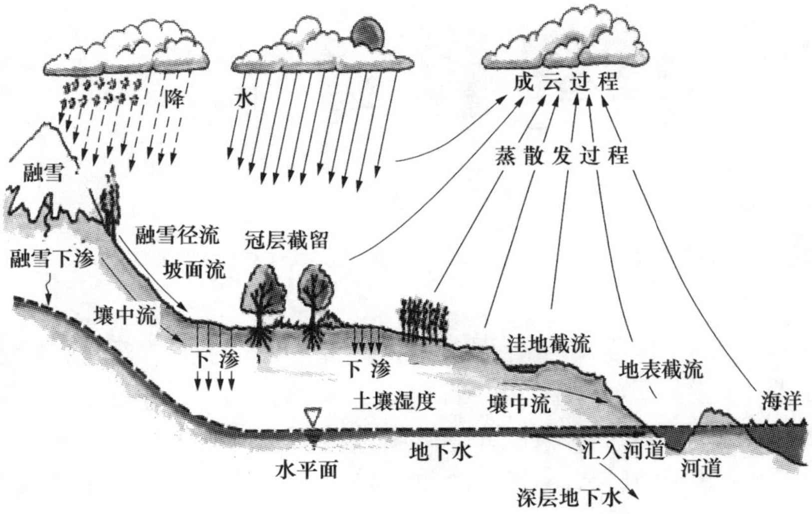


图 1-1　陆地水循环系统示意图

来。受质量守恒定律支配，水循环运动保持着连续性。按系统分析，水循环的每一环节都是系统的组成部分，也是一个子系统（Subsystem）。各个子系统之间互相联系，这种联系是通过一系列的输入与输出实现的。例如，大气子系统的输出——降水，是陆地流域子系统的输入；陆地流域子系统又通过其输出——径流，成为海洋子系统的输入，等等。在全球的尺度上，水循环是一个闭合的系统。但是，就区域的角度看，水循环则是多个环节有机耦合并外部开放的巨系统。从大气到地下水层的耦合关系如表 1-1 所示。

表 1-1　水循环系统开放耦合关系

| 系统 | 系统输入 | 系统输出 | 蓄变量 |
|---|---|---|---|
| 大气 | $(A_i+E)_t$<br>$A_i=A_1+A_2$ | $(P+A_0)_t$<br>$A_0=A_3+A_4$ | $\Delta A=\Delta A_t+\Delta A_{t0}$ |
| 地面 | $(P+I_n+I_g)$ | $(R+E+O_s+O_g)_t$<br>$R=R_s-R_g$;<br>$R_g=R_{g1}+R_{g2}+R_{g3}$<br>$E=E_s+E_v$ | $\Delta W=\Delta W_{st}-\Delta W_{t0}$ |
| 土壤（通气带） | $(M+I_0+C_u+C_m)_t$<br>$M=P-R_n$ | $(E_V+E_s+E_w+P_g+O_0)_t$ | $\Delta W_s=\Delta W_{st}-\Delta W_{st0}$ |
| 地下水（饱和带） | $(P_g+r_s+d_s+J_s+m_s+i_s+a_s)_t$ | $(E_w+r_d+m_d+a_d)$ | $\Delta W_g=\Delta W_{gt}-\Delta W_{gt0}$ |

表 1-1 中：$A_i$ 为水汽输入（$A_1+A_2$）；$A_0$ 为水汽输出（$A_3+A_4$）；$E$ 为总蒸发；$P$ 为降水；$\Delta A$ 为大气水汽蓄变量；$I_n$ 与 $I_g$ 为区外地表水与地下水入流；$R$ 为区内径流，为地

表水径流与地下水径流之和，其中地下水径流又包括土壤径流($R_{g1}$)与地下径流($R_{g2}$)；$E_s$ 为土壤蒸发；$E_v$ 为植被蒸腾；$E_w$ 为地下水上升蒸发；$\Delta W$ 为地表水蓄变量，为时段始($t_0$)末($t$)的蓄水量之差；$M$ 为土壤入渗；$I_0$ 为壤中入流；$C_m$ 为土壤凝结水；$C_u$ 为地下水上升；$P_g$ 为通过土壤渗入地下水的降水补给；$O_0$ 为壤中出流；$\Delta W_s$ 为土壤水蓄变量；$r_s$ 为河渠水的渗入；$d_s$ 为地表蓄水渗漏；$J_s$ 为区外水侧渗；$m_s$ 为越流补给；$i_s$ 为灌溉回归水；$a_s$ 为区外含水层流入；$E_V$ 为地下水上升与抽水排泄；$r_d$ 为地下水河道排泄，$r_d$ 与 $R_{g2}$ 相当；$m_d$ 为越流排泄；$a_d$ 为地下出流，不含 $R_{g2}$；$\Delta W_g$ 为地下水蓄变量。

### 二、流域水文循环

由图 1-1 可以看出，流域尺度的水循环过程是水循环研究一个重要的支撑点。基于流域的水循环研究作为流域水资源综合开发利用、集成管理的基本依据，不仅具有重要的实践意义，而且从科学研究的角度讲，它是从宏观全球尺度向微观局地尺度的过渡，是连接微观研究和宏观研究的重要纽带，也是尺度化过程(包括 Upscaling 和 Downscaling)的焦点。

流域水循环，作为水循环在特定空间范围内的一种具体实现，是由一系列微观尺度的水循环过程嵌套而成的。同时，作为陆地水循环和全球水循环的一个组成部分，流域水循环及其演变过程又受控于全球水循环的一般形势。受特定的地理空间位置和范围的影响，不同的流域其水循环过程和特征各不相同。但是，就流域水循环的结构看，则大多表现为一个多层嵌套的级联系统。总体上看，流域水循环包括降水、蒸发、下渗以及从上游到下游的产、汇流过程。但对流域的局部地区(如支流或蓄水体)而言，同时也是一个包含上述各水循环过程的开放系统。

## 第二节　流域水文循环的数学模拟

水文循环是一个高度复杂的非线性系统。水文模型则是描述水文循环的有效手段。在现代计算机出现之前的 100 多年里，人们用物理模型来了解水文过程，1856 年 Darcy 所做的砂柱试验就是一个很好的例子。目前该试验技术还经常被应用于工程实际和课堂教学，但其在模拟水文复杂系统时存在局限性。模拟模型利用数学相似性模拟水文过程，在坝、渠水的渗漏及地下含水层水文地质条件的模拟方面是个强有力的手段。随着科学技术的发展，数学模型发展最快，应用最广。

### 一、流域水文模型的发展历程

流域水文模型亦属于数学模型，它从定量上分析流域出口断面流量过程线形成的全部过程，包括降水、蒸散发、截留和下渗，包括地表径流、壤中流、地下径流的形成，也包括坡面调蓄和河网调蓄。流域水文模拟可以追溯到 1932 年谢尔曼(Sherman)的单位线(unit hydrograph)以及 1933 年霍顿(Horton)的入渗理论，更早则可以认为是源于 1858 年 Mulvany 发展的水文计算方法。1948 年，彭曼(Penman)提出了蒸发理论。在经历了相对平静的二三十年降水—径流模型的研究之后，20 世纪 50 年代中期掀起了一个水文模型研究的浪潮。这一阶段的水文模型主要应用线性系统理论，并以最终推导出普适的单位线理论而达到顶点。此后，直到 50 年代末，大部分模型都只对水文循环过程中的单一要素进行模拟。

20 世纪 60 年代的数字化革命使对全流域水文循环过程的多要素模拟成为可能。1966 年由 Crawford 和 Linsley 合作开发的斯坦福模型(Stanford Watershed Model，SWM，即目前的 HSPF)可作为这一时期水文模型的代表。这基本上是第一次模拟整个水文过程的尝试。数字革命同时催生了两项技术：数值模拟和随机模拟。在随后的 30 多年里，随着计算机技术的飞速发展，流域水文模拟获得了前所未有的发展。20 世纪 70～80 年代是流域水文模型蓬勃发展时期，提出了一些比较著名的模型，如新安江模型、Sacramento模型、Tank 模型、HEC－1 模型、SCS 模型、API 连续演算流域水文模型等。这一时期许多代表性的水文模型不仅用于模拟流域水文过程，同时还应用在环境和生态管理等领域。80 年代后期，传统流域水文模型(集总式)发展缓慢，几乎没有什么突破性的进展。新模型的开发以及原有模型的改进是持续到今天的研究课题。

流域水文模型的输入是流域上各点的降水过程，输出是流域出口断面的流量或水位过程，因此它是一种输入具有分散性、输出具有集总性的模型，传统水文模型在结构上一般与此并不匹配。由于传统的流域水文模型本身所具有的局限性，同时随着水文循环中各个组成要素的深入研究，以及计算机、地理信息系统(GIS)、数字高程模型(DEM)和遥感技术的迅速发展，使构造具有一定物理基础的流域分布式水文模型(数字水文模型)成为可能。另一方面，数值模拟和随机模拟的发展使水文模型增加了更多的物理、数学以及统计等方面的内容，并因此产生了更大的数据需求。在这一发展趋势下，数据获取技术，特别是遥感(卫星和雷达)的研究开始并将继续受到关注。大量的数据需求也使得数据库技术和地理信息系统技术成为模型研究的一个重要组成部分(Singh and Fiorentino，1996)。

在 2002 年国际水文科学协会(IAHS)启动的新国际水文十年计划“缺资料地区水文预报”(Predictions in Ungauged Basins，PUB)，是 IAHS 在本世纪启动的第一个重大科学计划。该计划旨在以 PUB 这个重大的水文问题为依托，在探索解决该问题的新路子的同时，实现水文理论的重大突破，并极大地满足各国特别是发展中国家生产和社会的需要。分布式水文模型的研究将面临在缺资料地区的应用。2003 年世界四大计划 ESSP 启动了全球水系统计划(Global Water System Project，GWSP)，旨在重点研究人类活动对水系统的影响，为分布式水文模型的研究提供一个巨大的舞台，大大扩展并促进其研究进展。

## 二、流域水文模型的类型

由于流域水文循环过程极其复杂，在水文研究中通常建立水文模型对复杂水文现象进行抽象和概化。目前，水文模型的种类繁多，按模型的性质和建模技术可分为实体模型(如比例尺模型)、类比模型(如用电流欧姆定律类比渗流达西定律的模型)和数学模拟模型，如图 1-2 所示。其中数学模拟模型是人们最常用的一类水文模型。流域水文(数学)模型是运用数学语言和方式描述水文原型的主要特征关系和过程。其中，描述水文现象必然性规律的模型称为确定性模型，确定性模型的因果关系是惟一、完全对应的。相反，描述水文现象偶然性(随机性)规律的模型称为随机性模型，在一组已知的不变条件下，每次产生的水文现象可能都是不同的，没有惟一的因果对应关系，对这种不确定事件只能做出概率预告。

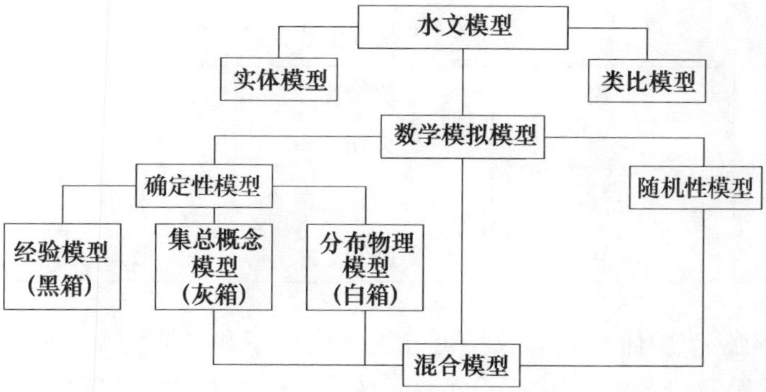


**图 1-2　水文模型分类**

确定性的水文数学模型又分为以下三种：

(1)数学物理模型。它是以数学物理方法对水文现象进行模拟的模型。它是依据物理学质量、动量与能量守恒定律以及流域产汇流的特性推导出来的描述地表径流和地下径流的微分方程组。这些方程能表现径流在时空上的变化，也能处理随时空变化的降水输入的偏微分方程组。由于流域下垫面情况非常复杂，产流与汇流交织发生，目前建立这样复杂系统的水文数学物理方程还处于探索阶段，具有物理基础的分布式水文模型即属于此类模型。

(2)概念性模型。它是以水文现象的物理概念作为基础进行模拟的，它利用一些简单的物理概念(如下渗曲线、蓄水曲线等)或有物理意义的结构单元(如线性水库、线性渠道等)对复杂的水文现象进行概化，然后建立水文模型。概念性模型可以模拟水循环的整个系统(如流域水文模型)，也可以模拟水循环的某个环节(如产流模型、汇流模型、蒸散发模型、土壤水模型、地下水模型等)。

(3)系统理论模型。又叫系统响应模型，是一种具有统计性质的时间序列回归模型，属于确定性模型。它建立在系统输入—输出关系之上，核心问题是通过“系统识别”求出一个脉冲响应函数。“系统识别”常用的方法是最小二乘法。系统响应模型又有线性和非线性之分，以及时变和时不变之分。

微观尺度水文问题与物理学研究对象一致，故多采用非线性水动力学数学物理方法描述。由于数学物理方程的非线性和实际中确定边界条件与初始条件的困难，因此在系统描述模拟中面临很多的问题。概念性水文模型(如斯坦福模型、萨克门托模型、新安江模型等)属于“灰箱”的分析范畴，它将流域内的结构设想为有水文逻辑关系的元素排列，其中各元素有一定的物理概念(或经验关系)。概念性模型可以对系统内部机制作出部分描述或解释，因而易被水文工作者接受。系统理论模型在方法论上属于“黑箱”范畴，其特点是直接描述系统“输入—结构(或状态)—输出”之间的因果关系。模型结构和参数依据原型的观测信息通过“系统识别”来确定，不受验前假定的限制，可避开许多复杂中间环节构想，有适应环境变化、便于使用等优点，因而在流域洪水特性分析、实时洪水预报等方面应用较多。系统理论模型在应用上最适用于一些复杂系统，即内部结构不便直接观测，水文中间环节信息较贫乏(物理机制不太清楚)，但可以从系统的输入与输出信息去认识系统。系统方法的应用归结如表 1-2 所示。

**表 1-2　系统方法的应用**

| 应用 | 系统输入 | 系统结构 | 系统输出 | 说明 |
|---|---|---|---|---|
| 鉴别 | 已知 | 未知 | 已知 | 识别功能 |
| 预测 | 已知 | 已知 | 未知 | 结果 |
| 评价 | 未知 | 已知 | 已知 | 输入影响 |

另外，水文模型按所研究的对象又可分为水质模型和径流模型(包括地表径流模型和地下径流模型)；按所涉及的范围又可分为全球水文气象模型、流域(或地区)水文模型和单株植物的蒸散发模型等；按模型的功能又分为描述型水文模型和预测型水文模型。描述型水文模型用来增强对流域系统行为的理解，主要包括动力波模型、径流产生机制模型和物理分布模型；预测型水文模型用来解决工程上的实际问题，主要包括用系统工程方法建立的模型、用显性土壤水分计算方法建立的模型和应用实时预报技术建立的模型。

## 三、集总式水文模型

集总式水文模型是忽略了各部分流域特征参数在空间上的变化，把全流域作为一个整体而建立的模型。传统流域水文模型大多数是集总式概念性模型，在许多环节上主要采用概念性元素的模拟或经验函数关系的描述。例如，使用简单的下渗经验公式、带有经验统计性的流域蓄水曲线或具有底孔和不同位置侧孔的水箱等来模拟产流过程；采用面积时间曲线、线性或非线性“水库”、线性或非线性“渠道”，以及它们的不同组合形式来模拟汇流过程。这样的模拟往往只涉及现象的表面而不涉及现象的本质或物理机制，因此传统流域水文模型中的许多参数都缺乏明确的物理意义，只能依据实测降水和径流资料来反求参数的值，而这样求得的模型参数必然带有经验统计性，只能反映有关影响因素对流域径流形成过程的平均作用。这是传统流域水文模型拟合一组资料中的大部分，虽可达到令人满意的程度，但对该组资料中的特殊情况，或者另外一些资料却不一定能获得令人满意的拟合结果的症结所在。

## 四、分布式水文模型

考虑水源或来水(产汇流)的空间变异的水文模拟，分布式水文模型按流域各处土壤、植被、土地利用和降水等的不同，将流域划分为若干个水文模拟单元，在每一个单元上以一组参数(坡面面积、比降、汇流时间等)表示该部分流域的各种自然地理特征，然后通过径流演算而得到全流域的总输出。

严格意义上的分布式模型应是以物理过程为基础，以一组偏微分方程加以表述的模型。但是，在当前的条件下，特别是对于大、中流域，由于数据和计算能力的限制，大部分的分布式模型只能采用概念性模型的方法，只是模型的参数是分布式的。从分布式水文模型的研究来看，一般是在集总模型的基础上尽可能考虑空间变异性，将集总模型的产流机制直接或者间接地应用到子流域（水文单元）上，通过建立子流域之间的水力联系（汇流网络）来实现分布式汇流过程，分布式新安江模型就是一个成功的发展实例。因此，一定程度上可以说大部分的集总式模型都可以转变为分布式模型或半分布式模型。这种转变的关键并不在于模型的结构本身，更重要的是在于模型的运行方式。简而言之，对于一个流域而言，在离散的每一个子流域上，假定各种水循环影响要素在空间上是相对均匀的，都可以应用集总的方式进行模拟。从某种意义上来说，许多分布式模型是传统模型与空间分布信息的结合，是对传统集总模型的必然发展。因此，小流域集总参数作为大、中流域子流域，属于一种广义的分布式模型。

## 第三节　分布式水文模型研究进展

在20世纪70、80年代，由于受计算条件、数据观测与采集手段的限制，分布式水文模型发展比较缓慢，远远落后于同时期的集总式水文模型。同集总式水文模型相比，分布式水文模型"拟合的情况并不特别好，也不特别差，这大概便是这类复杂的理论模型用于资料有限、率定过程存在不确定性且情况复杂的流域中所能期待的结果"（Freeze，1969）。进入20世纪90年代以后，集总式水文模型由于自身的局限性，几乎处于停滞状态。随着计算机技术、GIS技术、RS技术、信息技术和通信技术的发展和普及，获取和描述流域下垫面空间分布信息的技术日臻完善，水文模拟技术发生了巨大的变革，因此，分布式水文模型也获得了长足发展。而此时分布式水文模型的一个显著特点是同DEM相结合，这种基于DEM的分布式水文模型也被称做数字水文模型，是数字化时代的产物。基于DEM的分布式水文模型融合了传统水文学、信息技术以及其他相关学科的研究成果，已经成为现代水文模拟技术研究的热点，代表了水文模型的最新发展方向。当前国际上提出的分布式水文模型比较多，常见的分布式水文模型主要有SHE模型、TOPMODEL模型、SWAT模型等，前者尚只限于较小的流域，后两者则已应用到大、中流域。

### 一、国外分布式水文模型研究进展

自1969年Freeze和Harlan第一次提出了关于分布式水文模型的概念以来，分布式水文模型逐渐得到重视和发展。1975年，Hewlett和Troenale提出了森林流域的变源面积模拟模型。在该模型中，地下径流被分层模拟，在坡面上的地表径流被分块模拟。1979年，Beven和Kirbby提出了以变源产流为基础的TOPMODEL模型。该模型基于DEM推求地形指数（$\ln(\alpha/\tan\beta)$），并利用地形指数来反映下垫面的空间变化对流域水文循环过程的影响，模型的参数具有一定的物理意义，能用于无资料流域的产汇流计算。但是，TOPMODEL模型主要利用了DEM推求地形指数的空间变化，对水文过程而言，仍然假定降水在空间分布上是均匀的，利用平均降水推求径流过程。因此，TOPMODEL模型是不完全的分布式水文模型，其改进和应用是当前水文模拟研究较多的内容。

20世纪80年代，由丹麦、法国及英国的三个机构提出的SHE模型被公认为是最早的分布式水文模型的代表之一。SHE模型考虑了截留、下渗、土壤蓄水量、蒸散发、地表径流、壤中流、地下径流、融雪径流等水文过程。流域参数、降水及水文响应的空间分布，垂直方向用层表示，水平方向用方形网格表示。该模型的主要水文过程可由质量、动量和能量守恒偏微分方程的有限差分表示，也可由经验方程表示。模型有18个参数，具有比较强的物理意义，可由流域特征和水文试验过程确定。SHE模型在欧洲和其他地区得到了应用和验证。但是，由于SHE模型是以精细物理基础为内容的水文模拟计算，需要大量的数据来率定众多的水文参数，实际在水文流域应用面临许多资料缺乏和不确定性方面的困难，因此其应用研究还较为有限，通常也只应用在较小的流域上。

除上述两类模型外，还有一些考虑流域空间特性、输入/输出空间变化的分布式物理模型，如CEQUEAU模型。该模型将流域分为方形网格，输入所有网格的地形、地貌、雨量等特征，对每一个网格进行计算，适用于水质模拟、防洪、水库设计等诸多方面。Susa流域模型强调地表水和地下水的合成，在模拟径流的同时，还可以用于预测土地利用的水文效应。1980年，英国的Morris进行了IHDM(Institute of Hydrology Distributed Model)的研究，根据流域坡面的地形特征，将流域划分成若干部分，每一部分包含有坡面流单元、一维明渠段以及二维(在垂面上)表层流及壤中流区域。1994年，Jeff Arnold为美国农业部(USDA)农业研究中心(ARS)开发了SWAT模型，它能够利用GIS和RS提供的空间信息模拟复杂大流域中多种不同的水文物理过程。模型可采用多种方法将流域离散化(一般基于栅格DEM)，能够反映降水、蒸发等气候因素和下垫面因素的空间变化，以及人类活动对流域水文循环的影响。1995年，Grayson等提出了THALES模型，它是一个基于矢量高程数据的分布式参数模型。Yao等提出了基于网格的集降水空间输入估计降水—蒸发—径流过程模拟、河流演算和空间参数校准为一体的分布式水文模型。Dawen Yang等提出了基于山坡和基于10 km网格的大尺度分布式水文模型。此外，USGS模型、WATFLOOD模型、SLURP模型、PRM模型、VIC模型等可广义地纳入分布式水文模型的范畴。

## 二、国内分布式水文模型研究进展

国内在分布式水文模型方面的研究与应用开展较晚，目前仅处于探索阶段。当前国内的研究主要体现在以下两个方面：一方面对国外较成熟的模型进行应用性研究，如TOPMODEL模型在淮河流域史河水系拓展应用，SWAT模型在黑河流域的径流模拟研究，等等；另一方面在借鉴国外模型的同时，尝试开发适合我国数据条件的分布式水文模型。

20世纪80年代初，中国科学院地理所水文室的径流实验室利用人工降雨的方法，开展了试验模拟研究，曾把模拟试验流域(24 $m^2$)分为上、中、下流域三种不同的降雨强度，地面条件用塑料草被与三种雨强结合，形成多种雨强与下垫面的空间分布，在模拟流域出口测定流量过程，试图探明流域雨强与地面不同的流量过程线。这是国内最早考虑流域空间参数分布的一次试验。该类试验在1999年后结合黄河“973”项目重新开始，但由于实验室搬迁，未能继续分布式参数对流域径流过程影响的试验，只是进行了雨强雨型对汇流的研究。

1995 年，沈晓东等在研究降雨时空分布与下垫面自然地理参数空间分布的不均匀性对径流过程影响的基础上，提出了一种在 GIS 支持下的动态分布式降雨径流流域模型，实现了基于栅格 DEM 的坡面产汇流与河道汇流的数值模拟。1997 年，黄平等在分析国外一些具有物理基础的分布式水文数学模型不足的基础上，提出了流域三维动态水文数值模型的构想。其后，又建立了描述森林坡地饱和与非饱和带水流运动规律的二维分布式水文模型，并用加辽金有限元数值方法求解模型，该模型比较适用于资料条件好的小流域。2000 年，郭生练等建立了一个基于 DEM 的分布式流域水文物理模型，用来模拟小流域的降水径流时空变化过程。2001 年，提出了两参数月水量平衡模型，用来评价气候异常变化对水文水资源的影响。任立良等进行了流域数字水文模型研究，并基于 DEM 考虑流域空间的变异性，建立数字高程流域水系模型。2002 年，夏军等建立了将 DEM 与水文非线性系统理论方法结合进行产流计算的分布式时变增益模型(DTVGM)，该模型的特点是结构简单、参数较少，容易建立流域土地利用/覆被变化与水文产流参数的联系，应用到中国西部的黑河流域、黄河的马莲河流域和华北地区的潮白河流域，取得了较好的模拟效果。

# 第二章　流域分布式水文模型理论基础

流域的空间异质性是分布式水文模拟的基本出发点。流域分布式水文模拟包括流域空间离散、单元水文过程模拟(产流过程模拟)以及流域汇流等几个步骤。面对不同的水文问题,通常采用不同尺度的水文模型。对于不同尺度的分布式水文模型,流域的空间离散方式,包括水文单元的形状、大小及其空间联系是不相同的,而所要求的数据资料的分辨率和数据组织方式也有所不同。因此,流域分布式水文模型不仅仅是一组关于水文过程的控制方程,在某种意义上,它是流域水文过程的控制方程、水循环数据结构的集合。本章从流域的空间异质性出发,探讨分布式水文模拟中流域空间离散、建模方式以及数据结构等方面的基础理论问题。

## 第一节　水文模拟中的尺度问题

Vijay P. Singh(1989)认为,大部分的水文问题均包含确定性和随机性因素,确定性因素和随机性因素作用的强弱取决于所研究问题及所用的尺度。尺度改变,问题的确定性或随机性则可能完全改变。在水文模拟中,尺度是一个首先必须明确的概念。

### 一、尺度的内涵

尺度这个词有丰富的内容,在不同的情况下,其具体的含义也有所不同。根据 Bloschl(1995)的观点,尺度的含义可分为三大类:过程尺度(process scale)、观测尺度(observation scale)以及模拟尺度(modelling scale)。过程尺度是自然现象本身所体现出来的特征,无法人为控制;观测尺度则是为观测手段和角度所决定的;模拟尺度通常和过程尺度相对应,但同时还受模型应用目的的影响。过程尺度可以细分为空间范围(spatial extent)、持续时间(duration)、周期(period)和相关长度(correlation length)。观测尺度也可以分为三个类型,即观测范围、观测间隔(相当于分辨率)和观测对象的大小。模拟尺度从空间上分有局地尺度(local scale)、山坡尺度(hillslope scale)和区域尺度等;从时间上分有小时尺度、日尺度、月尺度、年尺度和年代尺度等。

理想状态下,观测尺度应该和过程尺度相一致。但是这种一致性通常无法实现。一般情况下对于大尺度(面)的水文过程,我们只能在小尺度(点)上进行观测。当过程尺度大于观测尺度时,在观测数据中可能包含有趋势项,而当过程尺度小于观测尺度时,观测数据中则可能含有噪声(由无法测量的小尺度过程引起)。

另一方面,由于模拟尺度和观测尺度在大部分情况下也不一致,为了解决模拟尺度和观测尺度的不一致问题,通常需要对观测数据或者模拟的结果进行尺度转化(scaling)。尺度转化包括尺度上转(upscaling)、尺度下转(downscaling)。尺度上转是指把小尺度的信息转化成大尺度的信息,如把点上观测得到的水力传导度应用于一个小流域的模拟就涉及尺度上转的问题。根据10年的资料来估算百年一遇的洪水也包含着尺度上转内容。与尺度上转相反,尺度下转是把大尺度上的信息转化为小尺度上的信息。这方面的例子如把GCM模型大网格粗分辨率的输出分解到小网格的过程。在这个过程中,小网格上的详细信息是对大网格输出信息的重要检验。

## 二、水文循环的时空尺度

水文循环过程包含一系列不同的时空尺度。Kelmes指出,水文过程的时空尺度大约跨越了8个数量级。根据空间范围的大小,水循环研究的空间尺度大至全球,小至局部和地区,及达西尺度与水分子尺度(如表2-1和表2-2所示)。全球水循环是由海洋、陆地以及海洋与陆地之间的各种不同尺度、不同等级的水循环所组合而成的动态大系统,各分支系统既紧密联系、相互影响,又相对独立。从时间尺度上看,水循环要素变化的研究包含了从秒(水动力学)到千年乃至万年尺度的研究(古水文学)。

**表2-1　小流域的水文循环时间尺度**(马雪华,1993)

| 贮水形式 | 深度(mm) | 周转时间 | 水平运移 |
|---|---|---|---|
| 冠层截留量 | 0.04~5.0 | 小于数小时 | 几米以内 |
| 地被物截留量<br>(枯枝落叶截留) | 2~7 | 1~4星期 | 几米以内 |
| 各种林、草水分 | 5~50 | 几小时到几天 | 几米以内 |
| 积水(填洼) | 0.2~40 | 几分钟到几小时 | 几米以内 |
| 坡面径流 | 1~10 | 3~30分钟 | 0.5~50 m |
| 根系层 | 5~500 | 1~4星期 | 10~100 mm |
| 溪流与河流 | 3 | 几星期 | 1~100 km |

**表2-2　水循环研究的时空尺度**(Vijay P. Singh,1989)

| 时间尺度 | 水循环问题 | 空间尺度 | 水循环问题 |
|---|---|---|---|
| 瞬时或连续时间 | 水库或河道洪水演进、次降水过程的直接径流、雨期下渗、融雪、城市雨水污染物运输…… | 短距离或连续距离 | 雨强、地表粗糙度、曲流、冲淤、灌溉…… |
| 日 | 水量平衡、流量预报、降水预报、水库调度、蒸散发…… | 河道 | 明渠流、河道洪水演进、侵蚀及泥沙传输、地形特征、水位流量关系…… |
| 周 | 水量平衡、蒸发、灌溉、天气预报、洪灾评估…… | 小区或地块 | 园地水文、坡面流、农田灌溉效率、沟间侵蚀、土地利用变化…… |

续表 2-2

| 时间尺度 | 水循环问题 | 空间尺度 | 水循环问题 |
|---|---|---|---|
| 月 | 水量平衡、蒸发、供水、水库淤积、土地利用变化影响…… | 集水区 | 单位过程线、沙量单位线、土地利用变化影响、水量平衡、地表特征…… |
| 季 | 水量平衡、作物生产、农业污染、灌溉供水、干旱影响…… | 流域 | 水资源多目标开发、区域水文分析、区间水量转化、干旱、土地利用变化影响…… |
| 年 | 水量平衡、蒸发、年最大洪峰、土地利用变化影响、干旱模拟…… | 大陆 | 气候预报、干旱、水量平衡、洪水灾害、大气污染及其效应…… |
| 年以上 | 土地利用变化影响、地下水运动、地下水化学物质迁移、生态系统模拟、干旱模拟…… | 全球 | 水量平衡、气候模式及变化、陆地—大气—海洋交互作用、干旱、核爆炸等人类活动影响…… |

表 2-2 给出了不同时空尺度水循环研究关注的一些主要问题。如表中所示，随着时空尺度的变化，水循环研究的问题也在发生相应的变化。或者，反过来也可以说，不同的水循环问题有其自身特定的时空尺度的要求。注意到这样一个现象，在水文过程的时空尺度中，特定的时间尺度总是和特定的空间尺度相匹配的。小的空间尺度一般与小的时间尺度相匹配，而大的空间尺度则与大的时间尺度相匹配。

## 第二节　空间异质性与空间离散

相对于集总式模型而言，分布式水文模型一个最突出的特点是考虑了地球表层系统空间上要素组成的异质性。简单地说，分布式水文模拟就是把特定的流域空间根据其空间的异质性和相似性，把流域整体根据某种模拟需求分解成若干个规则或不规则的子单元(每一个子单元内部相对均一)，并以子单元为基本单位进行水文模拟，然后再考虑子单元之间的水力关系模拟全流域的水文响应。由此可以看出，如何客观反映地球表层的空间异质性，进行合理的空间离散是分布式水文模拟过程中首先面对的一个基础性的问题。

### 一、流域的空间异质性

地球表层系统的空间异质性(spatial heterogeneity/variability)是客观存在的现象。这种空间分异性可以表现为单一地理要素在不同空间位置上的差异，也可以表现为某几个要素组合在空间上的不同。流域水循环过程涉及大气、水、土壤、生物、地形等诸多要素。单一要素或者要素组合的空间差异都可能导致不同的水文过程。流域内部从上游到下游，各种组成水循环的要素及其组合发生着一系列不同的变化。流域内部空间上的这种分异性导致了流域不同空间位置上水文过程的差异。就产流过程而言，流域内部与沟槽紧邻的坡脚、洼地的坡底以及土层浅薄的地方较容易发生饱和坡面流，而在植被覆盖好、土质疏松的地方则可能形成壤中流。

流域的空间异质性有不同的表现形式。一般而言,这种空间异质性有以下几种形式:①不连续性(discontinuity),即在特定的地带内,水文要素和过程基本相似,但是受诸如地质结构、地形等局部因素的影响,在不同的地带之间,水文要素和过程迥异,即在某个空间位置上表现出突变的特点;②周期性(periodicity),即在空间的某一方向上间隔一定的距离出现相同或相类似的水文要素;③随机性(randomness),即水文要素在空间上的分布不具备确定性的规律,其空间分布无法预测,而只能以统计的手段如概率密度函数的方法描述其空间上的分布;④相关性(correlation),即在不同的空间位置上,水文要素表现出一定的相似性,这种相似性往往随空间距离的增加而减弱,相关性反映了空间要素的渐变特征。

对于空间异质性或空间格局的描述经常用到以下一些相关术语。无序(disorder)是指空间分布上的不确定性(erratic),这一术语在某种程度上和随机性(randomness)相似,但是无序不包含概率分布的含义。与无序相对应的是有序(order)的概念,它指的是空间上规律的或者确定的分布特征。结构(structure)也是经常用于描述空间异质性的术语。这一术语有两种不同的意思,一方面它可以是指空间上的特定形态构成,如地质中的构造面(structural faces),另一方面它有时是指随机过程分布函数的矩,如均值、方差、相关长度。

组织(organization)是描述空间异质性或空间格局的一个重要术语,它与"有序"相似,但表达的是关于空间规律性更为复杂的内容。组织通常是与系统的功能和组成紧密相关的。流域和水文过程在许多方面表现出组织性的特征。如水系的网络形态是对称性的具体表现(Rodriguez - Iturbe, 1986),这种结构在某种程度上反映了最小能耗原理(minimum energy expenditure)。再比如,降水的空间格局是通过一些不同尺度的单元(局地的、大范围的或者是锋面形态的)组成,并可以通过这些单元的发展、移动和消失等过程加以识别。从土壤的空间分布看,它通常受诸如地形等状态因子的控制。流域不同部位的土壤可能具有不同的功能,其形成过程也有所不同。土壤链(soil catenas)可以看做是反映流域上土壤空间分布的一种典型的组织形式。

空间异质性的不同表现形式,其定量刻画方法也是不相同的。对于随机分布的现象,一般而言我们可以应用统计的方法,如概率密度函数或信息熵等。但是对于具备组织特征的空间分异现象,统计方法的应用就必须十分慎重。水文过程通常既有组织的特性,又有随机的特性,对这两种特性的不同处理,可能造成模拟结果的重大差异(Kupfersberger and Bloschl, 1995)。

## 二、流域的空间离散

一个流域可以看做是由无限多个点组成的系统。在每一个点上,下渗、蒸散发和径流组成了水量平衡的各个通量。流域的空间离散的目的是反映水文要素的空间差异,为分布式水文模型提供每一个相对均一的"点"上的水文输入和参数,以进行水文过程模拟。如何对千变万化的水循环过程的空间形态进行概化,并以适当的方式体现在模型中,是建立水文模型的重要内容。不同的流域空间离散方法通常可对应着不同的模型结构。

流域的空间离散是一个十分复杂的问题，必须考虑以下三个方面的问题，即水文单元的大小、形状及单元之间的空间拓扑关系。流域空间离散中最为复杂也是讨论最多的一个问题是划分水文单元的大小问题，也就是水文过程模拟的空间分辨率问题。

**（一）空间离散的分辨率**

流域的空间总是异质性的，但是这种空间上的差异对于不同的水文响应过程而言又只具有相对的意义。对于一个宏观的水文问题（如水文区划），我们往往忽略微观尺度上的差异，而着重于问题的主要矛盾，求同存异进行分析和研究。在微观的层面上（如下渗），小尺度的空间差异导致的不同过程和结果则可能是研究的焦点。

流域空间离散本质上是对流域空间的一种概化，即用相对均一的“点阵”来表征流域的空间异质性。在进行流域空间离散的时候，一个首先必须考虑的问题是应该在多大的尺度上来反映流域的空间异质性，或者说什么样的分辨率可以充分反映流域水文输入和参数的空间异质性。

空间异质性的强度是确定分辨率的一个重要因素。当空间异质性表现强烈时，我们需要更高的分辨率；而如果水文参数或输入在空间上变化不大，那么任何的分辨率都是可以考虑的。分辨率越小，计算的数据量越大，计算存储空间的消耗也大。根据流域大小的不同，对于某个水文过程，准确反映空间异质性的数据分辨率可以是几十米也可以是几百米。对于很大的流域，分辨率可能更粗。

显然，水文输入和参数的分辨率直接影响水文模拟的结果。理论上讲，分辨率越高，流域的空间异质性就能得到越充分的体现，水文模拟的精度就可能越高。但是，从另一个角度看，分辨率越高，模型所需的数据量越大，计算所消耗的存储空间和计算时间也越大。而且更为重要的是，过高的分辨率可能并不适用于一些大尺度的模型，或者说大尺度模型赖以建立的理论基础，在微观的尺度上可能并不合理。因此，概括地讲，流域空间离散时对水文单元空间分辨率的确定除了考虑模拟的精度外，还必须综合考虑模型面向的水文过程的尺度、数据的可获得性以及计算量等方面的问题。

**（二）代表单元面积**

针对流域空间离散的分辨率问题，Wood 等于 1988 年提出了代表单元面积（Representative Elementary Area，REA）的概念，试图解释流域水文空间变异与尺度之间的关系。这一概念的基本含义是，随着流域划分的子区域面积的增大，子区域水文响应的差异性则降低。当子区域水文响应的差异性达到一最小值时的子区域面积，即为代表单元面积 REA。可以认为在 REA 内，空间分异性的统计特征可以代替其原有的自然物理特征，或者说单元的自然物理特征可以通过统计的手段加以表述，也就是说，小尺度的复杂性已经让位于大尺度的相似性（Fan and Bras，1995）。

分布式水文模型中 REA 的概念可以理解为“一种可以对水文过程进行概化的空间尺度”。在这个尺度上，离散的流域水文过程可以得到适当的表达而忽略了其复杂的局域性质的空间差异（Bloschl et al.，1995）。根据 REA 的概念，我们还可以设定最小的观测单元面积以获取水文要素的空间分异信息（Vanden Bygaart and Protz，1999；Cline et al.，1998）。

**(三)流域空间离散方式**

在流域的空间离散中,水文单元可以是规则的(如网格),也可以是不规则的(如子流域)。水文单元之间可以是有严格的空间拓扑关系,也可以是相当概化的空间关系。从当前的研究情况看,较常用的有以下几种划分方法:网格(grid)、山坡(hillslope)或子流域(subwatershed)。除此之外,流域空间离散还有水文响应单元(Hydrological Response Unit,HRU)、分组响应单元(Grouped Response Unit,GRU)、聚集模拟单元(Aggregated Simulation Area ,ASA)和水文相似单元(Hydrological Similar Unit,HSU)等方法。

1.基于网格的划分

视研究区的不同,该方法可分为两类:一类是对于较小的试验场或小流域(如几百平方公里以内),直接用DEM网格划分。每个网格的大小一般为30 m×30 m、50 m×50 m等。这种做法在一些分布式水文物理模型(如SHE模型)中比较流行。另一类是针对几十万到几百万平方公里的大流域,通常将研究区划分为1 km×1 km(见图2-1)或更大的网格(1°×1°)。每个网格根据模型精度要求,又可分为第二级更小的网格。

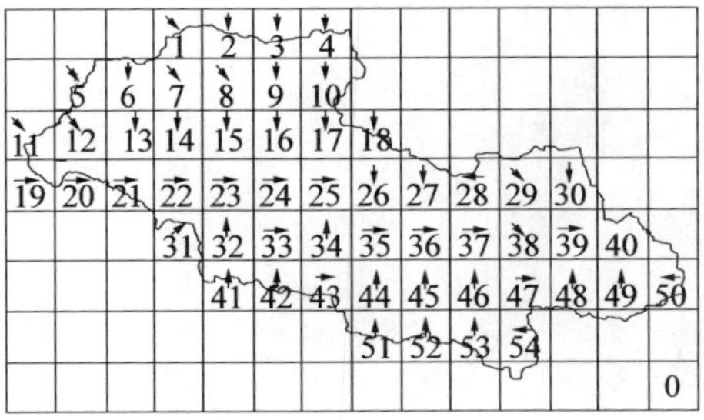


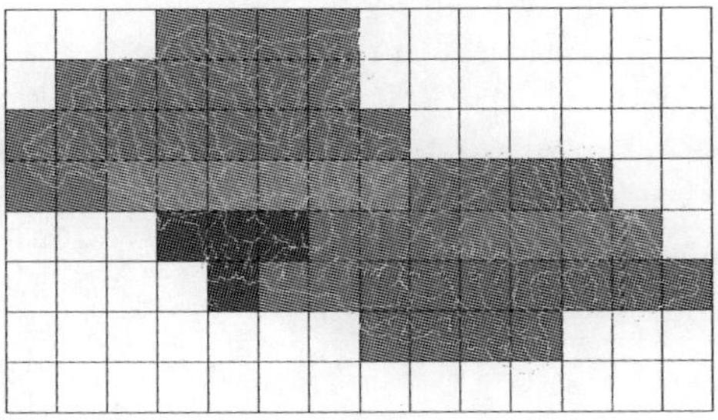

**图2-1 基于网格的流域划分示意图**

2.基于山坡的划分

将分布式水文模型的最小计算单元落脚于一个矩形坡面,是分布式水文模型中关于流域离散的又一种常用方法。该方法首先根据DEM进行河网和子流域的提取;然后基于等流时线的概念,将子流域分为若干条汇流网带。在每一个汇流网带上,围绕河道划分出若干个矩形坡面(见图2-2)。

3.基于子流域的划分

子流域的划分是根据流域内的地形特征,按分水线的形状对流域进行空间离散(见图2-3)。在每一个子流域内部有相应的河道,这个河道可能是流域的支流,也可能是流域干流的一部分。基于子流域的空间离散方法,各个子流域之间有清晰的空间拓扑关系,这种拓扑关系由流域的河网结构得以充分表现。

必须指出的是,流域空间离散的方式与模拟的目的和侧重点关系密切,不同的水文单元划分形式有不同的优点和适用领域。如基于山坡的划分方法,可以在每个矩形坡面上,根据山坡水文学原理建立单元水文模型,进行坡面产汇流计算,然后再进行河网汇流演算。这种划分方式在研究较小尺度上的降水—径流过程上有重要的应用。而基于网格的流域离散方式一个最为突出的优点在于可以方便地把分布式水文模型和同样基于网格的GCM模型相耦合,用于研究气候变化对水文过程的影响及其反馈作用。把子流域作为分布式水文模型的计算单元,最大的好处是单元之间的水文过程十分清晰,而且单元水

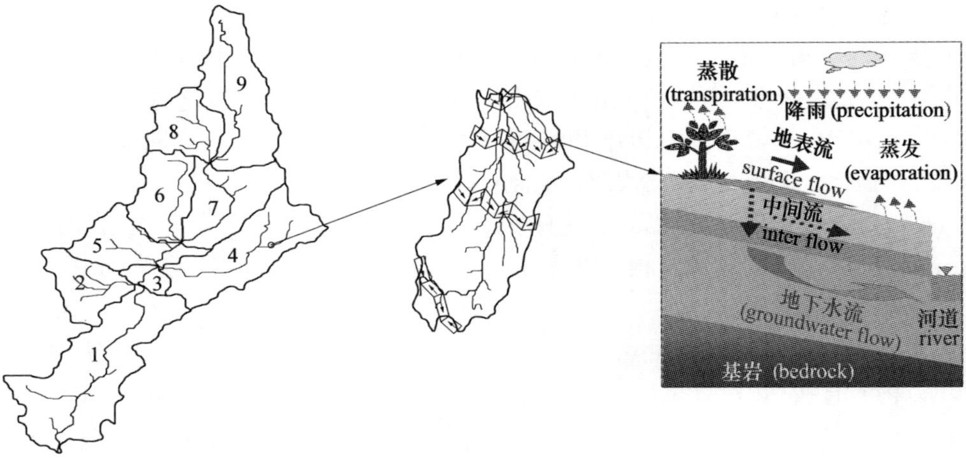


**图 2-2　基于山坡的流域划分示意图**(杨大文等,2004)

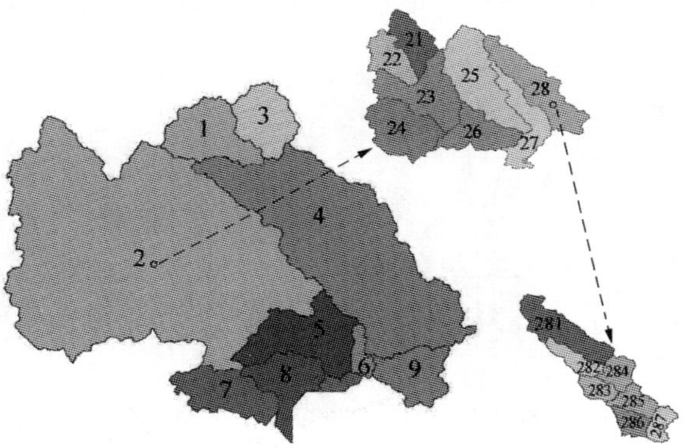

**图 2-3　基于自然子流域的流域划分示意图**

文模型很容易引进传统水文模型,从而缩短模型开发时间。

流域空间离散不仅可以是上述各种方式中的一种,也可以是几种不同离散方式的组合。也就是说,一个流域可以首先按某种方式离散为一级水文单元,在每一个一级水文单元下还可能嵌套某种形式的次一级单元划分,以反映水文变量和参数的空间分异性对所研究尺度的水文过程的影响。如在 SWAT 模型中,在子流域离散的基础上,每个子流域内部又划分为若干个水文响应单元。

# 第三节　分布式水文模型建模范式

## 一、水文模型的建模过程

水文模型是对客观水文过程的抽象,其建立遵循一些特定的步骤。一般而言,在建立模型的开始,我们必须对流域水文循环过程有一个大致的了解和判断,并首先在头脑中勾画模型的蓝图,确定模型中包含哪些主要的水文过程,这些过程又该以什么样的方式加以描述。如模型中需不需要包含融雪模块？流域产流方式是超渗产流(infiltration exceeded)还是蓄满产流(saturation exceeded)？模型的蓝图取决于建模者的知识和经验、数据资料的拥有情况以及对研究区的认识。模型蓝图的构思并不是可有可无的,而是建模过程中一个非常关键的步骤,它可能影响模型实现的可能性以及最终建立的模型的合理性。

模型的蓝图是对水文过程的定性认识。为达到对水文过程进行定量模拟的目的,在定性的蓝图下,我们需要进一步确定各相关水文过程的控制方程,以实现模型从自然语言到数学语言的转化。水文过程的控制方程是关于水文过程的数学描述。必须强调的是,水文过程的数学描述方程大都是基于室内外试验而建立的经验或半经验函数关系,而即使是理论上推导得出的公式,也包含有相关的前提和假设条件。因此,在应用相关的数学方程时,我们必须明确其相关的前提和假设,从而清楚模型的适用范围。

在确定水文过程的控制方程之后,一个重要的工作就是把这些数学语言转化为计算机语言,也就是编写计算机程序。构成水文的数学方程可能很简单也可能很复杂。简单的如基于水量平衡方程的模型,复杂的则可能是基于非线性偏微分方程的模型。对于简单的数学方程,我们可以很容易地编程实现,而对于诸如偏微分方程等较复杂的方程,在不可能获得解析解的情况下,我们必须应用数值分析的方法逼近原方程,并转变为适合编程的数学表达式。

一般而言,程序编写并调试成功以后,水文模型也就基本构建完成。但是,模型要能够应用到实际的生产活动中,还必须对模型中的参数进行率定(parameter calibration)。所有的水文模型都涉及到一系列的输入变量和状态变量。输入变量如反映流域几何形态相对固定的特征值、降水、气温等时变的量。状态变量如土壤湿度。状态变量通常必须初始化以反映模拟开始时刻流域的初始状态。除了输入变量和状态变量之外,参数是模型中的另一类变量。参数实际上是对某种函数关系的高度简化。参数可以是流域特征的反映,也可能是水文响应过程的反映。尽管实际上参数的值是随着输入变量和状态变量的改变而改变,在模拟的时间范围上,参数通常被视为不变的量。但是,即便把参数看做不变的量,通常情况下它是难以准确量测或无法量测的。正因为如此,参数在模型中具有很强的不确定性,而参数的率定就成了模型得以应用之前的关键步骤。

模型参数率定成功之后,如果模型验证(validation)结果表明了模型的合理性,那么模型就可以进入实际应用的阶段。反之,如果模型无法通过验证,那么就必须分析模型存在的问题,并对模型的结构或参数做必要的调整。模型的验证,简单地说,就是在模型率定的参数的基础上,模拟新输入条件下的水文响应过程,然后将模拟结果与预期相比较,以评价模型的优劣。

水文模型建模的基本过程大致如图 2-4 所示。由图 2-4 可以看出,水文模型的开发乃至发展成熟是上述几个环节不断循环往复的过程。特别应该强调的是,对于不同的区域/流域而言,其所含的水文过程或者水循环的机制可能有很大的不同,因此相应的模型结构和参数也会有所不同。换言之,在某一地区应用效果良好的水文模型并不一定完全适用于另一个区域。在模型的构建和实际应用中,我们必须充分重视水循环过程的这种区域差异性。

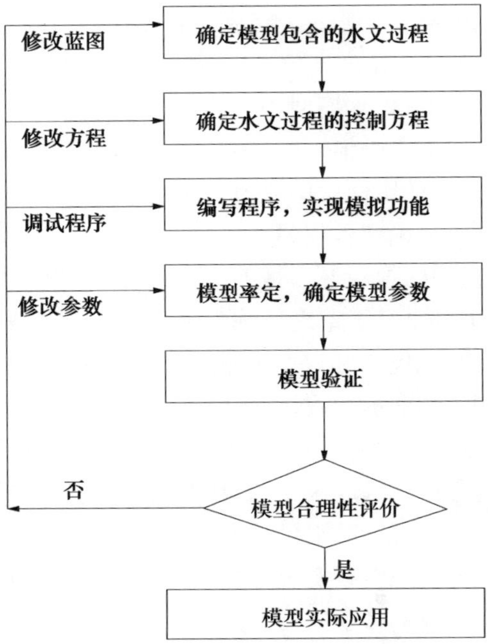


**图 2-4　水文模型的建模过程**

## 二、分布式水文模型的建模方式

分布式水文模型主要有两种建模方式:①应用数值分析来建立相邻网格单元之间的时空关系,如 SHE 模型等。该类模型水文物理动力学机制突出,也是人们常指的具有物理基础的分布式水文模型。但它的结构比较复杂,计算烦琐,很难适用于较大的流域。②在每一个网格单元(或子流域)上应用传统的概念性(或系统理论)模型来推求净雨,再进行汇流演算,最后求得出口断面流量,如 SWAT 模型等。该类模型也被称做半分布式水文模型,模型的结构与计算过程相对比较简单,比较适用于较大的流域。另外,TOPMODEL 模型也算做一类比较典型的半分布式水文模型。它基于 DEM 推求地形空间变化信息,利用地形指数模拟水文响应的特性,并用统计方法求得出口断面流量。

## 三、分布式水文模型的基本结构

分布式水文模型结构与参数的确定,一方面取决于建模目的或模型的用途,面向洪水预报和面向水资源管理的模型在结构与参数上、在时空尺度上具有很大的差异性;另一方面取决于建模方式与流域离散化方法。分布式水文模型虽然有不同的建模目的和方式,可以采用不同的流域离散化方法,但模型的基本结构却大同小异,一般考虑水循环要素的空间变异对流域水循环过程的影响,在离散的单元流域上建立水文模型(包括数学物理模型、概念性模型或系统理论模型),模拟单元流域内土壤—植被—大气(SVAT)系统中水的运动,并考虑单元格之间水平方向的联系,进行地表水和地下水的演算(见图 2-5)。模型所涉及的水文物理过程主要包括降水、植被截留、蒸散发、融雪、下渗、地表径流和地下径流。

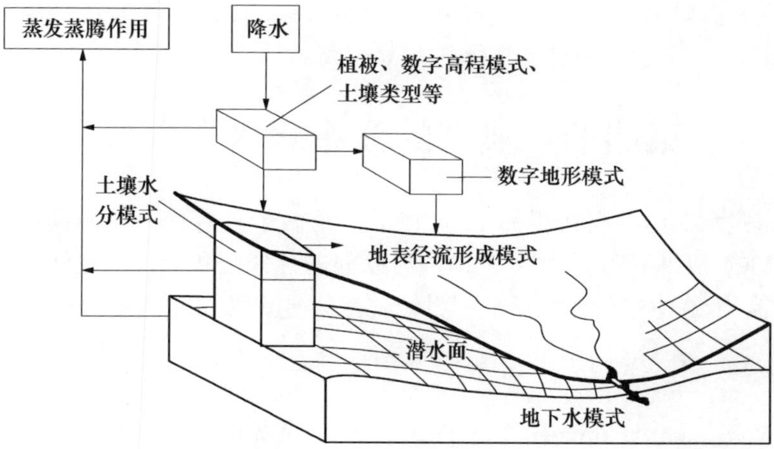


**图 2-5　流域分布式水文模型的一般框架**

基于 DEM 的分布式水文模型在结构上一般分为三部分:①分布式输入模块,用于处理流域空间分布信息,为水文模块提供空间输入数据和确定模型参数的信息,也是同 RS 和 GIS 相连接的接口部分。目前,降水、气温和辐射等分布信息主要通过空间插值模型来获得。有关土壤和植被的分布数据主要利用遥感技术获得。②单元水文模型,是坡面产汇流计算的核心部分。在第一类分布式水文模型中,一般基于网格单元建立水力学模型,采用简化的圣维南方程组进行网格单元汇流计算。在第二类分布式水文模型中,一般采用水文学方法建立概念性模型,产流计算可以采用经验方法或下渗公式;汇流计算一般采用等流时线、单位线或地貌学方法。③河网汇流模型,有些基于网格的分布式水文模型忽略了该部分。河网汇流演算一般采用动力波方法和类似马斯京根方法。

## 四、分布式水文模型的参数

与传统集总式水文模型不同,分布式水文模型的参数是一个反映流域下垫面和气象因素空间变化的数集。传统集总式水文模型的参数一般是通过历史系列数据进行优化率定。显然,用传统最优化方法率定分布式水文模型的参数,在数学上很难通过。而且,受测量技术的限制,所需的足够历史系列数据也难以满足。因此,分布式水文模型的参数要求应尽量具有明确的物理含义,以便利用容易得到的流域空间分布信息进行确定和计算。

目前,分布式水文模型参数的确定有以下方法:①在单元上采用传统的概念性模型,不改变原有模型的结构和参数,但每一个单元上水文模型的参数值随空间变化。参数值的大小根据空间信息图进行分类计算。如 SWAT 中利用 SCS 模型计算产流时,*CN* 值是根据土地利用和土壤类型等数字地图信息分类进行确定的。②重新设计单元水文模型的结构与参数。尽量选择或者重新构造既反映空间变化,又具有物理意义,且便于计算的指标作为模型的参数。如 TOPMODEL 模型提出了一个能够反映流域下垫面空间变化的地形指数,并利用 DEM 计算地形指数,根据地形指数分类进行产流计算。③将原有模型的参数同易于获取的空间指标(主要是通过 RS 影像或者 DEM 提取的空间指标)建立起某种对应关系(一般是统计关系),从而得到分布式水文模型的参数计算方法。如计算冠层截留和蒸散发时需要 *LAI*（叶面指数）的空间分布信息，而 *LAI* 与 *NDVI*（净叶面指数）具有简单的对应关系，很容易通过遥感（RS）信息得到。

## 第四节　典型的分布式水文模型

为对分布式水文模型有初步的了解，以下介绍两个具有代表性的模型（MIKE SHE 模型和 TOPMODEL 模型），分别对其结构与原理进行分析和探讨。此外，对于目前较常用的 SWAT 模型，在本书的后续章节中将结合在黄河流域的具体应用作专门介绍。

### 一、MIKE SHE 模型

SHE 模型（System Hydrologic European）是一个典型的具有物理基础的分布式水文模型。为了便于处理模型参数、降水输入以及水文响应的空间分布，模型基于栅格 DEM 将流域在水平面上划分成许多矩形网格；在垂直面上，划分成几个水平层，以便处理不同层次的土壤水运动问题。MIKE SHE 模型是对 SHE 模型的发展和完善，它能够模拟水文循环陆面过程中主要的水文过程（见图 2-6），包括水量、水质及沉积物输移。能用于解决与地表水和地下水相关的资源和环境问题，以及地表水和地下水之间的动态相互作用关系。典型应用包括：流域规划、供水、灌溉和排水、污物堆放场的污染物、农业耕作的影响（包括农用化学品和化肥的使用）、土壤和水资源管理、土地利用变化的影响、气候变化的影响和生态评价（包括沼泽区域）。MIKE SHE 模型的空间尺度范围从单个的土壤剖面（下渗研究）到包括几个流域的大区域。已经得到了大量研究和咨询项目的检验和证实。在气候和水文学领域取得了很多经验。

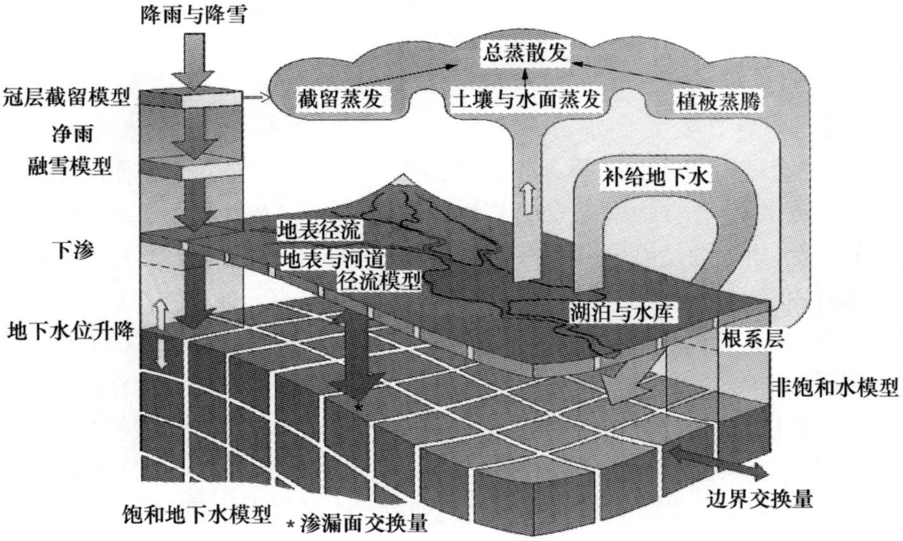


**图 2-6　MIKE SHE 模型的水文循环及模拟示意图**

MIKE SHE 模型的核心是描述研究区域水分运动的 MIKE SHE WM 模块。另外，还有一些水质、土壤侵蚀和灌溉模块供用户根据研究区的水文条件和研究目的自行选择。

如:MIKE SHE AD——溶质对流和传播;MIKE SHE GC——地球化学过程;MIKE SHE CN——农作物生长和根带的氮循环过程;MIKE SHE SE——土壤侵蚀;MIKE SHE DP——双重孔隙;MIKE SHE IR——灌溉。

MIKE SHE WM 模块的主结构(见图 2-7)包括 6 个部分,分别描述了 6 个水文物理过程:截流/植物蒸散发(ET)、坡面和河道径流(OC)、不饱和层(UZ)、饱和层(SZ)、融雪(SM)、蓄水层与河道间的交换。

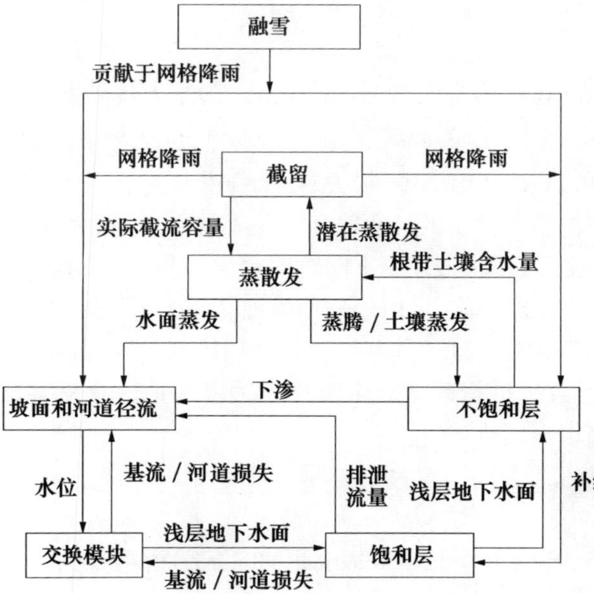


**图 2-7 MIKE SHE WM 模块的结构**

截流/植物蒸散发(ET)采用的是 Rutter 模型和 Penman－Monteith 公式以及 Kristensen－Jensen 模型。

坡面和河道径流(OC)中坡面水流运动的模拟是通过求解两个互相垂直的水平方向上的连续方程和动量守恒方程来完成的,其中动量方程由扩散波来近似模拟。

$$\frac{\partial h}{\partial t}+\frac{\partial(uh)}{\partial x_i}+\frac{\partial(vh)}{\partial x_j}=q \tag{2-1}$$

$$\begin{cases}\dfrac{\partial(h)}{\partial x_i}=S_{ox_i}-S_{fx_i} & x_i\text{ 方向}\\[2ex]\dfrac{\partial(h)}{\partial x_j}=S_{ox_j}-S_{fx_j} & x_j\text{ 方向}\end{cases} \tag{2-2}$$

式中:$h$ 为局部地面水深,m;$x_i$、$x_j$ 为空间坐标,m;$t$ 为时间,s;$u$、$v$ 为地表径流流速,m/s;$q$ 为水平方向单位面积入流的源汇项,$m^3/(s\cdot m^2)$;$S_{ox_i}$、$S_{ox_j}$ 为 $x_i$ 和 $x_j$ 方向上的地面坡降;$S_{fx_i}$、$S_{fx_j}$ 为 $x_i$ 和 $x_j$ 方向上的摩阻坡降。

河道水流的演算采用和坡面水流运动模拟类似的一维方程。

不饱和层(UZ)土壤水运动的模拟是模型计算的关键。WM 中假设重力在水分渗漏中起重要作用的情况下,将不饱和水流描述为垂向一维运动,应用 Richards 方程,采用双扫描运算(double－sweep algorithm)的隐格式有限差分数值法求解。

$$C\frac{\partial \psi}{\partial t} = \frac{\partial}{\partial z}\left(K\frac{\partial \psi}{\partial z}\right) + \frac{\partial \theta}{\partial z} - S \tag{2-3}$$

式中:$\psi$ 为土水势水头,m;$t$ 为时间,s;$z$ 为垂向空间坐标,m;$C$ 为土壤蓄水容量,$m^{-1}$;$K$ 为水力传导率,m/s;$\theta$ 为土壤含水量;$S$ 为源漏项(如根系吸水),$s^{-1}$。

饱和层(SZ)中地下水模拟采用三维地下水流的偏微分方程。

$$\frac{\partial}{\partial x_i}\left(K(x_{ij})\frac{\partial h(x_i)}{\partial t}\right) = S_s(x_{ij})\frac{\partial h(x_i)}{\partial t} + R(x_{ij}) \quad (i,j = 1,2,3) \tag{2-4}$$

式中:$h(x_i)$为地下水头,m;$x_i$ 为空间坐标,m;$K(x_{ij})$为水力传导率,m/s;$S_s(x_{ij})$为贮水系数;$R(x_{ij})$为单位面积上的流量的源漏项,$m^3/(s \cdot m^2)$,包括与不饱和层的水量交换、与河道的水量交换、地下水抽取/补给、蒸发损失、排水管道的流量。

MIKE SHE 模型中的各个模块的计算时间步长不统一,与所描述的水文物理过程有关。当模块间的时间尺度不一致时,采用不同时间尺度模拟的过程要根据连接过程的尺度进行更新。模型提供了处理功能,可用于长期模拟。

SHE 模型及其变形(MIKE SHE)具有很强的物理机制,模型的很多参数有明确的物理意义,需要大量实测的数据进行确定。由于许多国家和地区水文基础资料比较缺乏,SHE 模型在推广中面临很多困难。

## 二、TOPMODEL 模型

TOPMODEL(TOPgraphy based hydrological MODEL)模型是一个以地形为基础的、基于变源面积概念的半分布式水文模型。由 Beven 和 Kirkby 于 1979 年提出,经过 20 多年的发展,TOPMODEL 模型与 DTM(或 DEM)相结合,在水文领域得到十分广泛的应用。TOPMODEL 模型的显著特点是,利用易于获取的地形信息(如地形指数、土壤—地形指数等)来描述流域产流及源面积的变化与分布,简化流域降水径流过程的模拟。模型具有结构简单、优选参数少、物理概念明确、模拟精度高、易与 GIS 相结合等特点,无论在径流、泥沙、水质的模拟研究中,还是在气候、土地植被变化和水资源管理等领域都具有很好的应用前景。

### (一)基本假设与模型推导

根据“蓄满”和变动源面积概念,并基于以下三个基本假设,TOPMODEL 模型建立起具有物理概念的模型框架。

假设 1:饱和区的水动力特性用连续稳定状态近似描述。

假设 2:饱和区的水力梯度近似等于局部地表面的地形坡度。

假设 3:沿坡向传导度随高度的分布与缺水量或地下水埋深呈指数关系。

水文模型的推导一般立足于动力方程(能量守恒)和连续方程(质量守恒)。在 TOPMODEL 模型中,动力方程用达西定律代替。在饱和水带中,任一均质土层的渗透系数为常数;在包气带中,渗透系数随含水量降低而迅速减小,是含水量的非线性函数(如负指数关系)。结合基本假设 2 与 3,可以推导出任意点地下径流的运动方程:

$$q_i = T_i \tan\beta = T_0 e^{-fz_i} \tan\beta \tag{2-5}$$

式中：$q_i$ 为单宽流量，$m^3/(h \cdot m)$；$T_i$ 为土壤导水率；$T_0$ 为土壤饱和时导水率；$z$ 为地下水埋深，m；$f$ 为比例参数；$\tan\beta$ 为地下水水力坡度，根据假设 2 近似等于地表坡度。

在 TOPMODEL 模型中，连续方程应用的系统是土壤饱和区，其中的输入是非饱和区的入流，输出是地下水出流。基于稳定流动的假设（假设 1），即出流与入流相等（$dS/dt = 0$）连续方程可以写为：

$$a_i r = T_0 \tan\beta_i e^{-fz_i} \tag{2-6}$$

式中：$a_i$ 为单宽汇水面积，$m^2/m$，即通过 $i$ 点单位等高线长度的汇流面积；$r$ 为地下水补给率，m/h，在 TOPMODEL 模型中假设 $r$ 在空间分布上均等。

根据式（2-6）可得：

$$z_i = -\frac{1}{f}\ln\frac{ra_i}{T_0 \tan\beta_i} \tag{2-7}$$

在整个对地下水位有贡献的流域面积上对式（2-7）积分可得：

$$\overline{Z} = \frac{1}{A}\sum_i A_i\left(-\frac{1}{f}\ln\frac{ra_i}{T_0 \tan\beta_i}\right) \tag{2-8}$$

由于假定 $r$ 在空间上是一常数（整个流域上 $r$ 相等），则可得：

$$f(\overline{Z} - Z_i) = \left(\ln\frac{a_i}{\tan\beta_i} - \lambda\right) - (\ln T_0 - \ln T_e) \tag{2-9}$$

式中：$\lambda = \frac{1}{A}\sum_i A_i \ln\frac{a_i}{\tan\beta_i}$，为流域地形指数均值；$\ln T_e = \frac{1}{A}\sum_i A_i \ln T_0$，为传导度的空间平均值。

对于式（2-9）也可用缺水量表示：

$$\frac{\overline{D} - D_i}{m} = \left(\ln\frac{a_i}{\tan\beta_i} - \lambda\right) - (\ln T_0 - \ln T_e) \tag{2-10}$$

在 TOPMODEL 模型中，假定 $T_0$ 在空间上均等，则消除式（2-10）最后一项，基本方程变为：

$$\frac{\overline{D} - D_i}{m} = \ln\frac{a_i}{\tan\beta_i} - \lambda \tag{2-11}$$

式中：$\overline{D}$ 为流域土壤饱和缺水量；$D_i$ 为某点的土壤饱和缺水量；$\ln\frac{a_i}{\tan\beta_i}$ 被称为地形指数。

需要说明的是，如果某个 $i$ 点 $z_i \leqslant 0$（或 $D_i \leqslant 0$），那么该点饱和土壤水层将高于至少等于地表面。所有 $z_i \leqslant 0$ 的点形成流域上饱和地表带，在这些面积上降雨将直接产生地表径流。

**（二）计算框图与模型参数**

TOPMODEL 模型通过土壤含水量（或土壤饱和缺水量）来确定流域产流面积的大小和位置，而土壤饱和缺水量由地形指数计算得到（见式（2-7））。对于一个单元流域，TOPMODEL模型的计算流程（见图 2-8）为：①基于 DEM 计算地形指数，并求出每类地形指数的面积分布；②根据地形指数逐类进行产流计算，得到单元流域的产流量；③进行单元流域的汇流计算。

TOPMODEL 模型所用参数主要有 7 个：$m$ 为土壤下渗率呈指数衰减的速率参数，m；$T_0$ 为土壤刚达到饱和时有效下渗率的流域均值，$m^2$/h；$Td$ 为重力排水的时间滞时参数；$SR_{max}$ 为根带最大蓄水能力，m；$SR_0$ 为根带土壤饱和缺水量的初值，m，与 $SR_{max}$ 成比例；$Rv$ 为地表坡面汇流速度，m/h；$CHv$ 为主河道汇流速度，m/h，假定为线性汇流。另外，汇流时还需要距离和面积参数。其中，最重要的参数为 $m$ 和 $T_0$。$m$ 的物理含义是流域土壤剖面图中的有效深度。点的 $T_0$ 很难通过试验获得，通常都是假定整个流域上均等，其值由模型率定。$m$ 值大则增加土壤剖面的活跃深度；$m$ 值小尤其是结合一个相对高的 $T_0$ 时，有效土壤很浅，此时传导率有显著的延迟。后一种情况将造成在水文模拟中径流有相对较陡的退水曲线。

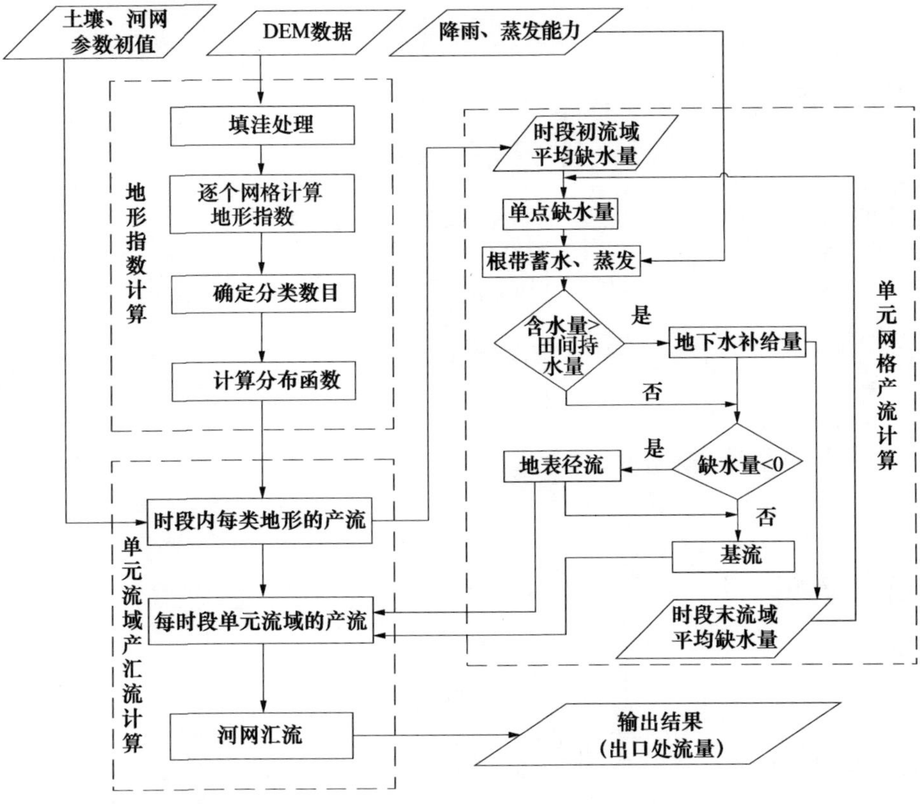


图 2-8　TOPMODEL 模型在单元流域上的计算流程

**（三）小结**

TOPMODEL 模型具有参数较少、模拟精度高的特点。TOPMODEL 模型利用地形指数计算饱和缺水量，将产流计算与易于获得的地形信息建立联系，这一点对于构建基于 DEM 的分布式水文模型具有很好的启迪作用。但同大多数模型类似，TOPMODEL 模型并不适合所有的流域。这是因为模型的蓄满产流机制与饱和地下水稳定流的假设在一些流域并不成立。

# 第三章　分布式水文模拟的技术支撑

流域分布式水文模型的发展是和计算机以及信息技术的发展分不开的。流域分布式水文模拟涉及到大量的空间信息,对这些空间信息的加工处理技术已经成为分布式水文模型不可分割的一部分。空间数据的获取、组织和加工处理水平直接关系到分布式水文模型的效率和精度。地理信息系统(Geographical Information System,GIS)和遥感(Remote Sensing,RS)技术是分布式水文模拟的重要技术支撑。本章重点探讨 GIS 和 RS 在分布式水文模拟中的应用以及流域水文参数化的方法。

## 第一节　GIS 与分布式水文模型

地理信息系统(GIS)是管理和分析地理空间数据的有效工具。经过半个多世纪的发展,GIS 技术已经日趋成熟。GIS 技术的发展为流域水循环要素空间信息的获取提供了崭新的手段和方法,极大地促进了水文模拟技术的发展,已成为当前分布式水文模拟的支撑平台。借助于 GIS 强大的空间数据分析处理功能,水文模型的研究手段得到了根本性的转变。GIS 在流域分布式水文模拟中的应用概括起来包括以下 3 个方面:一是地理空间数据管理;二是水文模拟的前处理过程;三是对水文模拟结果的后处理工作,包括结果的表达以及对模拟结果的再分析工作。此外,GIS 与分布式水文模型的有机结合也日益受到关注。

### 一、地理空间数据管理

分布式水文模拟涉及大量的反映流域空间异质性的基础地理数据,如 DEM、植被、土壤以及遥感影像(如 NDVI)等,同时还需要特定时段内的降水、气温、径流等基于点的观测获得的资料。分布式水文模型所需要的数据可能来源于不同的途径。数据资料的量测时期、分辨率、投影等以及数据格式等各方面的特征可能都有所不同(见表 3-1)。对这些数据的有效管理,可以大大提高模型运行的效率。

**表 3-1　分布式水文模型中的主要数据类型及其内容**

| 数据类型 | | 数据内容 |
|---|---|---|
| 矢量数据 | 点 | 气象、水文测站 |
| | 线 | 流域边界、流域水系、铁路、等高线、降水等值线、气温等值线等 |
| | 面 | 行政区界、土地利用图、植被覆盖图、土壤类型图、流域地貌图、湖泊 |
| 栅格数据 | | DEM、土地利用图、土壤类型图、植被类型图、NDVI 影像图 |
| 属性数据 | | 降水、气温、太阳辐射等气象观测数据;径流、水位、泥沙等水文观测数据 |

一般而言,GIS 中的数据可以简单地分为空间数据和属性数据两大类。空间数据是地图特征的数字描述,表示地理现象的空间位置或所处的地理位置。空间数据可用三种

方式来描述,即绝对坐标、相对位置关系和区域方法。描述地物特征的基本空间数据要素为:点、线、面(多边形)、曲面和网络。空间数据通常以图层的形式存储,如包含位置信息的 DEM、遥感影像以及土地利用类型、植被和水文气象站点等图层。属性数据则大多以数据表的形式存储,它可以是某个站点长时间序列的降水资料或某个区域特征的某种描述。属性数据可分为四类:描述数据质量和数量的属性数据、地理位置、空间关系、属性数据与空间数据相关联的索引关系等。随着计算机技术的发展,特别是数据库的发展,空间数据和属性数据的存储形式也在发生变化。在一些大型的数据库里,空间数据可以作为数据表的一个特殊字段加以存储。

GIS 通过对相关资料进行有序的组织,可以对空间数据和属性数据进行统一管理。在空间数据和属性数据之间,GIS 通过关键字段实现两者的双向连接,为数据的查询检索、更新维护提供了极大的方便。应用一些常用的 GIS 软件(如 ArcInfo、Arcview、Mapinfo、SuperMap 等)可以方便地把各个空间数据图层的投影统一到一致的空间坐标系上,为以后空间数据的叠加运算、流域的空间离散提供了可能。其次,空间地理数据的分层管理对于分布式水文模拟的参数化过程也提供了一个良好的数据平台。此外,基于 GIS 的信息管理系统充分考虑了空间不同要素之间的拓扑关系,包括点—点、点—线、点—面、线—线、线—面以及面—面等各种不同的关系,为进一步的空间分析计算打下了基础。

## 二、空间分析与流域水文参数化

分布式水文模拟要求在每一个计算单元上都对应有一套输入和参数集,因此在分布式水文模拟的数据准备阶段,必须对点、线、面和栅格等数据按流域空间离散方式进行参数化。GIS 的空间分析功能为这些复杂烦琐工作的完成提供了可能和方便。空间分析是地理信息系统的核心功能之一,主要包括空间查询与量算、缓冲区分析、叠加分析、路径分析、空间插值和统计分类等功能。

在 GIS 支持下通过 DEM 可以自动提取流域地形相关的参数信息,是 GIS 空间分析功能在分布式水文模拟中的一个重要应用。利用 GIS 的空间分析功能,可以方便地提取流域的水系、坡度、坡向等地形特征,也可以进行地形指数的计算。此外,GIS 可以通过处理空间数据,根据相似水文单元划分子流域等,实现流域的空间离散。

空间插值是流域水文参数化中的一个重要内容,它是把空间有限点上的观测数据拓展到各离散的子单元的过程。空间数据插值可以在分布式水文模拟的数据准备阶段利用现有 GIS 软件事先完成,也可以在模型运算过程中利用内嵌的插值计算模块即时生成。利用 GIS 软件事先完成插值的最大优点是节省了模型实际运行的时间,但这种方式需要较大的计算机硬盘存储空间。而即时插值的方法虽然占用的硬盘空间较小,但需要较大的内存消耗,延长模拟时间。两种方法各有优缺点,往往视实际情况加以选择运用。大多数 GIS 软件都有空间插值的模块,包含了常见的插值方法。由于插值方法的选择对分布式水文模拟有突出的影响,在本章的第四节将有专门的论述。

流域水文参数化中另一类数据类型是以多边形表示的空间数据(如植被和土壤等)。植被和土壤等空间信息的处理包含两个过程,首先是利用 GIS 软件的空间分析功能中的分割功能(如 Arcview 中的 Clip),基于划分的子流域边界切割得到各模拟单元的植被土壤分布图。在此基础上，应用 GIS 的统计功能，求子流域内各不同类型植被或土壤所占的面积比，由此得到的面积百分比即为流域分布式水文模拟重要的下垫面信息。土壤、植被类型的比例结构直接影响模型参数的选择。

### 三、可视化

GIS 可视化通常是指将计算分析的结果以直观形象的图形或图像显示出来。一般情况下，水循环信息是以数字、文字、简单的图表或图形等形式表现出来的。这些形式的信息可以为专业人员所接受，但对于非专业人员或高层次的决策者来说，接受这些信息就有很大困难。可视化技术通过把大量的数据以图表、图片或在地图上进行直观形象的显示，不仅为人们理解模型结果带来了极大的方便，而且有助于揭示纯数值结果难以发现的关系和规律。近年来，可视化已逐渐被应用到模型结果的显示和过程的理解中。GIS 的空间可视化表达能力为专业人员及非专业人员提供了大量可靠直观的图形信息，有助于结果的分析评价。例如，Kousslakou (1994)通过对污染浓度和其他环境变量的时间和时相可视化，分析了雅典地区的空气污染；南大西洋的三维重力场地图的动画模拟使得对水下地球物理特征有了新的理解；南极上空的臭氧洞通过三维等表面 (3D Isosurface)很明显地被表现出来 (Treinish，1993)。一些高级可视化技术如 Volume Visualization、三维以上的多维可视化、动画 (Animation) 和虚拟现实(Virtual Reality)也逐渐地应用到各专业领域中。目前迅速发展的多媒体技术为模型可视化提供了技术上的支持。多媒体 (Multimedia) 技术通过将文字、声音、图形图像甚至视频集成于计算机中，人们可以更加自然地和计算机进行信息交流，弥补了单纯数字、文字、简单图表所引起的信息损失，更便于理解。

### 四、GIS 与水文模型的结合

随着 GIS 在水文模拟中越来越广泛的应用，探讨水文模型与 GIS 的耦合方式已经成为当前水文模拟另一个研究的热点。粗略地分，当前 GIS 与水文模型的结合主要表现为 4 种基本方式，即 GIS 功能嵌入水文模型中、水文模型嵌入 GIS 工具、松散耦合以及基于 GIS 组件的水文模型开发方式。

将 GIS 功能嵌入模型，是指水文建模人员根据实际的水文模拟需要，借鉴 GIS 的相关技术，有选择地实现某些 GIS 分析功能，并把模型代码嵌入到水文模型中。这种方法的优点在于给了水文模型系统设计以最大的自由空间，执行起来不受任何 GIS 数据结构的限制，灵活性大，可以根据实际的需要定义数据结构。不足之处在于水文模型软件包中的数据分析管理和可视化功能不及商业 GIS 软件，另外，需要大量的底层程序设计和开发，任务繁重。最新版本的 RiverCAD、HEC－RAS2.0、RiverTools 和 MODFLOW 等水文模型都是采用这种方法。

在 GIS 软件中新增水文模拟模块是近年来许多 GIS 软件开发商或科研机构研究的一个课题。美国陆军工程师协会在 1978 年率先开发了 HEC－SAS 水文模块，紧接着一些功能卓越的专业水文模块相继诞生，增加了许多建模功能。其中一些已经被置入优秀的 GIS 软件中，如 ESRI 公司的 ArcStorm 和 ArcGrid 模块，Integraph 公司的 InRoads 模块，等等。这种结合方式的优点是保持了 GIS 软件强大的分析功能，但水文模拟的功能相对薄弱。特别是一些水文模型的应用范围有较大的局限，无法推广使用，而模型的检验和校准工作常常需要用其他工具进行。

所谓GIS与水文模型的松散耦合是指直接利用现有的GIS软件(如Arc/Info)和专业的水文建模软件(如HEC-1、HEC-2、STORM等)，两类不同的软件之间通过编写一些中间处理程序，实现它们之间的数据传输和交换。这种方式的最大优点是不需要大量冗余的编程过程。但是，在这不同的软件中没有一个共同的用户交互界面，软件之间进行数据交换十分复杂，容易出现错误。

面向对象的编程技术为水文模型与GIS的结合提供了另一条途径。目前许多GIS开发商都提供了相应的GIS组件以用于二次开发。对于水文模型开发人员而言，组件式的GIS模块为他们建立灵活的、富有个性的水文模型提供了可能。水文模型开发人员可以回避GIS功能的底层开发，而有选择地利用某些组件，构建出符合自身需要的模拟系统。这种开发方式已经逐渐成为主流。

## 第二节　遥感与分布式水文模拟

遥感(Remote Sensing，RS)是20世纪60年代随着空间科学、近代物理学和计算机科学的发展而诞生的一门综合性探测技术。作为一种新的信息源，遥感技术在水文学中的应用具有得天独厚的优势。

### 一、概述

流域水文模拟的结果很大程度上依赖于输入数据，而往往由于缺乏足够的、合适的数据而不能很好地描述水文过程，并且只有获得详细的地形、地质、土壤、植被和气候资料，对大范围流域气候变化和土地利用产生的水文影响研究才有可能。通过遥感技术，能够弥补传统监测资料的不足，为无常规资料地区的水文模拟提供了可能，大大丰富了水文模型的数据源。

与传统的数据收集方法相比，遥感技术获取数据的优点主要有：①获取的数据为面状数据，无需再进行点面的转化；②直接获取或经转换后为数字化形式，便于应用；③可提供相对高分辨率的时间信息和空间信息；④可获取偏僻的无人区资料。

由于遥感技术在获取信息源等方面的诸多优势，目前在水文模型中的应用可归结为三种形式：第一种为遥感信息和地面同步实测资料的回归模型，这种模型一般用于低分辨率、长时段的水资源规划管理中；第二种为水量平衡模型，将遥感资料和地面常规资料相结合，推求降水、蒸发及土壤含水量变化；第三种为紧密结合的遥感水文模型，在当前的分布式水文模型中这种形式是主要的，也是将遥感和水文模型紧密结合的一种形式。

在分布式水文模型中，遥感信息在格式上已经与模型紧密地耦合，而传统的水文模型并不能直接利用遥感信息。这种紧密的结合方式，首先根据一定的空间分布式的数据信息，如土地利用、降水量等，对下垫面单元进行分类，从而划分基本的水文单元，将遥感信息和地面资料通过GIS工具叠加到每个单元上，根据信息源确定产汇流的基本结构，从而使遥感信息最大限度地用于分布式模型中。

用遥感探测水文要素大体有以下几种类型:地表水、土壤及地下水、雪与冰、水质、流域特征(流域面积、坡面汇流长度、表面坡度、地面覆盖类型、土地利用、地面反射率等)、气象水文要素(降水、土壤蒸发与植被蒸腾、水面蒸发等)等。这些信息往往是确定流域产汇流特性和识别水文模型参数的重要信息。

## 二、水文气象遥感

### (一)降水遥感

常规的观测降水量的方法仅能得到观测点上的降水状况,而用遥感技术则可观测到平面上或三维空间上的降水状况(降水量及其地区分布)。显然,后者的观测成果更有实用价值。目前,遥感测雨分为雷达测雨和卫星云图。

雷达探测降水的思想在 1941 年就已提出来了,并在以后的研究和应用中发展很快。到目前为止,世界各国都先后建立了雷达气象观测系统,在降水量观测方面取得了很大进展。雷达对于局部地区的大雨和雨速的测量已经进入可操作阶段。

基于气象分析的极轨卫星(如 NOAA 、DMSP、GMS 等)和地球资源(探测)卫星(GOES)所提供的可见光和红外(VIS/IR)云图,已出现了许多推测降水的技术方法,如 GOES Precipitation Idex(Arkin,1979)用来研究典型降水分布,A Life - History Approach (Scofield and Oliver,1977)用于洪水预报模型。

### (二)蒸发遥感

一般来说,遥感不能直接测量蒸发或蒸发能力。但遥感能为蒸发能力的估算提供两种最重要的应用。一种是利用遥感数据的空间特性将点蒸发能力的实测值或经验公式推广到面上;另一种是直接测量蒸发的水热平衡模型中的变量,如潜热、太阳辐射、短波辐射、反照率、地表温度、土壤热通量等。1972 年 Priestley 和 Taylor 提出了一种直接利用卫星遥感数据计算潜在蒸发的公式:

$$ET_0 = 1.28\left(\frac{R_n}{L}\right)\left(\frac{\Delta}{\Delta + \gamma}\right) \tag{3-1}$$

式中:$\Delta$ 为饱和水汽压斜率;$\gamma$ 为湿度计常数;$R_n$ 为净辐射;$L$ 为汽化潜热 。

### (三)积雪遥感

积雪一般发生在偏僻、寒冷的高山地区,由于气候恶劣,用常规的方法很难获取覆盖和融化的变化。遥感技术的可见光传感器可用来进行积雪覆盖面积估算,微波传感器可以获取积雪量及雪面反射率等,这些信息在融雪径流模型中是非常重要的。

### (四)土壤水遥感

遥感最新进展显示,已经能够通过一些技术手段测量土壤含水量的大小及其分布。土壤含水量的测定主要为蒸发和径流模拟服务。基于遥感的土壤含水量的测定可分为三种途径:①应用反射太阳辐射的光谱段,根据反射率的大小,直接测定土壤含水量;②应用热红外波段,根据土壤表面温度直接测定土壤含水量;③应用微波技术测定土壤含水量。

三种途径探测土壤深度通常为 5~10 cm。因此,需要根据土壤含水量垂直分布与表层含水量的关系,建立土壤含水量(垂直)剖面模型,来推求土壤有效蓄水深度内的土壤含水量。

## 三、地表特征遥感

地表特征也称水文下垫面，它影响着径流、泥沙及污染物的形成、运移及存储。

**（一）地貌形态**

地貌形态是指山地、丘陵、平原、盆地等大的地表形态，也称做大地构造地貌。地貌类型主要根据太阳的方位角和高度角，通过遥感图像中的阴影和平面形态去识别。

**（二）植被类型**

植被覆盖在土地最表层，是遥感图像反映的最直接信息。由于植被内部的叶绿素、水分、结构等有着特殊的光谱效应，因而在遥感影像上以各种色调、色彩、形状、大小、结构来反映它的内容和特点，尤其直观，较易识别。

**（三）土壤类型**

利用遥感图像识别土壤类型是比较困难的，因为土壤没有一定的几何形状，而且往往不能直接反映在图像上。即使是裸露的土壤，图像表面反映的只是土壤表面，而不是土壤的垂直剖面。在遥感图像上识别土壤类型，一般采用综合分析方法。因为土壤有各种不同的成土因素（植被、地表温度和湿度、水系和地形）及土类的地面信息（土地利用、质地、光谱特征），再加上环境信息（地区的气候、地质历史等）的演变，通过它们之间的相关关系进一步分出土类中的细小差异，来推断土壤类型、性质及其组合。

# 第三节　基于 DEM 的流域特征信息提取

数字高程模型（Digital Elevation Model，DEM）是构成 GIS 的基础数据。基于 DEM 可以提取许多重要的水文特征参数，如坡度、坡向、水沙运移方向、汇流网络、流域界线等。DEM 的出现为水文学的发展注入了新的生机，也促使数字流域和数字水文的形成。目前，基于 DEM 的流域分布式水文模型也称为数字水文模型，是水文模型发展的重要方向。

## 一、DEM 与 DTM

20 世纪中叶，随着计算机科学、现代数学和计算机图形学等的发展，出现了数字地形模型 DTM（Digital Terrain Model）。DTM 是利用一个任意坐标场中大量已知 $X$、$Y$、$Z$ 的坐标点对连续地面的一个简单的统计表示，是描述地球表面形态多种信息空间分布的有序数值阵列，可以用以下二维函数系列来表示：

$$K_p = f_k(u_p, v_p) \quad (k = 1,2,3,\cdots,m; p = 1,2,3,\cdots,n) \tag{3-2}$$

式中：$K_p$ 为第 $p$ 号地面点（可以是单一的点，但一般是某点及其微小邻域所划定的一个地表面元）上的第 $k$ 类地面特性信息的取值；$(u_p, v_p)$ 为第 $p$ 号地面点的二维坐标，可以是任一地图投影的平面坐标，或者是经纬度和矩阵的行列号等；$m$ 为地面特性信息类型的数目（$m \geqslant 1$）；$n$ 为地面点的个数。

数字高程模型 DEM 是构成 DTM 的基础，它是对地球表面地形地貌的一种离散的数字表示。DEM 由美国麻省理工学院 Chaires L. Miller 教授于 1956 年提出，其目的是用摄影测量或其他技术手段获得地形数据，在满足一定精度的条件下，用离散数字的形式在计算机中进行表示，并用数字计算的方式进行各种分析。DEM 作为地理信息系统的基础数据，已在测绘、地质、土木工程、水利、建筑等许多领域得到广泛应用。

在式(3-2)中，当 $m=1$ 且 $f_1$ 为地面高程的映射，$(u_p, v_p)$为矩阵行列号时，式(3-2)表达的 DTM 即为 DEM。显然，DEM 是 DTM 的一个子集，用函数的形式描述为：

$$V_i = (X_i, Y_i, Z_i) \qquad (i = 1,2,3,\cdots,n) \tag{3-3}$$

式中：$(X_i, Y_i)$是平面坐标；$Z_i$ 是$(X_i, Y_i)$对应的高程。当该序列中各平面向量的平面位置呈规则格网排列时，其平面坐标可省略，此时 DEM 就简化为一维向量序列$\{Z_i, i=1, 2,3,\cdots,n\}$。

在流域地形分析中，常用的 DEM 有三种格式，即栅格型(Grid)、不规则三角网(Triangular Irregular Network, TIN)和等高线(Contour)，如图 3-1 所示。

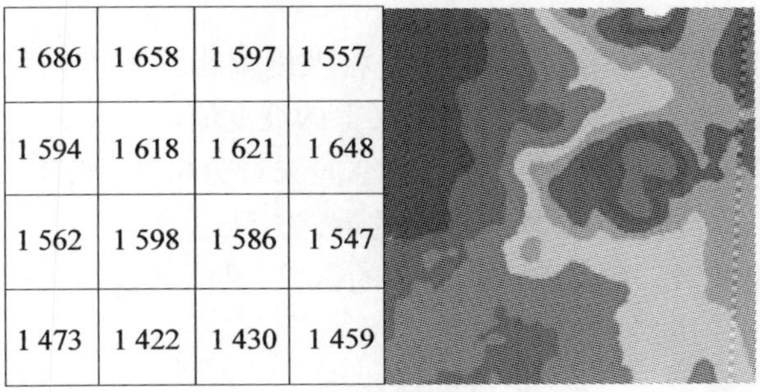

(a)栅格型

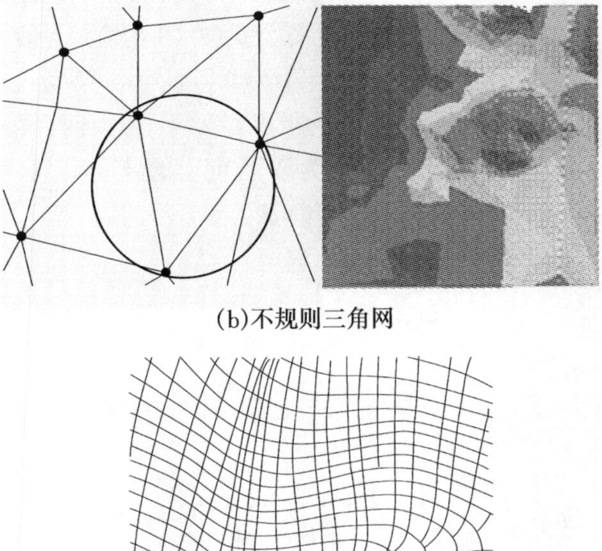
(b)不规则三角网

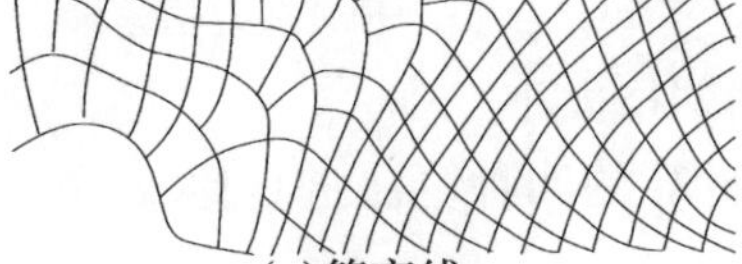
(c)等高线

**图 3-1　DEM 数据格式**

其中栅格 DEM 的计算处理方法较简单，在结构上容易与遥感数据相匹配，缺点在于对复杂的地形难以确定合适的格网大小，格网太小，容易产生大量的数据冗余，格网过大则难以反映复杂的地形。DEM 的三种数据格式在 GIS 的软件中都可以互相转换。

## 二、流域地形因子计算

坡度和坡向是两个最常用的基本地形因子，在 DEM 应用中担当十分重要的角色。地面上某点的坡度是表示地表面在该点倾斜程度的一个量。因此，它是一个既有大小又有方向的矢量。坡度矢量从数学上来讲，其模等于地表曲面函数在该点的切平面与水平面夹角的正切，其方向等于在该切平面上沿最大倾斜方向的某一矢量在水平面上的投影方向（即坡向）。可以证明，任一斜面的坡度等于它在该斜面上两个互相垂直方向上的坡度分量的矢量和。

应当指出的是，在实际应用中，人们总是将坡度值当做坡度来使用。为方便理解起见，本节仍使用“坡度”这个词来表示实际意义上的坡度值。

计算坡度的方法可归纳为五种：四块法、空间矢量分析法、拟合平面法、拟合曲面法、直接解法。经证明，拟合曲面法是求解坡度的最佳方法。

拟合曲面法一般采用二次曲面，即 3×3 的窗口（见图 3-2）。每个窗口中心为一个高程点。点 $e$ 的坡度、坡向的求解公式如下：

| | | |
|---|---|---|
| $e_5$ | $e_2$ | $e_6$ |
| $e_1$ | $e$ | $e_3$ |
| $e_8$ | $e_4$ | $e_7$ |

**图 3-2　二次曲面**

坡度的计算公式

$$Slope = \sqrt{Slope_{we}^2 + Slope_{sn}^2} \tag{3-4}$$

坡向的计算公式（3×3 的窗口计算点）

$$Aspect = Slope_{sn} / Slope_{we} \tag{3-5}$$

式中：$Slope$ 为坡度；$Aspect$ 为坡向；$Slope_{we}$ 为 $X$ 方向上的坡度；$Slope_{sn}$ 为 $Y$ 方向上的坡度。

关于 $Slope_{we}$、$Slope_{sn}$ 的计算可采用以下算法：

算法 1

$$\left.\begin{aligned} Slope_{we} &= \frac{e_1 - e_3}{2 \times cellsize} \\ Slope_{sn} &= \frac{e_4 - e_2}{2 \times cellsize} \end{aligned}\right\} \tag{3-6}$$

算法 2

$$\left.\begin{aligned} Slope_{we} &= \frac{(e_8 + 2e_1 + e_5) - (e_7 + 2e_3 + e_6)}{8 \times cellsize} \\ Slope_{sn} &= \frac{(e_5 + 2e_1 + e_6) - (e_8 + 2e_3 + e_7)}{8 \times cellsize} \end{aligned}\right\} \tag{3-7}$$

式中：$cellsize$ 为栅格 DEM 的网格大小。

E. Hodgson 对有关坡度计算的四种算法进行比较后，得出结论：算法 1 的精度最高，计算效率也是最高的。

## 三、流域河网结构提取

利用DEM提取流域水系是进行分布式水文模型研制与开发的基础。以下介绍DEM在水文模拟中的应用,内容包括:三个基本水文因子数字矩阵的生成方法,基于DEM自动提取地表水流路径、河网和流域边界的方法。

**(一)三个基本水文因子数字矩阵的生成**

1.无洼地DEM的生成

洼地是高程小于相邻周边的点,它是进行水文分析的一大障碍。有些洼地源于DEM生成过程中带来的数据错误,另一些则是真实地形的表示(如岩洞等)。在确定水流方向以前,必须先将洼地充填。目前,消除洼地的常用方法有滤波法(Callaghan and Mark,1984;Mark,1983)和填洼法(Marks,1984;Jenson and Domingue,1988)。滤波法可以消除孤立的、较浅的洼地而保留较大的洼地;填洼法可以消除所有的洼地,但会产生大片平坦的地形。上述两种方法都可能改变原有的地形,在处理复杂地形时常常产生不了流域的汇流网络。

通过消除洼地的处理可以生成无洼地DEM(见图3-3)。在无洼地DEM中,自然流水可以畅通无阻地流至区域地形的边缘。借助无洼地DEM可以对原数字模型区域进行自然流水模拟分析。

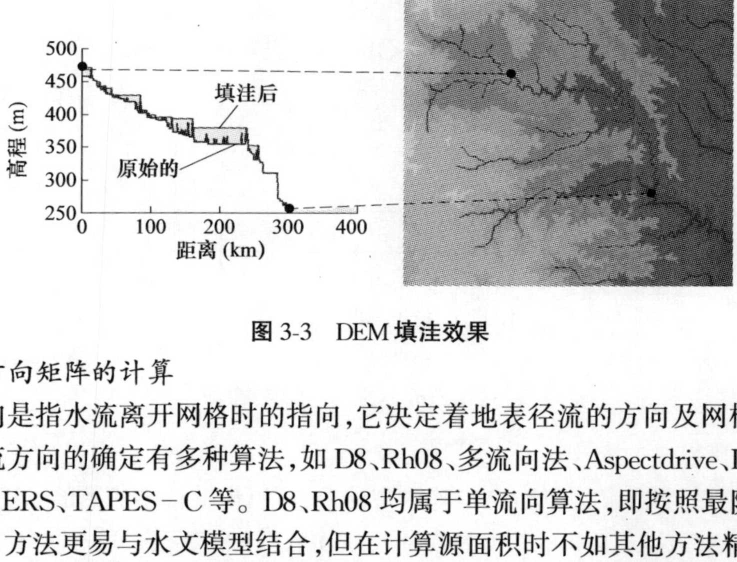


**图3-3　DEM填洼效果**

2.水流方向矩阵的计算

水流方向是指水流离开网格时的指向,它决定着地表径流的方向及网格单元间流量的分配。水流方向的确定有多种算法,如D8、Rh08、多流向法、Aspectdrive、DEMON(Costa等,1984)、ERS、TAPES－C等。D8、Rh08均属于单流向算法,即按照最陡坡度确定惟一的流向,D8方法更易与水文模型结合,但在计算源面积时不如其他方法精确。Rh08是在D8基础上引入随机概念。其他均属于多流向算法,Moore将上述算法应用于同一地区(George,1994),表明不同的算法会产生不同的结果,但多流向算法之间的差别非常小,与单流向算法相比,精确性有显著的提高。

(1)单流向算法。D8(O'Callaghan and Mark,1984)是采用3×3的窗口,如图3-4所示,8个方向分别赋不同的编码记录水流的方向,计算单元格与周围8个单元格的坡降,按最陡坡度原则确定单元格网的流向。

(2)多流向算法。D8方法是较传统的单流向算法,在许多商业软件(如ARC/INFO)

| | | |
|---|---|---|
| 32 | 64 | 128 |
| 16 | $x$ | 1 |
| 8 | 4 | 2 |

图 3-4　D8 的 3×3 窗口

中得到了实现。但 D8 方法假定格网的水只流向邻域格网中距离权落差最大的一个,与实际的流水情况并不十分相符,有时会产生错误,因此多流向算法受到人们重视。多流向算法按照梯度比分配从较高格网到相邻较低格网的流量,具体的计算公式如下:

$$f_{ij} = \frac{S_{ij}^p}{\sum S_{ij}^p} \tag{3-8}$$

式中:$f_{ij}$ 为从格网 $i$ 分给格网 $j$ 的流量部分;$p$ 为无量纲常数;$S_{ij}$ 为从格网 $i$ 到格网 $j$ 的方向坡度。

$$S_{ij} = \frac{z_i - z_j}{\sqrt{(x_i - x_j)^2 + (y_i - y_j)^2}} \tag{3-9}$$

式中:$x$,$y$ 为格网单元的平面直角指标;$z$ 为格网单元的高程。

3. 水流累计矩阵的计算

水流累计矩阵表示区域地形每点的流水累计量,它可以用区域地形曲面的流水模拟方法得到。流水模拟可以用区域 DEM 的水流方向矩阵来进行。基本思想是:认为以规则格网表示的数字地面高程模型每点处有一个单位的水量,按照水从高处流向低处的自然规律,根据区域地形的水流方向矩阵计算每点处所流过的水量数值,便可以得到该区域水流累计数字矩阵(见图 3-5)。在此过程中实际上使用了权值为 1 的权矩阵,如果考虑特殊情况(如降水不均),则可以使用特定的权矩阵,以更精确计算水流累计值。

| | | | | | |
|---|---|---|---|---|---|
| 78 | 72 | 69 | 71 | 58 | 49 |
| 74 | 67 | 56 | 49 | 46 | 50 |
| 69 | 53 | 44 | 37 | 38 | 48 |
| 64 | 58 | 55 | 22 | 31 | 24 |
| 68 | 61 | 47 | 21 | 16 | 19 |
| 74 | 53 | 34 | 12 | 11 | 12 |

(a)原始 DEM 矩阵

| | | | | | |
|---|---|---|---|---|---|
| 2 | 2 | 2 | 4 | 4 | 8 |
| 2 | 2 | 2 | 4 | 4 | 8 |
| 1 | 1 | 2 | 4 | 8 | 4 |
| 128 | 128 | 1 | 2 | 4 | 8 |
| 2 | 2 | 1 | 4 | 4 | 4 |
| 1 | 1 | 1 | 1 | 4 | 16 |

(b)水流方向矩阵

| | | | | | |
|---|---|---|---|---|---|
| 0 | 0 | 0 | 0 | 0 | 0 |
| 0 | 1 | 1 | 2 | 2 | 0 |
| 0 | 3 | 7 | 5 | 4 | 0 |
| 0 | 0 | 0 | 20 | 0 | 1 |
| 0 | 0 | 0 | 1 | 24 | 0 |
| 0 | 2 | 4 | 7 | 35 | 1 |

(c)水流累计矩阵

图 3-5　三个水文因子数字矩阵

## (二)流域边界及河网生成

在上述三个基本水文因子数字矩阵的基础上,可以借助许多成熟的 GIS 软件(如 ESRI 的 ArcInfo/ArcView、RSI 的 River Tool 及 TOPAZ、EMRL 的 WMS 等)进一步进行流域边界和河网的生成计算。

1. 流域边界的确定

首先需要给定流域出口断面的大致位置,即出口断面所在栅格单元的行列坐标,以便由此准确地定位流域出口断面,一旦出口断面位置确定,就可按照一定的算法勾画出流域边界,最终获得一个定义流域内外的数阵。

2. 河网的生成

如果预先设定一个阈值,将水流方向累计矩阵中数据高于此阈值的格网连接起来,便可形成排水网络。当阈值减小时,网络的密度便相应增加。如果 DEM 经过填充处理,则以此方式得到的排水网络将是一完整连接的图形,对此图形进行从栅格到矢量的转化处理,便可得到矢量格式的数据。

由于区域地形经洼地填平后,区域地形上各点的水流经各个支汇水线流入主汇水线,最后流出区域。因此,主汇水线的终点在区域的边界上,且该点具有较大的水流量累计值。当主汇水线终点确定后,按水流反方向比较水流流入该点的各个邻近点的水流量累计值,该数值最大的一个地形点即是主汇水线的上一个流入点。依此方法进行,直至主汇水线搜索完毕。当主汇水线确定后,沿主汇水线按从低到高的顺序对其两侧的相邻地形点进行分析。当某点的水流量累计值较大时,则该点是此主汇水线的支汇水线的根节点,该点的水流量累计值就是该支汇水线的汇水面积。对所得到的各条一级支汇水线进行同样的分析,确定它们各自的下一级支汇水线,依次进行,便可建立区域地形汇水线的树状结构关系。

## 第四节　水文信息空间插值

如前所述,分布式水文模型是基于流域空间异质性的水文模拟方法。分布式水文模型的开发不仅需要单元水文物理机制的支撑,而且需要大量的流域空间分布数据信息支持。模型输入和参数能在多大程度上反映流域实际的空间异质性对模型的结果有很大影响。流域的气象水文信息(如降水、气温等)通常都是由流域内有限观测点的信息构成的,不足以反映各子流域的气象水文特征,必须采用插值的方法以获取空间分布信息。空间插值方法的基本思想是用实测站点资料来推求研究区域观测要素的空间分布,这种关系可以是显式的,也可以是隐式的,可以是线性的,也可以是非线性的,但本质上都是考虑各个站点对计算网格点的贡献(权重)不同,进而得到不同的插值模式。

### 一、二维空间插值

在二维数据空间插值中,只考虑由于地理位置$(x,y)$的不同带来的空间分布的差异。这种方法物理概念比较明确,插值思想容易理解,适用于地形起伏不大的流域。对于一个指定的流域,我们对属于该区域的点进行插值时,主要的插值方法有泰森多边形法、网格法、三角剖分线性插值法、距离倒数平方法、距离方向加权平均法、Kriging 方法等。

#### (一)泰森多边形法

泰森多边形法已在洪水预报上使用数十年,但权重确定一直是手工作业,用计算机实现难度较大,该方法是用直线连结两相邻雨量站得到若干个三角形,然后作三角形各边的垂直平分线,连接这些垂线的交点,可得若干各含一个测站的多边形,则该多边形内的每个网格观测值等于观测站的观测值,而此多边形面积则为所含观测站的控制面积。

#### (二)网格法

网格法是国外使用较多的一种方法。基本思路是:首先用网格划分流域,以所计算网格 $A$ 为原点做出直角坐标,得到四个象限,并在四个象限中分别寻找距离 $A$ 最近的测站;然后针对选出的四个计算站,用距离加权的方法,即可求出网格 $i$ 的值。如图 3-6 所示,设网格 $A$ 坐标为$(x,y)$,四个象限选出的点为 $p_1(x_1,y_1)$、$p_2(x_2,y_2)$、$p_3(x_3,y_3)$和 $p_4(x_4,y_4)$,计算每站至 $A$ 的距离用平面解析几何公式:

$$r_i = \sqrt{(x_i - x)^2 + (y_i - y)^2} \qquad (i = 1,2,3,4) \tag{3-10}$$

容易得出按四个点的值 $p_1$、$p_2$、$p_3$ 和 $p_4$ 计算网格 $A$ 的值公式为:

$$P = c_1 p_1 + c_2 p_2 + c_3 p_3 + c_4 p_4 \tag{3-11}$$

其中

$$c_1 = (r_2 r_3 r_4)^2 / c \tag{3-12a}$$

$$c_2 = (r_1 r_3 r_4)^2 / c \tag{3-12b}$$

$$c_3 = (r_1 r_2 r_4)^2 / c \tag{3-12c}$$

$$c_4 = (r_1 r_2 r_3)^2 / c \tag{3-12d}$$

$$c = (r_1 r_2 r_3)^2 + (r_2 r_3 r_4)^2 + (r_1 r_2 r_4)^2 + (r_1 r_3 r_4)^2 \tag{3-12e}$$

如果四个象限中某个象限没有观测站,那么式(3-11)需作一个条件性处理。例如,若第四象限无测站,则令 $c_4 = 0$、$r_4 = 1$,$p_4 = 0$ 即可。

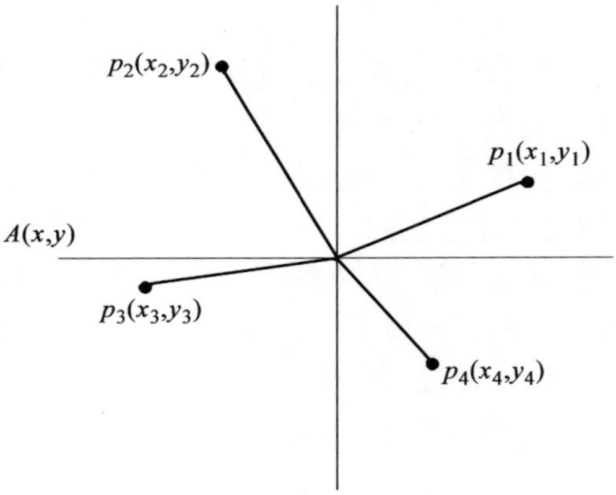


**图 3-6　网格法示意图**

## (三)三角剖分线性插值法

当流域内有 3 个以上的测站时,空间分布模型可以通过线性空间插值从最邻近的三个测站数据中生成一个单元的数据,如图 3-7 所示。

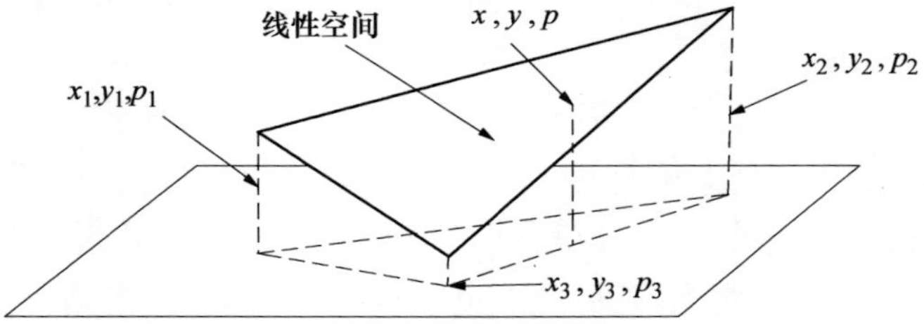


**图 3-7　三角剖分线性插值法**

网格点水文信息可由如下测站求出:

$$P^*(x,y) = \sum \partial_i P_i \tag{3-13}$$

$$\partial_i = \frac{S_i}{\sum S_i} \quad (i = 1,2,3) \tag{3-14}$$

其中

$$S_1 = 0.5 \times \begin{vmatrix} x & y & 1 \\ x_2 & y_2 & 1 \\ x_3 & y_3 & 1 \end{vmatrix} \tag{3-15a}$$

$$S_2 = 0.5 \times \begin{vmatrix} x_1 & y_1 & 1 \\ x & y & 1 \\ x_3 & y_3 & 1 \end{vmatrix} \tag{3-15b}$$

$$S_3 = 0.5 \times \begin{vmatrix} x_1 & y_1 & 1 \\ x_2 & y_2 & 1 \\ x & y & 1 \end{vmatrix} \tag{3-15c}$$

式中：$P_i$ 是测站$(x_i,y_i)$的观测值；$P^*(x,y)$是中心坐标为$(x,y)$的单元值。

当一个需要插值的单元位于水文站的三角形边界以外时，线性空间插值模型将执行线性外延。外延的结果需要进行非正常值的检验，可通过确定外延值是否落入正常测量值范围之内（即最大与最小测值之间）来识别非正常值。在某些情况下，外延的结果可能太高（超过最大值的某个百分比）或者太低（负值），模型将自动把偏高的值调到最接近实测的值，把偏低的值（负值）作为 0 处理。

**（四）距离倒数平方法**

这种类型插值方法的基本思想是假设任意无实测资料的单元格点$(x,y)$的值可由它周围 $n$ 个测站的情况确定，这 $n$ 个测站称为待估站点的参证站，认为待估站点的值与该 $n$ 个参证站的值成正比，与该点到参证站的距离成反比，即待估站点的值用参证站的值来线性表示。按照此假设，待估站点的值可以表示为：

$$P^*(x,y) = \sum_{i=1}^{n} a(t)_i P_i(t) \qquad a_i(t) = \frac{1/D_i^b}{\sum_{i=1}^{n}(1/D_i^b)} \tag{3-16}$$

式中：$P_i(t)$为在某个时间段第 $i$ 个参证站的观测值；$D_i$ 为待估站点到第 $i$ 个参证站的大圆距离；$n$ 为确定待估站点降水所用到的参证站的个数；$b$ 为权重指数，当 $b=0$ 时，式(3-16)为算术平均法，即站点控制范围内的值均等于流域算术平均值。

对于利用实测资料求流域面平均值，Brook 和 McWhorter 早在 1969 年就曾经研究过不同站网密度下权重指数的最优取值。Simanton 和 Osborn 观察到，在美国西南部权重指数从 1～3 变化时，不会对此法的精确性产生大的影响。

**（五）距离方向加权平均法**

距离方向加权平均法（New, et al.,2000）首先在不考虑方向的情况下选择最近的 8 个站点，按下式计算每个站点对目标点（网格的中心点）的距离权重：

$$w_k = (e^{-x/x_0})^m \tag{3-17}$$

式中：$x_0$ 是控制空间衰减程度的基于经验的衰减距离；$x$ 是站点至目标点的距离；$m$ 是

调节系数，在 1～8 之间，一般取 4。

之后，对所选的 8 个站点的距离权重分别进行方向修正，修正系数为：

$$a_k = \frac{\sum_{l=1}^{8} w_l[1 - \cos\theta_j(k,l)]}{\sum_{l=1}^{8} w_l} \qquad (l \neq k) \tag{3-18}$$

式中：$\theta_j(k,l)$是以目标点为中心的站点 $k$ 和 $l$ 的分离角度；$w_l$ 是站点 $l$ 的距离权重。

修正后的总距离方向权重为：

$$W_k = w_k(1 + a_k) \tag{3-19}$$

目标点的值是所选的 8 个站点值的加权平均。

$$P_{\text{int}} = \frac{\sum_{l=1}^{8} w_l P_{l,\text{obs}}}{\sum_{l=1}^{8} w_l} \tag{3-20}$$

式中：$P_{\text{int}}$为目标点的值；$P_{l,\text{obs}}$为站点 $l$ 的观测值。

**(六)Kriging 方法**

Kriging 方法认为，空间连续变化是不规则的，不能用简单的平滑数学函数进行模拟，可以用随机变量给予适当的描述。Matheron 于 1971 年提出了此法的一般数学公式，它满足与 Lagrange 或最小二乘内插法相同的条件，已经应用于采矿、地学、地下水和水文学的若干方面。

Kriging 方法是根据变量区域化理论建立的，区域性变量 $Z$ 在某处的表达式为：

$$Z(x) = m(x) + \varepsilon(x) + \varepsilon'(x) \tag{3-21}$$

式中：$m(x)$为描述结构性成分的确定性函数；$\varepsilon'(x)$为与空间变化有关的随机变量；$\varepsilon(x)$为剩余误差项，高斯噪声。

Kriging 方法的核心就是确定半方差函数(Semi－variogram)。半方差函数描述了区域性变量随距离矢量的变化情况，其数学表达式为：

$$\gamma(h) = \frac{1}{2N(h)} \sum_{i=1}^{N(h)} [Z(x_i) - Z(x_i + h)]^2 \tag{3-22}$$

式中：$N(h)$为相距为 $h$ 的数据对数。将 $\gamma(h)$与 $h$ 点绘成图，称为试验半方差函数图。

利用数学方法拟合，就可以得到理想的半方差函数模型，最常见的半方差函数模型为球面模型。确定变异函数模型的最终目的在于定量地揭示空间变异规律，并将其结果直接应用于最优空间插值。

## 二、三维空间插值

一个地区的气象要素值(如降水、气温)除了与平面位置有关以外，与高程也有很大关系，特别是当地形起伏较大的时候，降雨空间变异性与高程的关系更为密切。我们进行单元插值时要加上高程对气象要素分布的影响，这就是三维空间插值的问题。常见的方法有修正距离倒数平方法(Modified Reverse Distance Squared，MRDS)和梯度距离平方反比法(Gradient plus Reverse Distance Squared，GRDS)等。

**(一)修正距离倒数平方法**

Tung(1983)提出修正距离倒数平方法,其权重建立在两站距离 $D_{ij}$ 与高程差 $\Delta E_{ij}$ 比值的基础上:

$$P^*(x,y) = \sum_{i=1}^{n} a_i(t) P_i(t) \tag{3-23}$$

$$\alpha_i(t) = \left(\frac{D_i}{\Delta E_i}\right)^b \Big/ \sum_{i=1}^{n} \left(\frac{D_i}{\Delta E_i}\right)^b \tag{3-24}$$

式中:$\Delta E_i$ 为参证站 $i$ 与估计点的高程差;$D_i$ 为待估站点到第 $i$ 站点的大圆距离;$b$ 为权重指数,一般情况下取负值。

在这种插值方法中的权重 $\alpha_i(t)$ 实质上是与待估站点相对于参证站 $i$ 的夹角正切 $\tan\theta_i$ 有关的一个量。

**(二)梯度距离平方反比法**(GRDS)

这种方法由 Nalder 等于 1998 年提出。在距离权重的基础上,考虑气象要素随海拔和经纬向的梯度变化。在一个流域内如果有 $n$ 个实测站点$(x_i, y_i, h_i)$,那么待估站点$(x, y, h)$的气象要素可以由下式表示:

$$P^*(x,y,h) = \left[\sum_{i=1}^{n} \frac{p_i + (x - x_i) \times C_x + (y - y_i) \times C_y + (h - h_i) \times C_h}{D_i^2}\right] \Big/ \left(\sum_{i=1}^{n} \frac{1}{D_i^2}\right) \tag{3-25}$$

式中:$C_x$、$C_y$ 和 $C_h$ 为站点气象要素值与 $x$、$y$ 和海拔高程 $h$ 的回归系数;$D_i$ 为待估站点到第 $i$ 个参证站点的大圆距离。

必须指出的是,以上所述各种插值方法是目前较为常见的一些方法,适用于大多数水文气象要素的空间插值。但是,对于一些气象要素,在应用插值方法的过程中,还需要一些特定的处理过程,以更准确地反映该要素的空间分异规律。就气温的插值而言,在高程起伏较大的地区(如山区),气温的变化有时更依赖于高程而不是水平的位置。一般地,气温的插值分三步进行:第一步,把已知测站的观测值根据其所在的高程按环境温度下降率(平均 −0.65 ℃/100 m)转化到相同高程平面上的值;第二步,在此基础上用特定的方法进行空间插值(线性、距离反比或克立格法等方法);第三步,结合各单元网格的高程,按温度下降率对空间插值结果进行高程修正。

# 第四章　流域分布式水文模拟系统

水文循环在时空分布上存在较大的变异性，为了客观地探讨和模拟流域水文循环的各个环节和物理过程，需要组建结构/参数比较复杂的分布式水文模型。流域水文模拟系统的开发和应用是水文模拟技术以及计算机技术发展的必然。开发集成水循环信息管理和水文模拟功能、可用于多种不同目的的水文模拟系统已经成为国际上许多水文研究机构以及计算机软件开发商的关注点。在国外，USGS 在 MMS(Modular Modeling System)的基础上已联合欧洲等国着手开发以 Java 为开发语言、基于 Internet 实现网络数据共享的 OMS(Objective Modeling System)。此外，USGS 与 BOR 合作的流域与河流系统管理计划(WARSMP)，目标是发展操作性强、以数据库为中心、面向复杂的资源管理问题的决策支持系统。广泛的模拟能力和在水与环境资源管理中应用的集成是 WARSMP 关注的焦点。从总体上看，集成不同的水循环模型，基于模块化结构，构建面向多目标的水文模拟系统是水文模拟技术发展的一个重要方向。本章重点介绍国家重点基础研究规划项目"黄河流域水循环演化规律及其可再生性维持机理"(简称黄河"973"项目，G19990436)中开发的流域分布式水文模拟系统(Hydro Informatic Modeling System，HIMS)。

## 第一节　HIMS 系统的总体设计

### 一、HIMS 的设计思想

由于水文模拟的目的(如洪水预报、水资源管理)、尺度以及水文实测数据的可获得性存在差异，分布式水文模型在研制与应用上存在许多问题，如：模型的适应性和通用性问题，海量的模型输入数据的获取、处理和管理问题，模型的操作问题，模型的扩展性问题，以及为不同专业的应用和资源管理与决策分析所提供的支持能力等问题。这些问题能否解决直接关系到分布式水文模型能否开发成功、是否具有实用价值。这些问题的提出已经使得分布式水文模型不再是单一的水文模型，而是一个以数据库为基础、以 GIS/RS 为技术支撑、集成资源管理与决策功能、具有专业扩展性和广泛模拟能力、模块化结构的分布式水文模拟系统。

面向黄河流域水资源管理实际应用和科学研究的需要，黄河"973"项目第一课题组初步提出了一个基于模块结构的流域分布式水文模拟系统(HIMS)。HIMS 系统设计的最终目标是：拥有较强的专业扩展性和广泛的模拟能力，能够针对不同区(流)域、不同应用目标，在水文模块基础上组装出合适的分布式水文模型。

目前，基于模块的分布式水文模拟系统的研制在国内还较为少见，它在基本目标上与 OMS 相一致，但偏重于分布式水文过程的模拟与应用。针对分布式水文模型涉及的环节较多，而各个环节通常又具有多种不同的描述方式，为了更好地进行不同区(流)域的水文模拟,满足不同应用目标,提高模型的适应性和应用范围,HIMS集成了大量的处理不同水文物理过程的水文模块,并由相应的模型组建模块负责将其组装成优化的分布式水文模型。HIMS具有处理和管理空间数据及水文气象系列数据的功能。HIMS的数据预处理和后处理系统能够对分布式水文模型的海量输入与输出信息进行十分有效的管理,并具有2D/3D图形显示功能。

## 二、HIMS系统的主体结构

HIMS系统的主体结构(见图4-1)包括水循环信息平台(Hydrological Information System, HIS)、水文函数库(Hydrological Function Library,HFL)、水文模型系统(Hydrological Modeling System, HMS)以及图形用户交互界面(Graphic User Interface, GUI)等几部分。水循环信息平台集成了数据的组织、管理以及数据分析等功能。水文函数库是水文模拟的程序代码集,是最底层的水文模拟计算工具。水文模拟系统在水文函数库基础上构建成形,包含不同尺度、不同结构的水文模型(集总、半分布式、分布式),以满足不同的水文模拟需求。模型可通过信息平台提取或储存不同结构的数据。水文模型系统提供不同类型的水文模型。图形用户交互界面为水文模型的参数识别、输入数据的生成、模拟结果的查询和分析及图形显示等提供了友好的操作平台。HIMS模拟系统的各部分既可独立运行,也可协同运作。

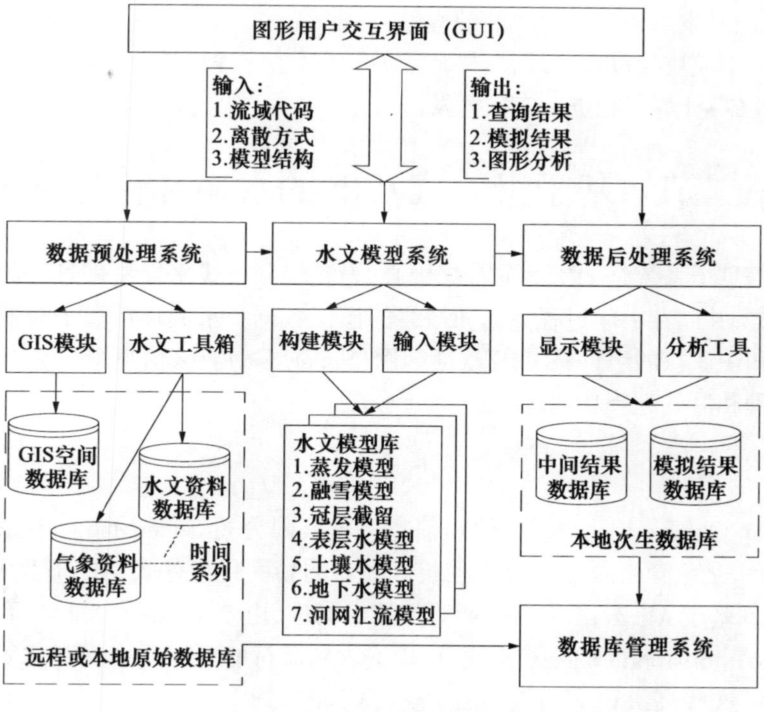


图4-1 HIMS系统的主体结构

### 三、HIMS的基本特点

HIMS是一个以水循环信息平台为基础，基于组件式结构设计的开放式大型水循环模拟系统。系统是根据当前水文模拟技术发展的趋势，结合实际研究中面对的各种模拟问题，以实用性为目标，兼顾通用性的要求，在大量的国内外交流协作的基础上开发完成的，具有较强的水文模拟分析计算功能。其特点主要体现在以下几个方面：

(1)HIMS的水循环信息平台构建基于我国独立自主知识产权的组件式GIS软件SuperMap，实现了GIS和水文模拟功能的有机集成，具有相当的水文气象与下垫面空间数据分析与处理功能，能够为分布式水文模拟提供空间参数识别与输入信息。

(2)HIMS系统以类定义为基础，构建了水文模型方法库。基于模块化结构设计，实现自定义模型的功能。

(3)HIMS系统集成了3种不同时空尺度的分布式水文模型，避免了单一水文模型在跨越不同时空尺度应用中所面临的水文尺度效应的难题，其联合应用可以从小到大不同尺度系统深入地认识流域水循环过程。HIMS的提出为全面系统地研究黄河流域的洪水问题、水资源演化规律、人类活动与气候变化对流域水循环的影响以及泥沙与面源污染等问题，提供了重要的技术支撑。

(4)HIMS自带水文工具箱，包含基流分割、频率分析等诸多水文分析功能，可以初步探索流域的产汇流机制，为水文模型的选择、组建以及参数的设定提供依据。

(5)系统的开发基于面向对象的编程语言(Borland C++)，是一个通用、开放的水文模拟平台。基于模块化设计，界面友好，允许用户对系统进行扩充，可以利用系统提供的函数、DLL和COM等资源进行二次开发。

## 第二节　基于组建式GIS的水循环信息系统

水循环信息子系统是HIMS的数据中心，为流域分布式水文物理过程的模拟提供所需的输入数据，并储存中间过程数据和最终的模拟数据。水循环信息平台的构建基于我国独立自主知识产权的组件式GIS软件超图(SuperMap)。该信息平台包括数据管理以及数据前处理和后处理等功能。

### 一、概述

SuperMap Objects是北京超图地理信息技术有限公司SuperMap GIS系列软件中的基础开发平台，是一套面向GIS应用系统开发者的新一代组件式GIS开发平台。SuperMap Objects 5基于Microsoft的COM组件技术标准，由若干ActiveX控件和数量众多的自动化对象(Automation Objects)构成，可以嵌入到流行的可视化高级开发语言环境中进行二次开发。这些高级语言有Visual Basic、Visual C++、C++Builder、PowerBuilder、Visual Basic.Net、Visual C#.Net和Delphi等。

SuperMap Objects 5提供了11个控件、170多个可编程对象和3 000多个二次开发接口，二次开发能力强大。功能涵盖了图形与属性编辑、拓扑处理、空间分析、三维建模与分析、三维可视化、专题图制作、符号线型填充库的编辑与管理、布局打印等。从水文模拟的角度看，SuperMap Objects 5 强大的空间分析功能(如栅格分析、网络分析、三维建模、地形表面分析、支持栅格代数运算、生成流向图、勾绘流域面、水系和地形特征线的提取)可以大大简化水文模拟系统的开发工作，增强水文模拟系统的灵活性和可移植性。SuperMap Objects 5 是目前功能最强大的可独立分发运行的全组件式 GIS 开发平台。SuperMap Objects 5 的另一个重要特点是基于该平台开发的应用软件可独立分发运行，不依赖于 SuperMap GIS 系列的任何其他软件，可以大大降低应用软件的部署复杂程度和分发成本。

基于 SuperMap Object 的水循环信息系统(见图 4-2)提供了水文模拟过程中必要的 GIS 空间数据的处理和分析功能，包括数据格式转换、专题图制作、地图剪裁、空间分析、投影转换、影像匹配等多种功能。另外，前台的 GIS 界面平台可动态链接后台 Access 关系型数据库，并且可以随时管理后台数据库，在 Access 中编辑、修改和查询过的属性数据可以在 GIS 平台中跟踪显示。

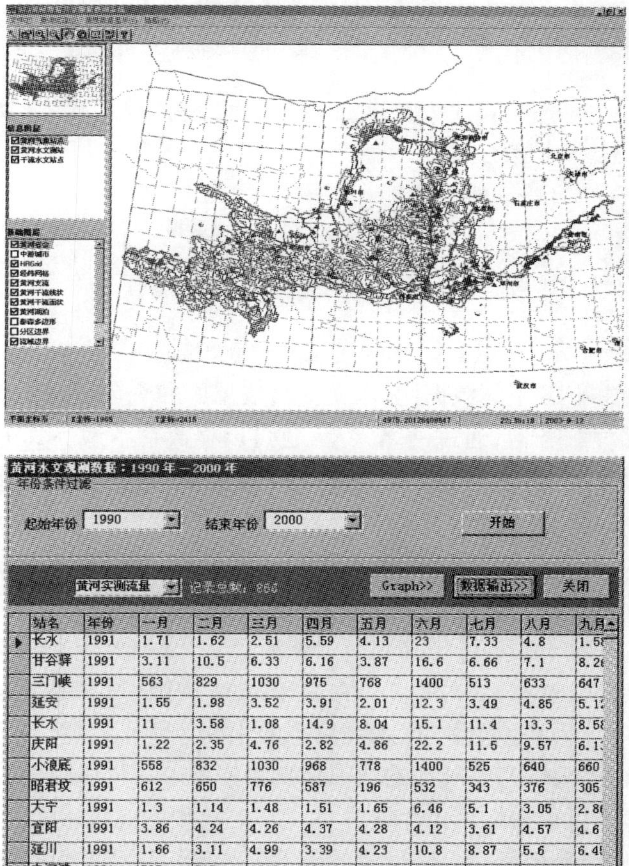


图 4-2　基于 SuperMap Object 的水循环信息平台

## 二、数据库管理

数据库是 HIMS 的数据中心，为流域分布式水文物理过程的模拟提供所需的输入数据，并储存中间过程数据和最终的模拟数据。数据库部分具有数据更新、查询和管理等基本功能，在相应模块的支持下可以扩展决策支持系统的功能。HIMS 的数据库子系统属于多库结构系统，数据的存储结构也可以由一个或多个数据结构组成，从简单的 ASII 文件到复杂的 SQL 数据库。HIMS 的数据库部分同系统其他部分的联系，主要通过不同的数据管理界面(DMI)进行操作。数据库子系统可以分为三大部分：观测数据、生成数据和数据库管理模块，其数据信息的交换流程如图 4-3 所示。

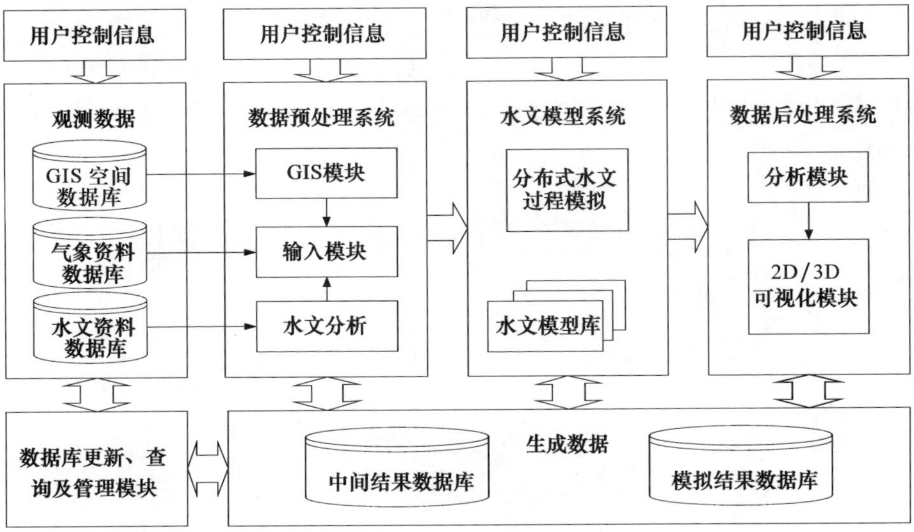


图 4-3 HIMS 的数据信息交换流程

(1)观测数据，由 GIS 空间数据库、水文资料数据库和气象资料数据库构成。这些数据库可以存放于远程服务器，通过网络共享，也可以存放在本地。其中，GIS 空间数据库用于存储土地利用数字信息、土壤类型空间分布信息、RS 遥感影像信息、DEM、数字河网和数字流域信息、水文和气象测站的空间分布信息等；气象资料数据库用于存储降水和气象测站相关的降水、气温、辐射、蒸发、风速等常规系列观测数据；水文资料数据库用于存储水文站点的径流时间系列资料。

(2)生成数据，是基于模型分析和观测数据所提炼出的数字信息，分别存放在中间结果数据库和模拟结果数据库，这两库主要存放于本地。中间结果数据库存储用户查询数据、基于观测资料的分析和预测数据、水文模拟的中间过程信息等，这些信息又分为永久性和临时性两种类型。其中，临时性的数据信息为模型中间过程服务，在模型运转结束后将自动清除。模拟结果数据库用于存储分布式水文模型的各项输出结果数据，可以是现状下的模拟和预测结果，也可以是假设情景下的模拟分析结果。

(3)数据库管理模块，由数据管理界面(DMI)和各种功能模块组成。数据管理界面能够接受用户控制信息，实现 HIMS 各部分之间数据信息的传输和转换。其他各种功能模块提供数据的更新、查询、转换和维护等功能。系统提供了水文、气象站点定位、空间信息与属性信息的显示和管理,水文气象数据的浏览和查询,查询结果的文本和图形输出等功能。

## 三、数据预处理

目前,HIMS 的数据预处理子系统由三部分组成:RS 与 GIS 空间数据预处理、气象数据预处理和水文数据预处理。

### (一)空间数据预处理

该部分通过数据管理界面(DMI)接受用户控制信息,从 GIS 空间数据库提取原始数据。利用 GIS 模块和 RS 分析工具,对流域空间特征信息(如地形、土壤、植被、土地利用、汇流路径等)和遥感影像数据(如土壤含水量、NDVI 等)进行预处理分析,生成所需的流域离散化信息、空间循环控制信息、单元流域分类信息和单元类型索引表等数字信息,为用户选择的分布式水文模型的运行提供所需的预备数据(见图 4-4)。

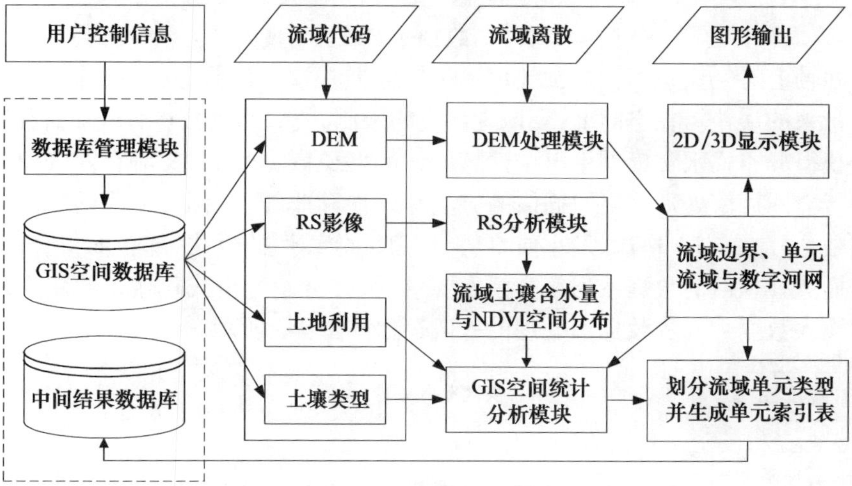


图 4-4　HIMS 的空间数据预处理过程

GIS 模块主要集成了 DEM 分析功能(见图 4-5),能够快速地生成数字河网信息,包括河长、河宽、河底坡度以及河段级别等数据。能够基于网格(Grid)、子流域(Subbasin)或山坡(Hillslop)对研究流域进行离散化,并结合其他空间数字信息(如土壤、植被、地质和其他相关的物理特性信息)进一步提取或估计所选模型的单元流域参数。RS 分析工具主要从遥感影像中获取土壤含水量和 NDVI 空间分布信息,为分布式水文模型中土壤含水量的初值估计和中间模拟过程的检验提供参考信息,为叶面指数(LAI)的变化、植被生长的模拟和植被腾发的计算提供重要输入数据。RS 与 GIS 模块可以根据需要不断地进行更新和扩展。

### (二)气象数据预处理过程

气象数据库存储多个站点的降水、气温、辐射、蒸发、风速等常规系列观测数据。由于某些原因,气象站点的系列数据往往存在短缺现象,或者不同站点的观测时间不统一,或者与模型所需的计算时间步长不一致,这样需要在时间坐标轴上对气象系列数据进行内插或外延处理,插补的方法可以基于统计分析的天气发生器,也可以利用 SPLINE 等方

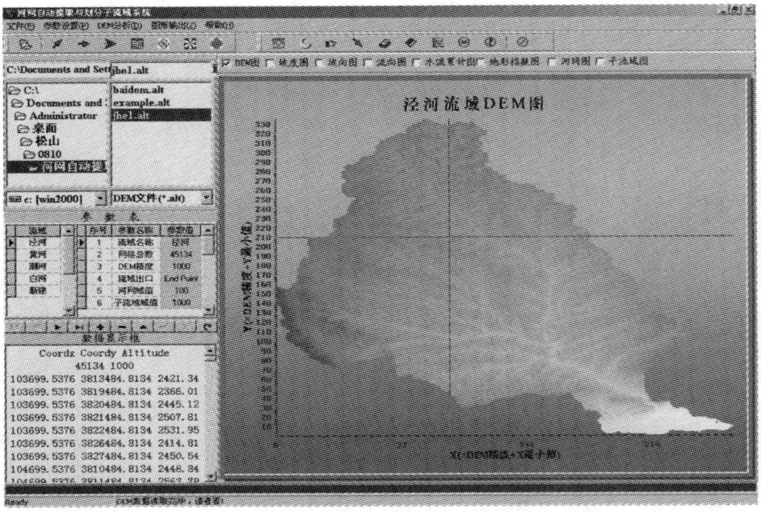


图 4-5　HIMS 的 DEM 水文分析模块

法。在时间轴上对气象系列数据预处理还包括数据一致性检验分析，消除由于观测仪器的变动所带来的误差。在空间上，受地理环境的限制，气象站点数量有限而且往往分布不均。为了获得分布式水文模型中每个计算单元的气象数据，还需要对有限气象站点的数据系列进行空间插值处理。空间插值的方法有线性和非线性之分，常用的空间插值方法有距离倒数加权法、克立格法、最小曲率法、三角剖分线性插值法、趋势面拟合法、最小邻域法等。插值处理后的数据系列符合精度要求后，方可通过格式化输入模块生成水文模型所需的输入数据。气象数据预处理的一般过程如图 4-6 所示。

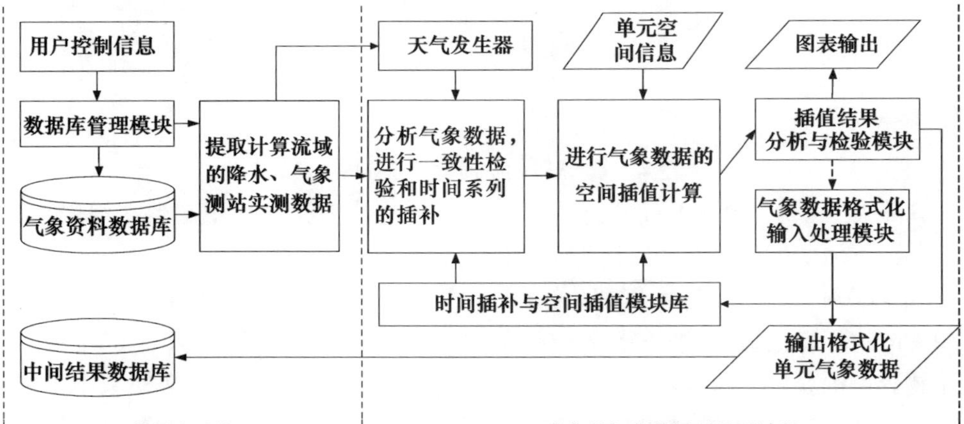


图 4-6　HIMS 的气象数据预处理过程

### (三)水文数据预处理过程

水文数据预处理过程主要包括以下几个环节：①根据研究区的范围，从空间位置图上确定研究区内的水文观测站点；②利用水文站点信息从属性数据库中查询提取所需要的流量、水位等水文观测数据；③对水文数据进行差错校正等数据核对工作；④把校核后的数据存储为某种特定的格式以满足模型的输入之需；⑤对原始水文观测数据利用水文工具箱做初步分析(如基流分割、退水曲线分析等),为模型提供参考性的参数值。水文数据的预处理过程如图 4-7 所示,这部分工作主要依托于 HIMS 系统提供的水文工具箱完成。

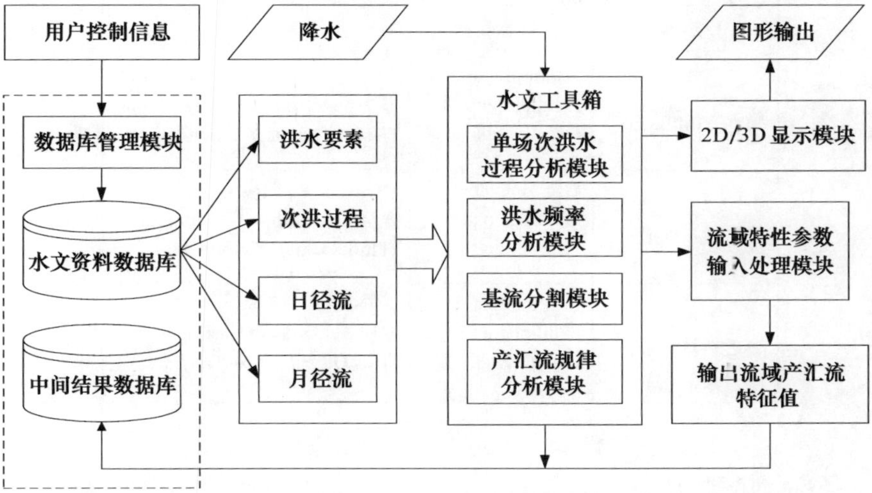


图 4-7 HIMS 的水文数据预处理过程

## 四、数据后处理

数据后处理子系统由一些用于分析和显示模拟(或查询)结果的模块所组成,如多种统计分析工具、2D/3D 图形显示模块、文本和表格浏览工具等。其中,一些模块通过 HIMS 的 GUI 可被其他部分重复利用。统计工具主要包括误差评估、模型参数优化与灵敏度分析、模型不确定性分析等模块。所有数据后处理部分的模块,包括各种可视化和统计工具,都可以独立地运行。在未来发展中,HIMS 的数据后处理子系统将考虑添加资源管理与决策支持的功能模块,增强 HIMS 在水资源规划与管理中的应用能力。

# 第三节 HIMS 水文函数库的构造

## 一、水文函数的定义

本书中,水文函数是指针对某一水文过程(如蒸发、下渗等)的某种计算方法的计算机实现。水文函数库即为所有水文函数的集合。在水文函数库的设计中,采用如下的定义方式:①对于一个特定的水文过程,定义一个过程类,过程类具有属性和方法;②方法对应于该水文过程的不同算法;③属性定义为水文过程的输入、输出和参数,即 I/O 属性;④在 I/O 属性中,对应于不同的水文过程算法,定义不同的 I/O 数据结构。各部分内容的逻辑关系如图 4-8 所示。

## 二、水文函数库的构成

水文函数库根据水文循环的一般过程,封装了涉及降水、蒸发、融雪、截留、下渗、地表

| 水文过程类 :TInfltration | | |
|---|---|---|
| 属性 | | 方法 |
| I/O 属性 | 数据结构 | |
| 输入:TInflInput | THortonInput<br>TPhilipInput<br>TKostInput | 方法 1:MHorton (THortonInput, THortonOutput ,THortonPara ) |
| 输出:TInflOutput | THortonOutput<br>TPhilipOutput<br>TKostOutput | 方法 2:MPhilip (TPhilipInput, TPhilipOutput, TPhilipPara) |
| 参数:TInflPara | THortonPara<br>TPhilipPara<br>TKostPara | 方法 3:MKost (TKostInput, TKostOutput ,TKostPara) |

图 4-8 水文过程类定义示意图

径流、地下径流、河网汇流、水库调蓄等 9 大过程常用的模拟计算方法 40 多个(见表 4-1),共涉及 400 多个水文变量。每一个函数代表一种可选的模拟某水文过程的计算方法。例如,计算潜在蒸发时可以选择 Penman - Montieth 公式、Priestley - Taylor 公式、Hargreaves - Samani 公式、Jensen - Haise 公式等不同的计算模块。水文函数库还包含许多成熟的单元水文模型(如新安江三水源蓄满产流模型、陕北超渗产流模型、TOPMODEL 模型、SCS 经验产流模型等)和河段汇流模型(如分段 MUSK 模型)。

表 4-1 HIMS 系统的水文函数库

| 代码编号 | 水文过程 | 模型代号 | 模型名称 | 模型功能 |
|---|---|---|---|---|
| 10101 | Tradiation | RadMax | 计算最大可能辐射 | 太阳辐射 |
| 10102 | Tradiation | SolRad | 计算日辐射量 | 太阳辐射 |
| 10103 | Tradiation | NetRad | 净辐射 | 太阳辐射 |
| 10201 | TPotEvap | PriTay | Priestley - Taylor | 潜在蒸散发 |
| 10202 | TPotEvap | Penman | Penman - Monteith | 潜在蒸散发 |
| 10203 | TPotEvap | Hargreaves | Hargreaves | 潜在蒸散发 |
| 10204 | TPotEvap | SlaMcI | Slatyer - McIlroy | 潜在蒸散发 |
| 10205 | TPotEvap | JenHai | Jensen - Haise | 潜在蒸散发 |
| 10206 | TPotEvap | Makkink | Makkink | 潜在蒸散发 |
| 10301 | TActualEvap | DETaRatio | 比例模型 | 实际蒸散发(日) |
| 10302 | TActualEvap | Schreiber | Schreiber | 实际蒸散发(月/年) |
| 10303 | TActualEvap | Oldekop | Oldekop | 实际蒸散发(月/年) |
| 10304 | TActualEvap | Budyko | Budyko | 实际蒸散发(月/年) |
| 10305 | TActualEvap | Fubaopu | Fubaopu | 实际蒸散发(月/年) |
| 10306 | TActualEvap | Zhanglu | Zhanglu | 实际蒸散发(月/年) |
| 10307 | TActualEvap | Turc | Turc | 实际蒸散发(月/年) |

续表 4-1

| 代码编号 | 水文过程 | 模型代号 | 模型名称 | 模型功能 |
|---|---|---|---|---|
| 10308 | TActualEvap | Gaoqiao | Gaoqiao | 实际蒸散发(月/年) |
| 10309 | TActualEvap | DenMci | DenMci | 实际蒸散发(月/年) |
| 10310 | TActualEvap | ComRelEta | ComRelEta | 实际蒸散发(月/年) |
| 10311 | TActualEvap | AdvectArid | 平流干旱模型 | 计算实际蒸散发 |
| 10401 | Tsnowmelt | Smdd | 度—日因子模型 | 融雪模型(包含两种) |
| 10501 | Tinterception | ILAI | 基于 LAI 的截留计算模型 | 冠层截留模型(包含两种) |
| 10601 | Trunoff | Hmrm | 水平混合产流模型 | 产流模型 |
| 10602 | Trunoff | SCSm | SCS 曲线数模型 | 产流模型 |
| 10603 | Trunoff | TVGM | 时变增益模型 | 坡面产流模型 |
| 10604 | Trunoff | Vmrm | 垂直混合产流模型 | 产流模型 |
| 10605 | Trunoff | Xajr | 新安江蓄满产流模型 | 产流模型 |
| 10606 | Trunoff | Xaje | 新安江三层蒸散发模型 | 实际蒸散发/土壤含水量 |
| 10607 | Trunoff | Xajs | 新安江三水源划分模型 | 水源划分 |
| 10701 | Treservoir | ResvRule | 规则调度模型 | 水库调度 |
| 10702 | Treservoir | ResvGraph | 图解法调度模型 | 水库调度 |
| 10801 | Tinfiltration | Horton | Horton | 下渗(小时) |
| 10802 | Tinfiltration | Philip | Philip | 下渗(小时) |
| 10803 | Tinfiltration | Kostiakov | Kostiakov | 下渗(小时) |
| 10804 | Tinfiltration | GreenAmpt | GreenAmpt | 下渗(小时) |
| 10901 | TSoilWater | SWDarcy | Darcy 运动模型 | 土壤水模型 |
| 11001 | TGroundWater | GWDarcy | Darcy 运动模型 | 地下水模型 |
| 11101 | TRouting | Musk | Muskingum 汇流模型 | 汇流模型 |
| 11102 | TRouting | KinerWave | 运动波模型 | 汇流模型 |
| 11103 | TRouting | NashNK | 推求 nash 单位线 $n$ 和 $k$ | 汇流模型 |
| 11104 | TRouting | Nashline | 推求 nash 时段单位线 | 汇流模型 |
| 11105 | TRouting | CUH | 推求谢尔曼时段单位线 | 汇流模型 |
| 11106 | TRouting | UH | 谢尔曼时段单位线 | 汇流模型 |

## 三、水文函数库的调用

水文函数库的开发采用面向对象的开发语言 C++,以独立的文件 HydroLab.c 和 HydroVar.c 的形式存在。其中,HydroLab.c 是关于水文函数的定义文件,HydroVar.c 则是对水文变量的定义文件。对于水文函数库的调用有几种不同的方式。对于底层的模型开发人员而言,可以直接把上述两个文件嵌入到其所编写的程序中,而在程序的文件头注明对这两个文件的引用;而对于一般的系统应用人员而言,可以通过系统提供的水文工具箱中的“水文过程模拟方法库”(见图 4-9)实现对单个方法的调用,完成相应的计算。

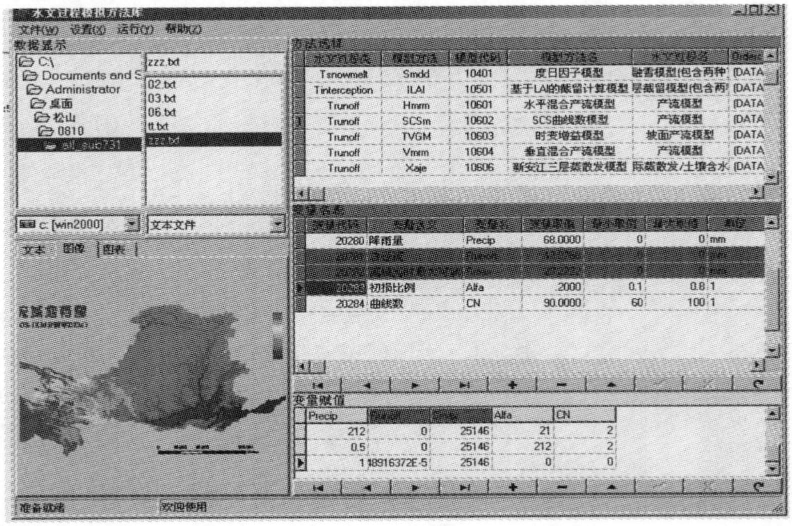


图 4-9　水文函数库调用界面

## 第四节　HIMS 水文模型系统的建立

水文模型系统是 HIMS 整个系统的核心部分,它是以水文函数库为基础进行开发设计的。在水文函数库的基础上,针对不同的模拟需求集成了分布式、半分布式以及集总式水文模型。分布式水文模型根据模拟在时间尺度上的差异分为年/月模型、日模型以及次过程模型;半分布式模型包含适用于小空间尺度的 TOPMODEL 模型和适用于大空间尺度的两参数模型。集总式模型有新安江模型、SCS 模型以及萨克模型等。考虑到模型的资料限制以及水文循环过程的区域差异,为了提高水文模型系统的适用性,还提供了自定义水文模型的功能,即用户可根据实际的需要和资料条件,选择不同的水文过程模拟方法,自创组合生成相应的水文模型。

### 一、三种不同尺度的分布式水文模型

如前所述,水文模型是特定时空尺度下流域水文循环过程的概化,不同的水文模型有其特定的适用尺度。面向洪水预报、水资源管理、气候变化和人类活动对水文循环过程的影响,HIMS 系统构建了三种不同时间尺度(小时、日、月)的分布式水文模型(见表 4-2),避免了单一水文模型在跨越不同时空尺度应用中所面临的水文尺度效应的难题。三者之间既相互区别又相互联系。三种不同尺度的模型的联合应用可以从微观到宏观系统深入地认识流域水循环过程,互相之间在某种程度上可以进行合理性检验和校正。以下简要介绍三种不同尺度分布式模型的系统实现,关于模型的原理和应用在后续的第五章到第七章将有详细的说明。

表 4-2 “小时”、“日”和“月”分布式水文模型的比较

| 模型尺度 | “小时”过程模型 | “日”过程模型 | “月”过程模型 |
|---|---|---|---|
| DEM 分辨率 | 30～100 m | 50～100 m | 500～1 000 m |
| 输入资料 | 次过程数据 | 日均数据 | 月均数据 |
| 计算步长 | 分钟或小时 | 日 | 月 |
| 蒸发过程 | 雨期不考虑蒸发 | 考虑蒸发,影响大 | 考虑蒸发,影响大 |
| 下渗过程 | 考虑下渗 | 考虑下渗 | 简单 |
| 汇流过程 | 考虑坡面、河网汇流 | 考虑坡面、河网汇流 | 简单 |
| 水文过程线 | 见图 4-10 | 见图 4-11 | 见图 4-12 |
| 模拟难度 | 相对容易 | 比较难 | 相对容易 |
| 主要应用范围 | 单场次洪水预报和水文物理机制(产汇流规律)的探讨 | 流域水资源管理及变化环境下水文水资源演化规律探讨 | 大流域水资源管理和气候、土地覆被变化对区域水循环影响探讨 |

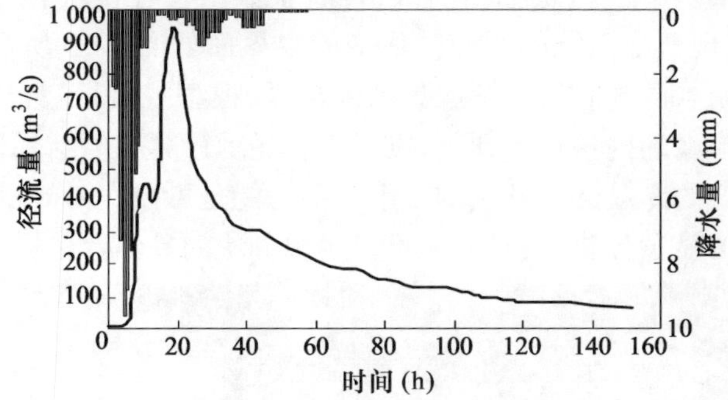


图 4-10 1996 年 9 月卢氏以上流域时降水径流过程线

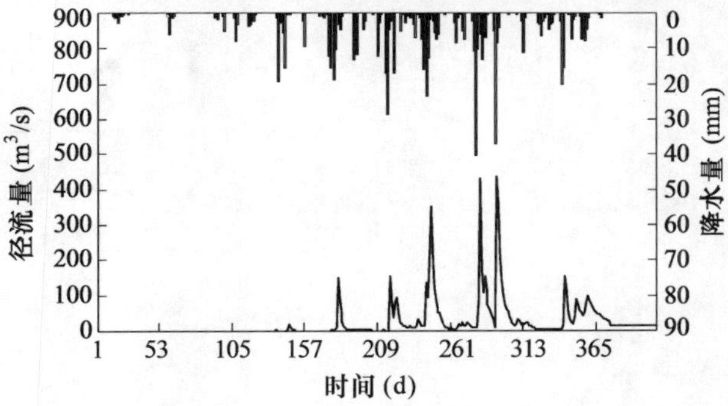


图 4-11 1996 年卢氏以上流域日降水径流过程

必须指出的是,“小时”、“日”和“月”分布式水文模型的划分并不是绝对的,有些模型可分别进行“小时”、“日”和“月”水文过程的模拟,如 SWAT 模型,但模型推荐的计算时段为“日”,在“日”的基础上可以做“月”和“年”的模拟。有些“月”分布式水文模型,输入数据为“日”系列,计算时段为“小时”,需要将“日”系列数据转化“小时”系列,计算结果按“月”统计。另外,有些分布式水文模型基于模块化设计,不同水文过程具有相应处理模块,各个模块计算时段各不相同,最后统一为相同时段的数据,如 MIKE SHE 模型。

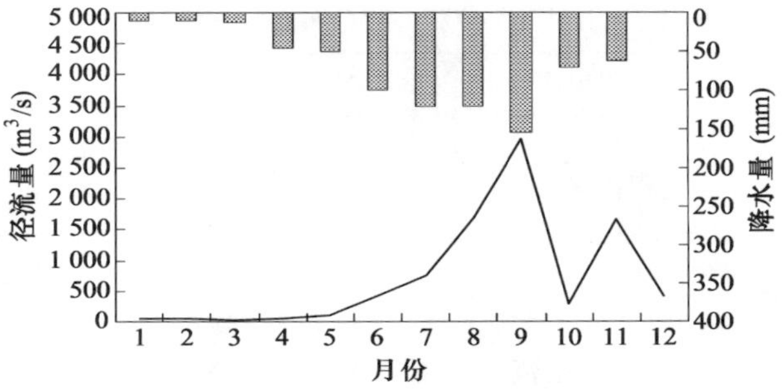


图 4-12　1996 年卢氏以上流域月降水径流过程

## (一)“小时”过程模型

“小时”过程模型,即次暴雨径流模型的系统实现由三个核心模块组成:①数据管理模块;②水文模型模块,包括单元流域的产流模型和河网汇流模型;③执行模块,该模块包括参数的调试功能和模型的执行及输出功能,是联系数据管理模块、水文模型模块等的组带,通过连接调用实现整个系统的运转。系统的主界面如图 4-13 所示,被划分为 5 个功能区:莱单区、文件录入区、图形显示区、数据编辑区、模型控制区。模型运行部分主要用来调用分布式水文模型的内核程序,既可以以文本显示计算数值结果,也可利用图形控件为用户提供模拟数值的专题图。系统的一个重要功能是可以实时显示各分块的产流计算结果,即点即现,既可显示分块的趋势,也可以实现分块的具体数值提取。

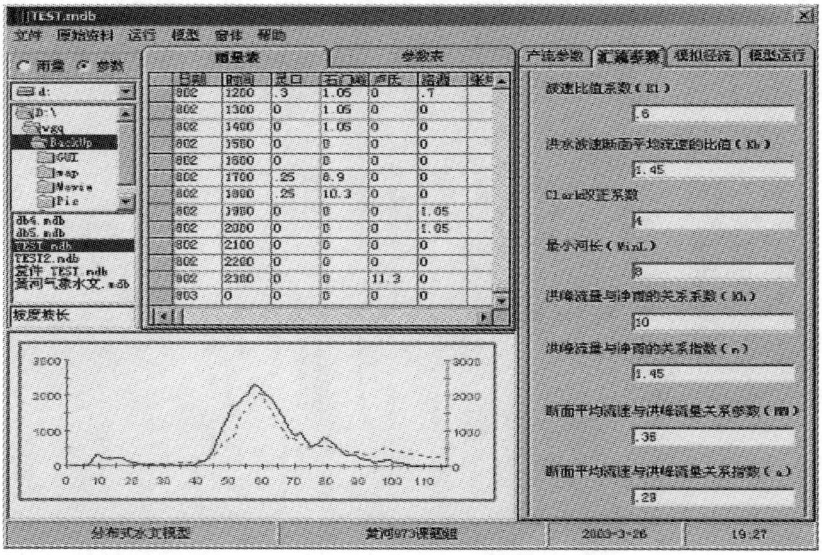

图 4-13　次暴雨径流分布式水文模型界面

## (二)“日”过程模型

“日”过程分布式水文模型的出发点是流域水资源管理。所建的模型属于松散耦合的分布式水文模型,即在每一个水文单元(或子流域)上建立物理概念(或系统理论)模型来推求净雨,再进行河网汇流演算,最后求得出口断面流量。模型的主结构分为三部分(见图 4-14):①分布式输入模块,是同 RS/GIS 相连接的接口部分,为流域水文过程的模拟提供空间输入数据和确定模型参数的信息;②单元水文模型,是分布式水文模型的核心部分，主要进行流域产流计算，其中包含若干水文过程模拟模块；③河网汇流模型，在每段河道上建立一维河流水模型，进行河网汇流演算。

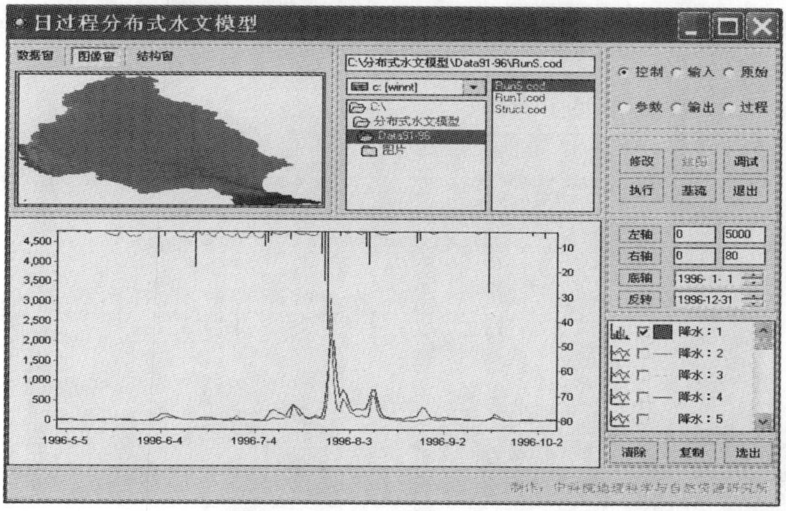


图 4-14　日过程分布式水文模型界面

**(三)"月"过程模型**

分布式时变增益(DTVGM)月水文模型基于非线性系统理论将时变增益水文非线性系统模型(Time Variant Gain Model，TVGM)通过 GIS 平台，结合单元水文模拟，拓展到分布式流域水文模拟(见图 4-15)。它既具有分布式水文概念性模拟的特征，同时又具有水文系统分析适应能力强的优点，是水文非线性系统方法与空间分布式模拟的一种结合。简化了汇流过程而以产流过程的模拟计算为重点。产流模型在垂直方向上可以划分为两层或者多层；通过在栅格 DEM 基础上划分汇流带，采用不同的汇流模型进行逐级汇流演算，从而得到主要水文要素的时空分布特征和控制点的流量过程。

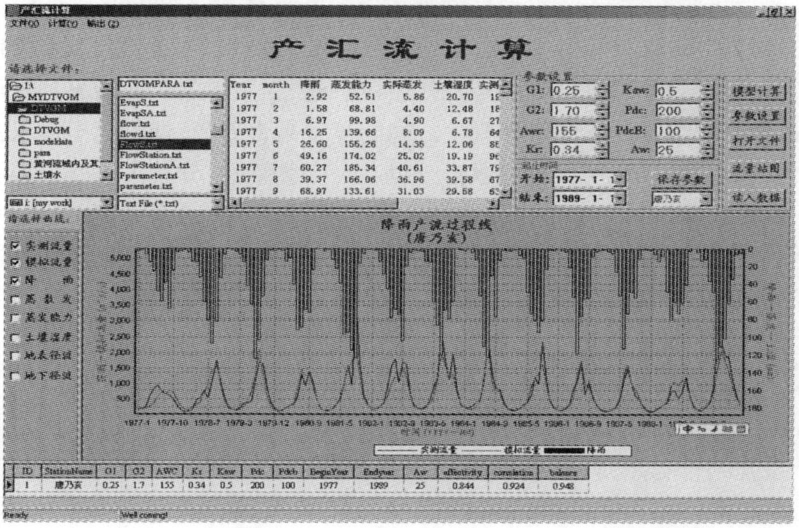


图 4-15　月过程分布式水文模型界面

## 二、集总式和半分布式水文模型

水文模拟是 HIMS 系统的主要功能。为了满足不同流域和不同研究问题的需要，HIMS 系统还集成了集总式和半分布式水文模型。前者如新安江模型，后者如基于地形指数的 TOPMODEL 模型(见图 4-16)。

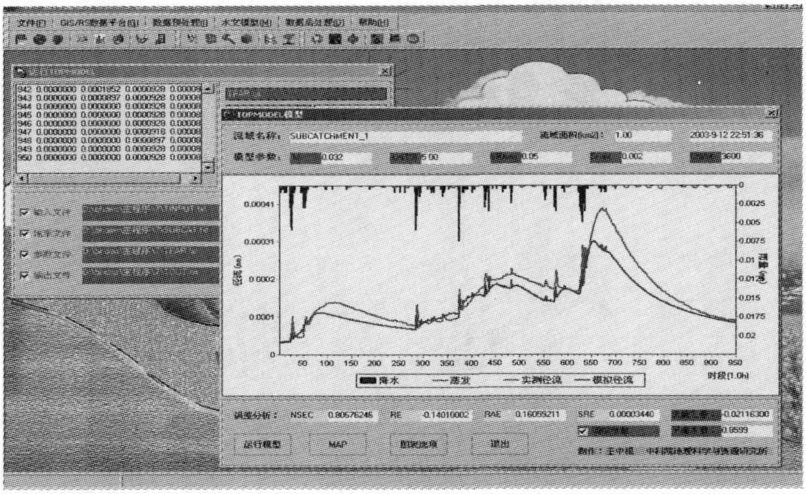


**图 4-16　HIMS 中的 TOPMODEL 水文模型界面**

## 三、自定义水文模型

对于不同的流域，其产汇流过程可能有所不同，因而水文过程模拟模型也应该有所不同。另一方面，对于一些固化的模型而言，其所要求的输入资料可能在一些地区无法得到满足。基于上述两个原因，HIMS 系统在水文函数库的基础上设计了自定义水文模型的功能。

在如图 4-17 所示的图形用户界面中，系统应用人员可以根据实际模拟的需要，选择相关的水文过程及其对应的模拟计算方法。系统将根据用户的选择情况判断用户所建立的模型是否合理可行，以及各个过程模块之间的连接是否通畅，同时给出提示信息。基于分布式水文模型组建界面，用户将可以自己组建一个完整的“分布式水文模型”，并将模型所需的参数和格式化的输入等信息反馈到数据预处理子系统。从本质上讲，用户组建的水文模型是对模型的一种描述，不涉及重编译的过程，其运行控制在系统内是通过一系列复杂的选择判断完成的。

## 四、小结

HIMS 是一个以水循环信息平台为基础，基于组件式结构设计的开放式大型水循环模拟系统。系统结合实际研究中的各种模拟问题，以实用性为目标，兼顾了通用性的要求，有较强的水文模拟分析计算功能。系统基于我国独立自主知识产权的 GIS 软件 SuperMap，实现了 GIS 和水文模拟功能的有机集成，以类定义为基础，构建了水文模型方法库。基于模块化结构设计，实现自定义模型的功能。HIMS 系统集成了 3 种不同时空

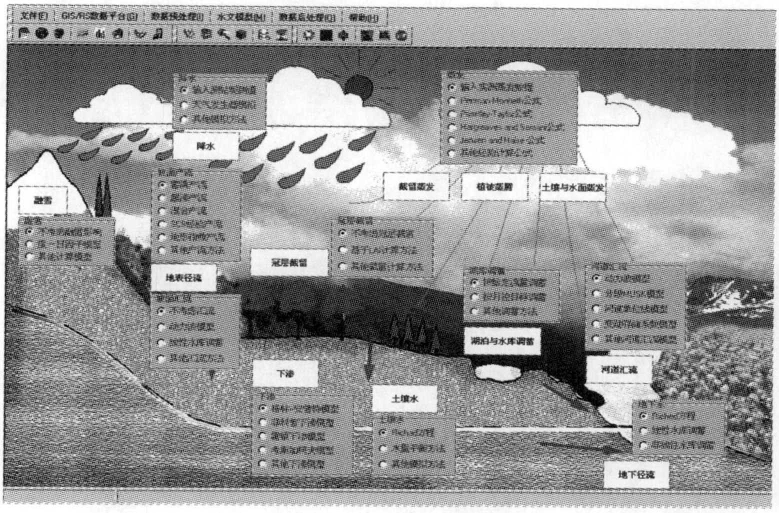


**图 4-17　分布式水文模型自定义界面**

尺度的分布式水文模型，避免了单一水文模型在跨越不同时空尺度应用中所面临的水文尺度效应的难题，其联合应用可以从小到大不同尺度系统深入地认识流域水循环过程。

必须指出的是，HIMS 系统还只处于研究实验阶段。虽然系统已经具有了相当的实用价值，但从一个完善的商业软件的角度看，还存在一些不足。水文模拟系统的研发是今后水文模拟技术发展的一个方向。可以预见，在不远的将来，通过计算机软件行业与水文模拟专业的交流和技术融合，水文模拟系统将不断成熟发展，其功能将更加全面，性能也将更加可靠。从水文专业的角度看，在水文过程模拟的基础上进一步集成水资源管理、生态水文以及泥沙侵蚀等模块是系统发展的内在要求；从 GIS 以及计算机图形学的角度看，开发功能强大的水文空间分析功能，高效提取水文信息以及水文参数化，并对水文模拟过程和结果进行实施动态的虚拟显示，进行信息的模拟预测和实时发布，将进一步提升水文模拟系统的技术水平和决策支持能力。

# 第五章　分布式暴雨洪水模型及其应用

分布式水文物理模型采用数学物理方程来描述暴雨洪水的产汇流规律，涉及到的主要水文过程采用能量、质量或动量守恒的偏微分方程表示。例如，在垂直入渗情况下，以含水率 $\theta$ 为变量的一维土壤水分运动的基本方程可写为：

$$\frac{\partial \theta}{\partial t}=\frac{\partial}{\partial z}\left[D(\theta)\frac{\partial \theta}{\partial z}\right]-\frac{\partial k(\theta)}{\partial z} \tag{5-1}$$

以压力水头 $h$ 为变量的基本方程可写为：

$$C(h)\frac{\partial h}{\partial t}=\frac{\partial}{\partial z}\left[k(h)\frac{\partial h}{\partial z}\right]-\frac{\partial k(h)}{\partial z} \tag{5-2}$$

考虑作物根系吸水时的一维土壤水运动方程可写为：

$$C(h)\frac{\partial h}{\partial t}=\frac{\partial}{\partial z}\left[k(h)\frac{\partial h}{\partial z}\right]-\frac{\partial k(h)}{\partial z}-S(z,t) \tag{5-3}$$

式中：$D(\theta)$为扩散度；$k(\theta)$为水力传导度；$C(h)$为土壤水容重；$S$ 为作物吸水率。

河网汇流模型可以用运动波方程描述：

$$\frac{\partial Q}{\partial x}+\frac{\partial A}{\partial t}=q \tag{5-4}$$

$$v=\frac{1}{n}R^{2/3}S_0 \tag{5-5}$$

式中：$Q$ 为断面流量；$A$ 为过水面积；$n$ 为曼宁系数；$R$ 为水力半径；$S_0$ 为河道比降；$q$ 为单宽流量。

加入边界条件，用有限差分法可求方程的解。

由于受资料和计算技术等多方面的因素制约，分布式物理模型的应用受到了很大的限制。特别是在较大的流域应用比较困难。本章探讨另一种形式的分布式水文模型，即在分布式的单元流域上应用物理概念性的水文模型。

## 第一节　单元产流模型

### 一、冠层截留模型

在有植被覆盖的水文单元上，冠层是同大气接触的第一个层面，它主要涉及截留和蒸散发这两个水文过程。冠层的截留能力和蒸散发能力与植被的种类和生长时段有关。冠层截留能力的计算有多种经验公式，Horton(1919)建立了截留总损失与植被蓄水能力和蒸发能力之间的关系，Linsly 等(1949)假定截留损失与降水接近于指数关系，分别建立了经验公式(VijayP. Singh，1988)。当前一般可用叶面积指数方法来估算截留损失，即：

$$I_v(t)=I_{vm}\cdot d_c\cdot LAI(t)/LAI_m \tag{5-6}$$

$$I_{vm} = K_c \cdot LAI_m \tag{5-7}$$

由式(5-6)和式(5-7)可得:

$$I_v(t) = K_c \cdot d_c \cdot LAI(t) \tag{5-8}$$

式中:$I_v(t)$为 $t$ 时刻的冠层截留能力,mm;$I_{vm}$为年最大冠层截留能力,mm;$d_c$ 为计算单元的植被覆盖度;$LAI(t)$为 $t$ 时段的植被叶面积指数;$LAI_m$ 为年植被最大叶面积指数;$K_c$ 为截留能力参数,与植被类型有关。

则在$(t, t+\Delta t)$时段内,冠层的最大截留量为:

$$I_{vd}(t+\Delta t) = I_v(t) - I_{vd}(t) \tag{5-9}$$

式中:$I_{vd}(t)$、$I_{vd}(t+\Delta t)$为时段初末的最大可能截留量。若 $\Delta t$ 时段的降水强度为$r(t)$,则实际截留量 $I_a$ 为:

$$I_a = \min\{r(t) \cdot \Delta t, I_{vd}(t+\Delta t)\} \tag{5-10}$$

## 二、下渗模型

下渗过程有多种不同的表达形式。本章中主要应用以下三种下渗模型:第一种为雨强损失关系模型;第二种为下渗率随时间呈指数变化的改进 Horton 模型;第三种为以土壤含水量为状态变量的 Boughton 下渗模型。在下渗的模拟计算中,均采用单层土壤的概化模式。

### (一)雨强损失关系模型

基于 Richards 方程的入渗计算属微观的产流计算,具有较为严谨的物理意义。从坡面产流的宏观概念又分为超渗产流、蓄满产流以及超渗与蓄满混合模式。如何计算产流量存在着一定的争议。如果从单点上探讨产流应从 Richards 物理方程入手,但从具有一定空间尺度的网格或子流域上计算产流则必须考虑产流的方式。空间上的产流或径流形成是一个复杂的过程。由于径流的水源存在着时间上的先后,对于径流的峰值来说,快速水流的汇集(Concentration)就像入渗研究中的大空隙优势流(Preferential flow),总是先前加入在径流(洪)峰值之中。不管是否蓄满,只要雨强大于渗强,超渗的水流必定出现,因此对于径流(洪)峰值的形成来说,考虑超渗雨的贡献是必要的。但是,面上的入渗并不等同于单点的入渗,超渗雨水在空间的汇聚往往还伴随着汇流过程沿途入渗。这种现象作者与已故的著名水文学家华士乾曾有共识,我们称其为动态入渗。在具有一定长度的径流场上进行人工降雨试验,动态入渗的观测表明,当坡地发生漫流前雨强超过渗强,首先在坑洼出现积水形成积水层,随着水压的增加,产流会有所增大;在坡面全被水层覆盖发生完全漫流时,即坡面全面漫流,地表积水层一定出现稳定的渗强,即降雨入渗进入稳渗阶段。黄河中游黄土高原的大量人工降雨入渗试验表明,坡面上不同雨强连续降雨条件下的稳渗一般出现在降雨后的30 min左右。而且产流时入渗的锋面深度因土地覆盖与土地利用的不同而不同。试验表明,裸露黄土沟坡暴雨产流的入渗锋面一般在15 cm左右,草地30 cm,只有覆被林灌木的坡面,这种深度才会达到50 cm以上,最大为100 cm。众所周知,一般壤质土壤层的孔隙率约为 50%,达到蓄满产流条件需要很大的降雨量与很高的前期土壤含水量。而黄河中游黄土高原的降雨量少,土壤经常干燥,因此蓄满产流的情况是很难找到的。但是,如有足够大的降水量和前期土壤湿度的流域产流仍是一种计算模式。

黄河中游黄土区单元汇流区(坡面与子流域)的产流水源主要是超渗水(如图 5-1 所示)。

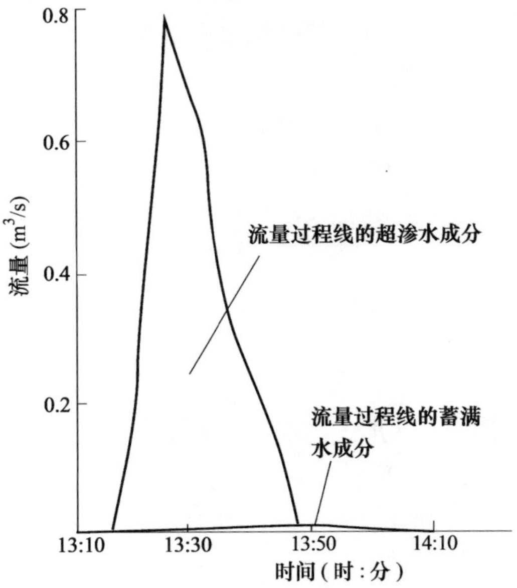


**图 5-1　太原站次洪流量过程线的水源划分**

黄河中游黄土区产流模型推导如下。

根据能量守恒定律,将土壤入渗的重力、阻力和毛管力分析可以列出入渗水运动(锋面)速度方程:

$$f = \frac{\rho g(y + H + h_c)}{vy} \tag{5-11}$$

入渗的水量平衡方程:

$$q\mathrm{d}t = \omega \cdot \mathrm{d}y \tag{5-12}$$

式中:$f$ 为锋面运动速度;$\rho$ 为水的密度;$g$ 为重力加速度;$y$、$H$、$h_c$ 分别为重力水、地表积水、毛管力水头;$v$ 为阻力系数;$\omega$ 为入渗空隙面积,对一定土壤空隙与土壤机械组成,由土壤含水空隙决定。

则由式(5-11)、式(5-12)可知入渗流量为:

$$q = \omega \cdot f = \omega \frac{\mathrm{d}y}{\mathrm{d}t} = \omega \frac{\rho g(y + H + h_c)}{vy} \tag{5-13}$$

在产流期中,对给定的土壤,$\omega$ 一定,$\rho$、$g$、$v$ 为常量,则 $q$ 与 $H$、$h_c$ 成正比,而 $H$ 水头又取决于雨强($i$),因此式(5-13)可以近似地用下式表示:

$$f = R \cdot i^{\gamma} \tag{5-14}$$

上式已通过大量坡地人工降雨试验进行了证实。式(5-14)中的两个参数($R$、$\gamma$)在分布式水文模型中是网格上的或子流域中的平均值,曾由陕西、山西、甘肃、四川及湖南、江西等省区的流域资料综合分析确定。$R$ 与 $\gamma$ 值由表 5-1 查选。

**表 5-1　网格内与子流域中的产流参数**

| 分类 | | Ⅱ | Ⅲ | Ⅳ | Ⅴ | Ⅵ |
|---|---|---|---|---|---|---|
| 土地类型 | | 黏土;地下水埋深浅,土石山区;轻微风化的石山区 | 植被较差的沙质黏土;土层较厚,植被一般;短草生长的坡面 | 植被差的黏质沙土,土层厚,草灌较密,人工林地,土层较厚,中密度林地,中等水土流失 | 有植被沙土地面;土层厚;林地有大面积的水土保持治理的山区 | 松散沙土地区;枯枝层良好的森林区 |
| 前期土壤干燥 | $R$ | 0.83 | 0.95 | 0.98 | 1.10 | 1.22 |
| | $\gamma$ | 0.56 | 0.63 | 0.66 | 0.76 | 0.87 |
| 前期土壤湿度中等 | $R$ | 0.93 | 1.02 | 1.10 | 1.18 | 1.25 |
| | $\gamma$ | 0.63 | 0.69 | 0.76 | 0.83 | 0.90 |
| 前期土壤湿润 | $R$ | 1.00 | 1.08 | 1.16 | 1.22 | 1.27 |
| | $\gamma$ | 0.68 | 0.75 | 0.81 | 0.87 | 0.92 |

由式(5-15)计算产流量:

$$h_y = i - f = i - R \cdot i^{\gamma} \text{ 或 } h_y = (1 - R \cdot i^{\gamma-1}) \cdot i \tag{5-15}$$

式(5-15)中的$(1 - R \cdot i^{\gamma-1})$即为径流系数,显然入渗强随雨强度增大,但产流量 $h_y$ 也随雨强($i$)的增加而增大。如果取网格或子流域中的 $R$ 为 0.83,$\gamma$ 为 0.56,产流期雨强为 10、20、30、40、50、100 mm/h,则有表 5-2 的结果。

**表 5-2　网格内与子流域中的产流参数**

| 雨强(mm/h) | 雨期入渗率(mm/h) | 产流强度(mm/h) | 径流系数 |
|---|---|---|---|
| 10 | 3.01 | 6.99 | 0.699 |
| 20 | 4.44 | 15.56 | 0.778 |
| 30 | 5.58 | 24.42 | 0.814 |
| 40 | 6.55 | 33.45 | 0.836 |
| 50 | 7.42 | 42.58 | 0.852 |
| 100 | 10.94 | 89.06 | 0.891 |

表 5-2 说明,产流强度的大小与降雨强度密切相关,尽管入渗强度也是随降雨强度的增加而增加的,这是超渗产流计算的一个重要特点。由于参数是由小区土地类型与前期土壤湿度来确定的,因此能够适应分布式网格或子流域的产流强度计算,可望提高模型径流峰值的计算精度。

**(二)Horton 模型**

Bauer(1974)对 Horton 模型进行了改进(Singh,1988;Bauer,1974)。认为下渗率不仅是时间的函数,还应该跟土壤含水量的状态有关。土壤含水量大,则下渗能力低,渗透率或排水率增加。引入排水率的概念,即假定排水率为指数型函数,渐近地达到稳定下渗率。

$$d_t = f_c[1 - \exp(-kt)] \tag{5-16}$$

Horton 的下渗模型为:

$$f_t = f_c + (f_0 - f_c)\exp(-kt) \tag{5-17}$$

土壤水下渗量的变化率为:

$$ds/dt = f_t - d_t \tag{5-18}$$

积分得:

$$S = f_0/k[1 - \exp(-kt)] \tag{5-19}$$

在 $t \to \infty$,$S$ 达到土壤的最大含水量 $W_m$(田间持水量),若前期影响雨量为 $P_a$,则可以推导出:

$$f_0 = k(W_m - P_a) \tag{5-20}$$

不同的前期影响雨量对应着不同的下渗率曲线。当 $P_a = 0$ 时,$f_0$ 最大;当 $P_a = W_m$ 时,$f_0$ 为 0,初始下渗率为稳定下渗率,下渗的水量全部为地下径流。设时段$(t, t+\Delta t)$的净雨强度为 $r_1(t)$(等于该时段降雨减去截留等损失后的雨强),时段初、末下渗率为 $f_1$、$f_{t+\Delta t}$,比较雨强和下渗率的关系,如图 5-2 所示,则降雨下渗过程如下。

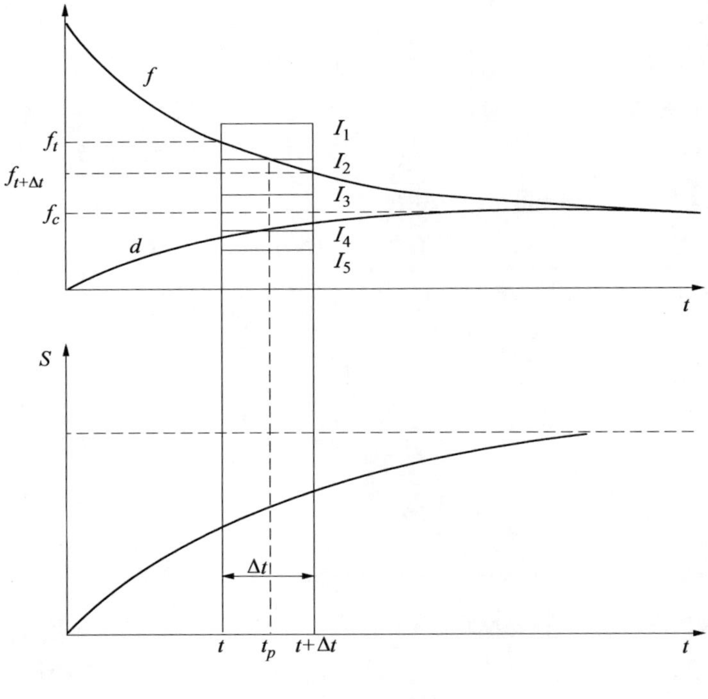


**图 5-2　土壤含水量与下渗率的关系**

(1)$r_1(t) = I_1$,即 $r_1(t) \geqslant f_t$,以实际下渗能力下渗。实际下渗量为:

$$F = f_c \cdot \Delta t + \frac{f_0 - f_c}{k}\{\exp(-kt) - \exp[-k(t + \Delta t)]\} \tag{5-21}$$

地表净雨量为:

$$R_S = r_1(t) \cdot \Delta t - F \tag{5-22}$$

(2) $r_1(t) = I_2$，即 $f_{t+\Delta t} < r_1(t) < f_t$，令 $r_1(t) = f$ 的时间为 $t_p$，$t_p = \frac{1}{k}\ln(\frac{f_0 - f_c}{r_1(t) - f_c})$，则实际下渗量为：

$$F = r_1(t_p - t) + f_c(t + \Delta t - t_p) + \frac{f_0 - f_c}{k}\{\exp(-kt_p) - \exp[-k(t + \Delta t)]\} \tag{5-23}$$

地表净雨量为：

$$R_S = r_1 \cdot \Delta t - F$$

(3) $r_1(t) = I_3$ 或 $I_4$ 或 $I_5$，即 $r_1(t) \leqslant f_{t+\Delta t}$，此时，$F = r_1(t) \cdot \Delta t$，$R_S = 0$。

土壤水排出量为：

$$R_d = f_c \cdot \Delta t - \frac{f_c}{k}\{\exp(-kt) - \exp[-k(t + \Delta t)]\} \tag{5-24}$$

$$\Delta S = F - R_d \tag{5-25}$$

$$S_{t+\Delta t} = S_t + \Delta S \quad S_0 = P_a \tag{5-26}$$

为考虑间歇性降水的影响，设定土壤含水量低于某一阈值时不再排水，即当 $r_1(t)=0$，且 $S_t \leqslant S_{\min}$时，$R_d=0$。

由于排出的水量并非全部形成本次地下径流，有一部分补充深层地下径流，一部分以地下径流的形式排出，设深层的排水率为一常量 $d_1$，则本次地下径流的排出率为：

$$d_g(t) = d_t - d_1 = f_c[1 - \exp(-kt)] - d_1 \tag{5-27}$$

$$R_g(t, t + \Delta t) = \int_t^{t+\Delta t} d_g(t)\mathrm{d}_t = \int_t^{t+\Delta t} \{f_c[1 - \exp(-kt)] - d_1\} d_t \tag{5-28}$$

$$R_g(t, t + \Delta t) = (f_c - d_1) \cdot \Delta t + \frac{f_c}{k}\{\exp[-(k + \Delta t)] - \exp(-kt)\} \tag{5-29}$$

由式(5-17)到式(5-29)，可以计算每个时段的径流和土壤含水量等。

**(三)Boughton 下渗模型**

Boughton 下渗模型的基本公式为(Boughton，1968)：

$$f_t = f_c + (f_0 - f_c)\exp(-kS) \tag{5-30}$$

式中：$f_t$ 为下渗率；$f_c$ 为土壤饱和时的稳定下渗率；$f_0$ 为土壤干燥时的下渗率；$S$ 为土壤的实际含水量；$k$ 为反映土壤特性的参数。

模型的主要计算过程与 Horton 模型基本相同，即比较时段雨强和下渗率的关系确定产流。二者的主要差别是，除了基本的下渗公式不同外，$f_0$ 含义也不同，第一个模型可以通过前期土壤含水量来推求，这里为土壤最干燥时的下渗率。在本模型的计算时，由土壤的初始含水量决定起始的下渗率，其他的计算步骤与第一个模型相同。土壤含水量 $S$ 在 $0 \sim W_m$ 之间变化。

该模型既考虑了土壤蓄水容量的概念，同时也引入了下渗能力来划分超渗雨，兼有蓄满和超渗的特征，符合本地区的产流特点。

## 三、单元总产流及主要参数

单元总产流模型主要根据下垫面的特征分为不透水面积上的直接产流和土壤层的产流。不透水面积根据单元的土地利用方式来判断，水库坑塘等面积的降雨为直接产流，城镇用地按照一定的不透水面积系数计算直接产流。单元的总产流为直接产流和前面的土壤水产流模型计算的产流之和，若单元土地利用方式单一，则产流方式单一。

(1)截留参数：包括叶面积指数、植被截留能力、植被覆盖度。根据土地利用专题图提取植被覆盖度、植被类型等参数，叶面积指数可以根据经验公式计算，从而可以确定截留参数。

(2)土壤下渗参数：土壤的初始下渗率、稳定下渗率、土壤消退系数等根据黄河流域已经进行的大量试验数据和研究成果确定初始值，土壤蓄水容量取85 mm，前期影响雨量由消退公式推算，在给定初始值的情况下，通过优化计算来调整参数值。

式(5-14)的 $R$、$\gamma$ 的确定，主要考虑了土壤类型和植被类型两个方面的因素。分析试验资料，形成了参照表。

(3)流域参数：主要为流域的面积参数，由生成数字流域的过程自动计算，由于 DEM 分辨率的原因，计算的单元总面积与实际中使用的面积有一定的误差，但这种误差比较小，可以忽略。

(4)土地利用类型参数：由分布式参数集成功能处理。

# 第二节　汇流模型

单元上的产流首先通过坡面的作用汇集到单元的出口，然后经过流域河网的调蓄作用形成流域出口的径流过程，前者为坡面汇流阶段，后者为河网汇流阶段。在分布式水文模型当中，长时间尺度的水文响应过程的模拟一般都对流域汇流过程进行简化。然而，对于小时尺度的暴雨径流模型而言，流域汇流过程的模拟是一个重要内容。流域汇流过程模拟准确与否直接关系到模型的有效性和实用性。流域总出流相当于各单元径流的对应时段的总和。理论上，流域的汇流过程可以基于运动波理论，应用水力学的方法进行表达和计算，但是这种方法往往存在计算上的困难。因此，将传统的水文学方法应用到分布式模型的汇流演算中是解决汇流演算的一种有效途径。

传统概念性水文模型的汇流计算一般有两种方法：第一种是分坡面和河网汇流分别演算，坡面汇流采用单位线法，河网汇流采用水力学或其他的洪水演进方法，或者直接采用单位线相关方法推算径流过程；第二种是采用等流时线法，即从径流成因公式出发，推求流域时间—面积曲线，用卷积公式推求出流。单位线法的出发点是将流域作为一个系统来分析，推求单位净雨的径流过程分配，具有经验的性质；等流时线法则强调断面流量的组成，它从水质点的运动规律上研究流域的汇流过程，将水体的运动看做是刚体位移，具有明确的产流场和传播场，因而具有物理基础。等流时线法在降雨不均匀和以河道汇流为主的地区更具有优势。

## 一、汇流模型

流域汇流过程包括山坡坡面汇流与河槽汇流过程。

**(一)山坡坡面汇流模型**

假定产流在坡面或网格上空间分布是均匀的,则坡面上的坡面流连续方程为:

$$\frac{\partial q}{\partial l} + \frac{\partial h}{\partial t} = i_s \tag{5-31}$$

式中:$q$ 为坡面上任意界面的平均单宽流量;$h$ 为相应截面的产流深度;$i_s$ 为坡面上平均净雨强度;$l$ 为从坡面顶端于 $t$ 时刻到相应截面的坡长。

略去惯性项的水流运动方程为:

$$V_s = mI^x R^y \tag{5-32}$$

式中:$V_s$ 为坡面断面上的平均流速;$R$ 为水力半径;$I$ 为山坡坡面水力坡度(与山坡坡度近似);$m$ 为与坡面平均糙率有关的流速系数;$x$、$y$ 为指数,由坡流试验确定。

由于山坡坡面流的流态不同于河槽(指雷诺数),因此不能采用曼宁公式,需要试验率定的综合分析。显然,式(5-31)可以写为:

$$\frac{\partial q}{\partial h} \cdot \frac{\partial h}{\partial l} + \frac{\partial h}{\partial t} = i_s \tag{5-33}$$

坡面水流是厚度很小的片流,$R = h$,因此 $q = V_s \cdot h$,并得到

$$q = mI^x h^{1+y} \tag{5-34}$$

由式(5-34)可得:

$$\frac{\partial q}{\partial h} = (1 + y) mI^x h^y \tag{5-35}$$

将式(5-35)代入式(5-33)得:

$$(1 + y) mI^x h^y \frac{\partial h}{\partial l} + \frac{\partial h}{\partial t} = i_s \tag{5-36}$$

由特征线法解之可知坡面漫流特征($l$):

$$\frac{\mathrm{d}l}{(1 + y) mI^x h^y} = \frac{\mathrm{d}t}{1} = \frac{\mathrm{d}h}{i_s} \tag{5-37}$$

则

$$\mathrm{d}l = (1 + y) mI^x h^y \mathrm{d}t \tag{5-38}$$

因为

$$\mathrm{d}h = i_s \cdot \mathrm{d}t \tag{5-39}$$

则按式(5-39)得到 $h = i_s \cdot t$,式(5-38)积分可得:

$$l = m i_s^y I^x \tau_s^{1+y} \tag{5-40}$$

式中:$\tau_s$ 为坡面汇流历时。

因为 $V_s = \frac{1}{\tau_s}$,$h = i_s \cdot \tau_s$,所以山坡坡面汇流速度可写为:

$$V_s = mI^x h^y \tag{5-41}$$

在计算的坡面上糙率和坡度一定时,坡面汇流速度($V_s$)只取决于产流深度($h$)。因

此，可以把前节中的产流计算(降雨与入渗的差)与汇流进行耦合计算。

由于式(5-32)中 $R=h$，不稳定流的坡面平均流速 $V_s$ 等于坡脚断面的平均流速 $V$，坡脚断面单宽流量 $q=V\cdot h=V_s\cdot h$，则

$$h=\frac{q}{V_s} \tag{5-42}$$

将式(5-42)代入式(5-41)可得：

$$V_s=mI^x q^y V_s^{-y} \quad 或 \quad V_s^{1+y}=mI^x q^y \tag{5-43}$$

显然

$$V_s=m^{\frac{1}{1+y}}\cdot I^{\frac{x}{1+y}}\cdot q^{\frac{y}{1+y}} \tag{5-44}$$

为了简化，令 $A=m^{\frac{1}{1+y}}$，$k=\frac{x}{1+y}$，$j=\frac{y}{1+y}$，可得：

$$V_s=AI^k q^j \tag{5-45}$$

我们称 $A$ 为与坡面糙率有关的坡面平均流速系数，$k$、$j$ 为坡面汇流指数，由试验确定，试验结果可取 $k=1/3$、$j=1/2$，$A$ 值可由表 5-3 选择。

**表 5-3　坡面平均流速系数 $A$ 值**

| 坡面类型 | 森林 | 草地 | 耕地 | 裸坡地 | 路面 |
|---|---|---|---|---|---|
| $A$ 值 | 0.005～0.05 | 0.009～0.04 | 0.02～0.04 | 0.04～0.06 | 0.06～0.09 |

试验表明，$k$、$j$ 变化稳定，可分别取 0.667 与 0.50，由表 5-3 查 $A$ 值后确定坡面平均流速($V_s$)。

**(二)河槽汇流模型**

河槽汇流的连续方程与运动方程可写为：

$$q=\frac{\partial Q}{\partial x}+\frac{\partial \omega}{\partial t} \tag{5-46}$$

$$V_c=n^{-1}I_c^{1/2}R^{2/3} \tag{5-47}$$

式中：$q$ 为河槽两侧坡面来水流量(单宽)；$\frac{\partial Q}{\partial x}$ 为水波传播的沿程($x$)变化；$\frac{\partial \omega}{\partial t}$ 为河槽断面面积($\omega$)随时间($t$)的变化；$V_c$ 为河槽流速；$n$ 为糙率系数；$R$ 为河槽断面的水力半径；$I_c$ 为水面比降。

河槽断面的形状按多数调查资料，概化为不同的指数抛物线相对逼近。因此，采用抛物线 $D=d_1H^{\delta}$ 表示河面宽度($D$)与水深的关系，经过推导可得断面面积(见图 5-3)。

图 5-3 中，$d_1$ 为水深 $H=1$ m 时的水面宽度，是断面扩散系数的 2 倍，$D$ 为相应水深 $H$ 的水面宽度。

令

$$\omega=\left(\frac{Q}{n^{-1}I^{1/2}E^{2/3}}\right)^{0.705} \qquad E=0.86\,\frac{d_1^{0.373}}{d_1+1} \tag{5-48}$$

则

$$\frac{\partial \omega}{\partial t}=0.705(n^{-1}I^{1/2}E^{2/3})^{-0.705}Q^{-0.295}\frac{\partial Q}{\partial t} \tag{5-49}$$

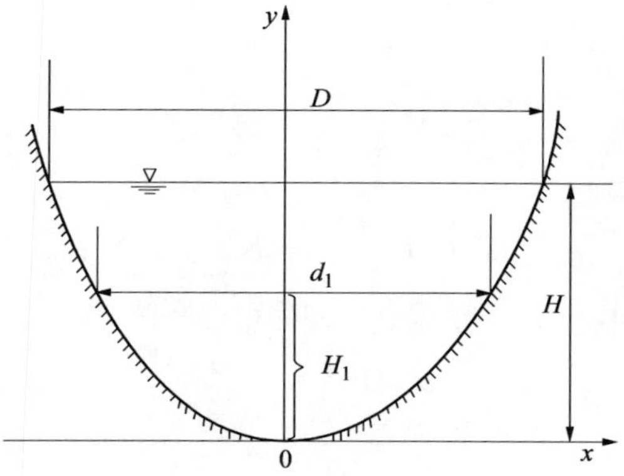


图 5-3　河槽断面形状的概化图

令

$$\beta = \frac{0.705}{(n^{-1}I^{1/2}E^{2/3})^{0.705}}$$

得

$$\frac{\partial \omega}{\partial t} = \beta Q^{-0.295}\frac{\partial Q}{\partial t} \tag{5-50}$$

按特征线解式(5-50)，可耦合坡面汇流量($q$)：

$$\frac{dx}{1} = \frac{dt}{\beta Q^{-0.295}} = \frac{dQ}{q} \tag{5-51}$$

可得

$$\left.\begin{aligned} dt &= \beta Q^{-0.295}dx \\ dQ &= q dx \end{aligned}\right\} \tag{5-52}$$

考虑进入河槽来水补给的面积 $F_x$ 随河长 $x$ 而增加(见图 5-4)，并假定其与子流域的形状有以下关系：$F_x = M \cdot x^N$，由地形图丈量 $F_x$ 与 $x$ 来确定 $M$ 和 $N$ 的经验系数值，通常调查 $N = 1.5$。

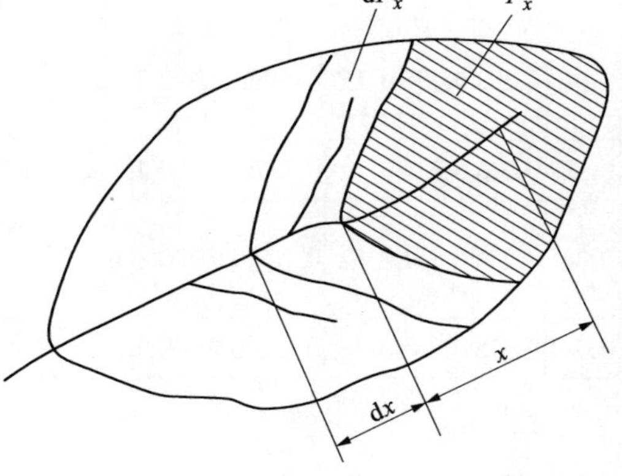


图 5-4　河槽来水补给的面积 $F_x$ 与河长 $x$ 的关系

可以得到流域汇流区的宽度（$B_x$）为$\frac{dF_x}{dx}$，则

$$B_x = \frac{d}{dx}(M \cdot x^N) = M \cdot N \cdot x^{N-1} \tag{5-53}$$

子流域来水补给的强度：

$$q = B_x \cdot H_y = M \cdot N \cdot x^{N-1} \cdot H_y \tag{5-54}$$

考虑不稳定流的情况，河槽汇流速度($v_c$)和汇流时间($\tau_c$)为：

$$V_c = A_c \cdot I^{1/3} \cdot Q^{1/2} \tag{5-55}$$

$$\tau_c = \frac{L}{V_c} = \frac{L}{A_c \cdot I^{1/3} \cdot Q^{1/2}} \tag{5-56}$$

式中：$A_c$ 为河槽流速系数，可由表 5-4 查得。

**表 5-4　河槽流速系数 $A_c$ 值**

| 糙率 | 河槽流速系数 $A_c$ 值 | | | | | | | | | | | 主河槽形态特征 |
|---|---|---|---|---|---|---|---|---|---|---|---|---|
| | $a=1$ | $a=2$ | $a=3$ | $a=4$ | $a=5$ | $a=7$ | $a=10$ | $a=15$ | $a=20$ | $a=30$ | $a=50$ | |
| 5 | 0.135 | 0.120 | 0.110 | 0.102 | 0.097 | 0.089 | 0.081 | 0.072 | 0.067 | 0.059 | 0.051 | 丛林郁闭度占 75%以上的河沟；有大量漂石堵塞的山区型弯曲大的河床；草丛密生的河滩 |
| 7 | 0.172 | 0.152 | 0.140 | 0.131 | 0.124 | 0.113 | 0.103 | 0.092 | 0.085 | 0.076 | 0.063 | 丛林郁闭度占 60%以上的河沟；有较多漂石堵塞的山区型弯曲大的河床；有杂草、死水的沼泽型河沟；平坦地区的梯田漫滩地 |
| 10 | 0.220 | 0.195 | 0.180 | 0.167 | 0.158 | 0.145 | 0.132 | 0.118 | 0.109 | 0.097 | 0.084 | 植被覆盖度占 50%以上的河沟；有漂石堵塞的河床；河床弯曲有漂石及跌水的山区型河槽；山丘区的冲田滩地 |
| 15 | 0.293 | 0.259 | 0.239 | 0.222 | 0.210 | 0.193 | 0.175 | 0.157 | 0.145 | 0.129 | 0.112 | 植被覆盖度占 50%以上有少量堵塞物的河床 |
| 20 | 0.358 | 0.318 | 0.292 | 0.272 | 0.257 | 0.236 | 0.214 | 0.192 | 0.177 | 0.158 | 0.137 | 弯曲或生长杂草的河床 |
| 25 | 0.420 | 0.372 | 0.342 | 0.318 | 0.301 | 0.276 | 0.251 | 0.225 | 0.207 | 0.185 | 0.166 | 杂草稀疏，较为平坦、顺直的河床 |
| 30 | 0.479 | 0.424 | 0.390 | 0.363 | 0.344 | 0.315 | 0.286 | 0.257 | 0.236 | 0.211 | 0.181 | 平坦、通畅、顺直的河床 |

## 二、变雨强等流时线方法

由于天然流域的下垫面十分复杂，使得水文过程的非线性现象比较普遍。我国水文

界提出了多种考虑非线性影响的计算方法，如利用雨强与暴雨中心为参量的单位线改正方法等。冯焱在1981年提出变动等流时线的概念，他分析了Ross、Turney、Burdoin、Clark等人的等流时线法，认为这些虽然均为分散性的流域汇流模型，能够考虑产流空间分布问题，但是均基于固定等流时线的假定，即没有考虑产流强度的非线性影响，或者是按一次产流平均强度的大小，采用分级的固定等流时线，这些方法在考虑净雨强度上都存在局限性。因此，提出了随产流强度变化的变动等流时线法，即根据径流形成公式和非恒定流的连续方程推导出了变动等流时线的基本方程，给出了沿程平均洪水波速的非线性校正公式(冯焱，1981)：

$$\overline{v}_B = k_1 k_B a Q_m^{\alpha} S^{\beta} \tag{5-57}$$

$$Q_m = K h^m \tag{5-58}$$

进一步整理得：

$$\overline{v}_B = k_1 k_B K^{\alpha} a S^{\beta} h^{\alpha m} \tag{5-59}$$

式(5-59)即变雨强等流时线的基本公式，与一般等流时线法的不同之处在于它考虑一次净雨过程中雨强的作用，时段净雨量的不同分别对应不同的等流时面积。

令：$C = k_1 k_B K^{\alpha} a S^{\beta}$，$n = \alpha m$，得

$$\overline{v}_B = C h^n \tag{5-60}$$

式(5-57)～(5-60)中：$\overline{v}_B$为沿程平均洪水波波速；$Q_m$为出口断面洪峰流量；$S$为流程平均比降；$h$为净雨量；$k_1$为沿程平均洪水波速与断面洪水波速的比值(中小流域约为0.6)；$k_B$为洪水波速与断面平均流速的比值，与河槽断面形状有关；$K$、$m$为洪峰流量与净雨的关系系数和指数；$a$、$\alpha$为断面平均流速与相应洪峰流量关系系数和指数；$\beta$为汇流指数。

## 三、基于DEM的变雨强等流时线方法

根据等流时线的基本概念，断面出流量为：

$$Q_t = 1/\Delta t \sum_{i=1}^{n} I_{i(t-i+1)} A_i \tag{5-61}$$

式中：$Q_t$为$t$时段的断面出流量；$\Delta t$为单位时段长；$n$为等流时块数；$A_i$为第$i$块等流时块的面积；$I_i$为第$i$块等流时块面积上的时段净雨。

当认为全流域产流均匀时，则各块净雨相同。从式(5-61)知，推求汇流过程的关键是确定时间—面积曲线，也就是如何确定全流域水质点的汇流速度或者汇流时间。

估算汇流时间通常有水文学和水力学两种途径，推导的大部分方程均可以表示为长度、坡度的关系函数，即具有如下的关系式：

$$T_c = c S^a L^b \tag{5-62}$$

式中：$T_c$为汇流时间；$a$、$b$、$c$为参数；$S$为坡度；$L$为长度。

对不同的流域可以确定不同的参数值。影响流域汇流时间的因素较多，可以归结为三类：①地貌因素，包括区域范围、形态、坡度、地形特征、植被和土地利用；②降雨特性，包括雨强的时空分布、降雨历时、暴雨走向等；③其他因素，包括前期土壤水分条件、下渗特

性、风速、天气状况等。

等流时线法的应用，以往主要是靠手工在地形图上操作，计算出水体流速后，根据选取的等流时间距计算出距离，按距离进行量取。其中所采用的流速值是流域平均流速。当考虑到各水质点的流速不同，特别是跟坡度有关时，手工的方法就很难实现，且工作量非常大。应用计算机自动绘制等流时线，虽然可以减少手工的工作量，提高效率，但是在处理坡度等问题时，仍然难以处理（王腊春，1996）。GIS 技术的发展和 DTM、DEM 在水文领域的应用，为计算机自动绘制等流时线提供了方便。

目前，应用 GIS 技术获取流域等流时线的方法大同小异，差异在于汇流时间或流速的计算，也就是考虑的影响因素不同。当流域的降水空间分布不均匀，特别是存在明显的暴雨中心时，如果按全流域平均净雨强度去推求等流时线，则不能反映这种空间变化。如果分块计算净雨，常规方法很难将河道的坡度、流经长度、净雨强度等影响因素统一起来，对每一个分块分别考虑变雨强等流时线，实现起来非常困难。DEM 的应用，为分布式水文模型提供了地形基础，地形参数的自动提取则大大提高了等流时线的应用效率，对各分布式产流单元应用变雨强等流时线法进行汇流演算，则能较好地反映雨强和地形等因素空间分布不均对汇流的影响。

基于 DEM 的变雨强等流时线方法的基本思路是：首先，应用 GIS 技术将基于 DEM 的流域进行数字化处理，将流域划分为若干计算单元，每一个计算单元，其坡度、流经长度及上游的汇水面积等参数可以计算提取。其次，根据产流模型计算时段净雨（其中单元的空间降水认为是均匀的），进一步应用式（5-59）计算不同净雨强度对应的流速，根据流速和计算时段长度确定等流时块的单位长度。然后，对每一个单元流域，以该单元流域的河道长度加上该单元出口到流域总出口的河道长度，与根据流速公式计算出的等流时块单位时段距离相对应，将该单元流域划分到相应的等流时块中去。对整个流域而言，相同的等流时块包含了不同的单元流域，对单元流域而言，相同的单元流域可能被划分到不同的流域等流时块中。最后，按照式（5-62），应用不同单元流域的净雨和分别对应的面积，推求整个流域的出流过程。

这种方法既考虑了变雨强的作用，又考虑了坡度等的影响，且能够方便地计算常规意义上的流时—面积曲线，对应于流域出口断面的每一计算时段的出流量，都有明确的汇流面积及净雨量相对应。因此，不仅具有物理基础，而且具有分布式的特征。针对流域的具体情况分析，当时段的净雨强度较小时，可以忽略该时段雨强的非线性影响，从而采用固定流速来划分等流时块，将变动与固定方法二者相结合，获得流域的汇流过程。基于 DEM 的等流时块可以方便地根据任意流速公式来自动划分，与常规方法相比，效率大大提高。

## 四、Clark 改正

变雨强等流时方法仅通过峰量关系等确定的参数来部分体现河道的调蓄作用。现用 Clark 方法进行河槽的调蓄改正。基本思想是先进行等流时块时段净雨的平移计算，然后进行调蓄计算得到出口断面的出流过程。改正公式如下（长江水利委员会，1993）：

$$Q(t+1) = 2C_0 I + C_2 Q(t) \tag{5-63}$$

其中

$$C_0 = \frac{1/2\Delta t}{K + 1/2\Delta t} \quad C_2 = \frac{K - 1/2\Delta t}{K + 1/2\Delta t} \tag{5-64}$$

式中:$Q(t+1)$、$Q(t)$分别为时段末、初的出流量;$I$ 为时段的入流量;$K$ 为调蓄系数;$\Delta t$ 为计算时段长。

## 五、参数估计

有实测水文资料地区,部分参数可以通过点绘断面的洪峰流量关系确定。若知道过水断面的形状,式(5-57)~式(5-62)中部分参数值可由表 5-5 确定。无资料地区可以通过地区综合或者优化率定。汇流长度、汇流坡度等地形参数由 DEM 自动提取。

**表 5-5 过水断面形态与汇流参数的关系**

| 过水断面形态 | $\mu$ | $k_B=\frac{\mu+1.67}{\mu+1}$ | $\alpha=\frac{0.67}{\mu+1.67}$ | $\beta=\frac{\mu+1}{2(\mu+1.67)}$ | $m=k_B$ | $n=\frac{0.67}{\mu+1}$ |
|---|---|---|---|---|---|---|
| 矩形 | 0 | 1.67 | 0.40 | 0.30 | 1.67 | 0.67 |
| 抛物线 | 0.5 | 1.45 | 1.45 | 0.35 | 1.45 | 0.45 |
| 三角形 | 1 | 1.33 | 1.33 | 0.38 | 1.33 | 0.33 |
| 反抛物线 1 | 2 | 1.22 | 1.22 | 0.41 | 1.22 | 0.22 |
| 反抛物线 2 | 4 | 1.13 | 1.13 | 0.44 | 1.13 | 0.13 |

# 第三节　水库调蓄模型

在流域的河网结构中,通常情况下存在水库等拦蓄水工程。在河道上修建水库等拦蓄水工程后,水库的淹没区形成了水面,加大了水深和水面面积,汇流条件与建库前的河道汇流相比有了很大的不同。当洪水通过水库时,其过程将受到水库调节的影响。

由于水库的产汇流特性和天然流域相比具有很大的差异性,因此在分布式水文模型中,将水库水体流域作为单独的子流域处理。根据单元流域出口之间的拓扑和连接关系,在水库的上游流域,按照单元产流模型和河网汇流模型推求入库的洪水过程,库区的产水情况按照单元产流模型计算。水库的出流过程作为下游流域的入流,从而参与下游的径流演算。

水库对入库洪水的洪峰流量和洪水历时等均会产生影响。其调蓄作用基于下面的水量平衡方程:

$$\frac{\mathrm{d}S}{\mathrm{d}t} = I - Q \tag{5-65}$$

由式(5-65)的有限差分形式即可计算时段的调蓄过程:

$$S_{t+\Delta t} - S_t = (I_{t+\Delta t} + I_t)\frac{\Delta t}{2} - (Q_{t+\Delta t} + Q_t)\frac{\Delta t}{2} \tag{5-66}$$

式中：$S$ 为蓄水量；$I$ 为入流量；$Q$ 为出流量；$t$ 为时间；$\Delta t$ 为计算时段长。

在入流过程为已知的条件下，由蓄水量和出流量的关系可求得出流过程。蓄水量和出流量的关系式可以表示为：

$$Q = f(S) \text{ 或 } Q = f(Z) \tag{5-67}$$

式中：$Z$ 表示水位。

联立式(5-65)和式(5-67)可求得出流过程。

由于水库的特性存在差异，因此调洪演算存在不同的情况，往往需要结合水库的调度运行方式进行计算。水库调洪演算常遇到两种情况(叶秉如，1995)：一种为下泄流量受控制的调洪演算，其调节控制方式由水库防洪运行规则决定，即根据来水、水库蓄水和综合利用情况，调节泄洪闸门控制出流；另一种情况为在自由泄流条件下的调洪演算，如在无闸门控制情况下的泄流，需联解水量平衡方程和水库蓄泄方程进行调算。在分布式水文模型的运行当中，输入水库的蓄水泄流关系和控制运行调度方式，由上游河道演算的入流过程演算出库径流。

## 第四节　黄河小花间产汇流特性分析

产汇流特性的复杂性和不同地区的差异性，决定了水文模型很难通用。一般的水文模型都有特定的适应区域或者适用条件。分布式模型的研制同样需要对流域本身特性进行分析。产汇流机理研究是水文模拟的基础，从实测水文资料出发进行深入分析是认识产汇流特性的有效手段。本节以黄河小花间(小浪底—花园口区间，下同)洛河上游卢氏水文站以上流域(以下称卢氏)作为研究区，探讨其产汇流特性，为其间的分布式暴雨洪水过程模拟提供参考。

### 一、流域自然概况

小花间是黄河下游洪水的主要来源区之一，且故县水库和陆浑水库以下是工程未控区，洪水预报研究被高度重视。洛河是该区间最大的支流，发源于陕西省华山南麓蓝田县境内，在河南省巩县境内汇入黄河，河道长447 km，流域面积18 881 km$^2$，流域形状狭长。地势西南高东北低，河流走向大致与黄河干流平行(郭建民等，1995)。洛河上游卢氏以上流域地理坐标为109°40′～110°10′E、33°45′～34°30′N，跨陕西和河南两省。其大体位置和水系特征见附图1、附图2。这一区间流域面积4 623 km$^2$，河道全长196.3 km。

该区为典型的石山林区，上游以石山为主，下游有一部分土石山。地势高峻，河沟密闭，坡陡石多，地形复杂，切割严重，土地贫瘠。40%的地区坡度在35°以上；30%的地区坡度在25°～35°之间；20%的地区坡度在6°～25°之间；坡度在5°以下的地区仅占10%。大部分地区海拔在1 200～2 000 m之间，伏牛山主峰玉皇顶海拔2 211.6 m，相对高度500～1 200 m；沿河有许多面积较小的河谷平原，宽度1 000 m左右，海拔600～1 000 m。西、南山区及崤山主脉多为砾质石渣土，土薄石厚，土层仅有16～20 cm，耕层浅，石渣比例大，透水性好。森林草坡以棕壤、褐土为主，天然植被较好，除岩石裸露外，大部分是桦、栎、杨、松、柏、椴、桐、楸等天然次生杂木林，林木覆盖率为34.2%，郁闭度为0.5～0.7，草本植物种类繁多,覆盖度中等。

研究区地处亚热带和暖温带的过渡地带,多年平均降水量为720 mm,多年平均水面蒸发量为966 mm。从降水的空间分布看,流域西北部较大,南部较小,而以洛河川最小。降水量年内分布不均,一般集中在6~9月,占全年降水量的55%~65%,春秋次之,冬季最少,仅占3.4%。受江淮切变线的影响,夏秋季节常出现暴雨(吴学勤等,1996)。

研究区地处山区,且绝大部分范围属于国家森林保护区,以种植业、养殖业为主,工业相对落后。区内拦蓄水工程相对较少,下游地区沿河道周围有一定的灌溉面积,兴修了一些水利工程。总体而言,流域的天然状况相对良好。

## 二、流域降雨特性

流域内有雨量观测站33处,水文测站3处,其中有资料的雨量站为22处,流量站1处,为流域的出口断面站。从1971~1996年实测资料中选取43场暴雨进行分析,暴雨一般出现在5~10月,7~8月占总数的60%~80%,较大暴雨(如日降雨量大于150 mm)多出现在7月中旬至8月上旬。

从选取的43场雨洪实测资料暴雨的空间分布形态看,流域内降雨空间分布不均,有明显的暴雨中心(见附图3)。将研究区次降雨分为11个量级,统计各次降雨不同量级的分布面积占流域总面积的百分比。结果表明,各次降雨在空间分布上存在较大的差异,大多数次降雨中,总有3~5个量级雨量的分布。从平均值来看,如图5-5所示,20~50 mm的次降雨量在该区分布最广,占32.1%,50~75 mm的雨量次之,0~10 m、10~15 m、15~20 mm小量级雨量和175~200 mm、200~220 mm、220~250 mm大量级雨量也占到了该区流域面积的21.6%。

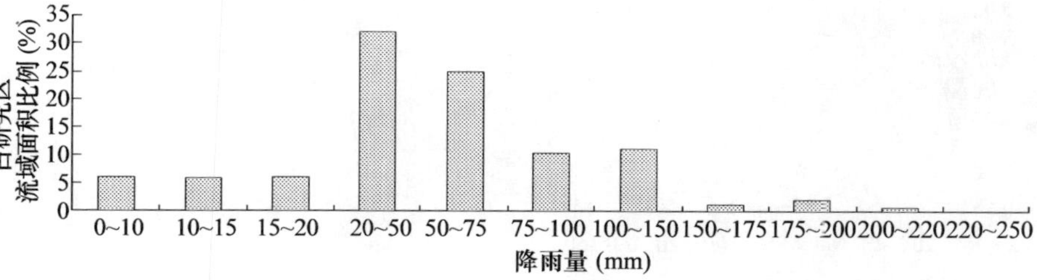


**图5-5 研究区降雨量级平均分布**

43场暴雨的降雨量时段累积曲线见附图4,可以看出,降雨历时一般为1~3天,该区降雨主要有两种类型:一种是历时短、强度大的暴雨,80%的雨量常集中在6~20 h内;另一种是降雨历时长、雨强不大,常形成连阴雨,降雨历时长达3天以上。

## 三、产流机制分析

一般认为,干旱地区产流以超渗为主,湿润地区以蓄满为主。而研究区处于湿润地区和干旱地区的过渡地带,从理论上来说,这两种机制都应该存在。为了进一步认识该区的产流特点,借助实测的洪水过程线作进一步的分析。通过分析1971~1996年的43场雨洪资料,得知该研究区降雨的径流效应比较复杂,对同样的降雨,表现在量上,有大有小各不相同；表现在形上，一类峰形陡涨陡落，一类则平缓涨落，而另一类则有陡有缓，陡缓结合；在峰现时间上，一类雨止峰现，另一类则峰现时间滞后很多；在洪峰形状上，一类只有单峰，一类则有双峰，有时甚至有两个显峰和一个或几个隐峰。图 5-6 选取了几场洪水过程线，从过程线可以看出洪峰在量与形上的差别，导致这种差别的原因在于径流成分的不同。

结合降雨过程，分析得出该地区的产流机制主要随着降雨强度和降雨历时发生转化，历时长、强度小的降雨，洪峰过程矮胖，退水线较长，理论上包含了地表径流和壤中流及地下径流；如遇历时短、强度大的暴雨，则洪峰尖瘦，陡涨陡落，理论上以超渗地面径流为主。历时较短的小暴雨，可能产生壤中流或地下径流，也可能不产流；而历时较长的小暴雨，则可能产生饱和地面径流。图 5-6(f)中的洪水过程显得主峰部分尖瘦而基本对称，相应的降雨历时为12 h，最大雨强为9.6 mm/h，且前期湿润；图 5-6(e)的洪水过程线低平，相应的降雨历时长达68 h，最大雨强只有0.8 mm/h。可以得出，该地区历时短、强度高的暴雨将形成以超渗地面径流为主的洪水过程，而历时长、强度低的暴雨将形成以壤中流和地下径流为主的洪水过程。兼有传统意义的蓄满和超渗的特征。

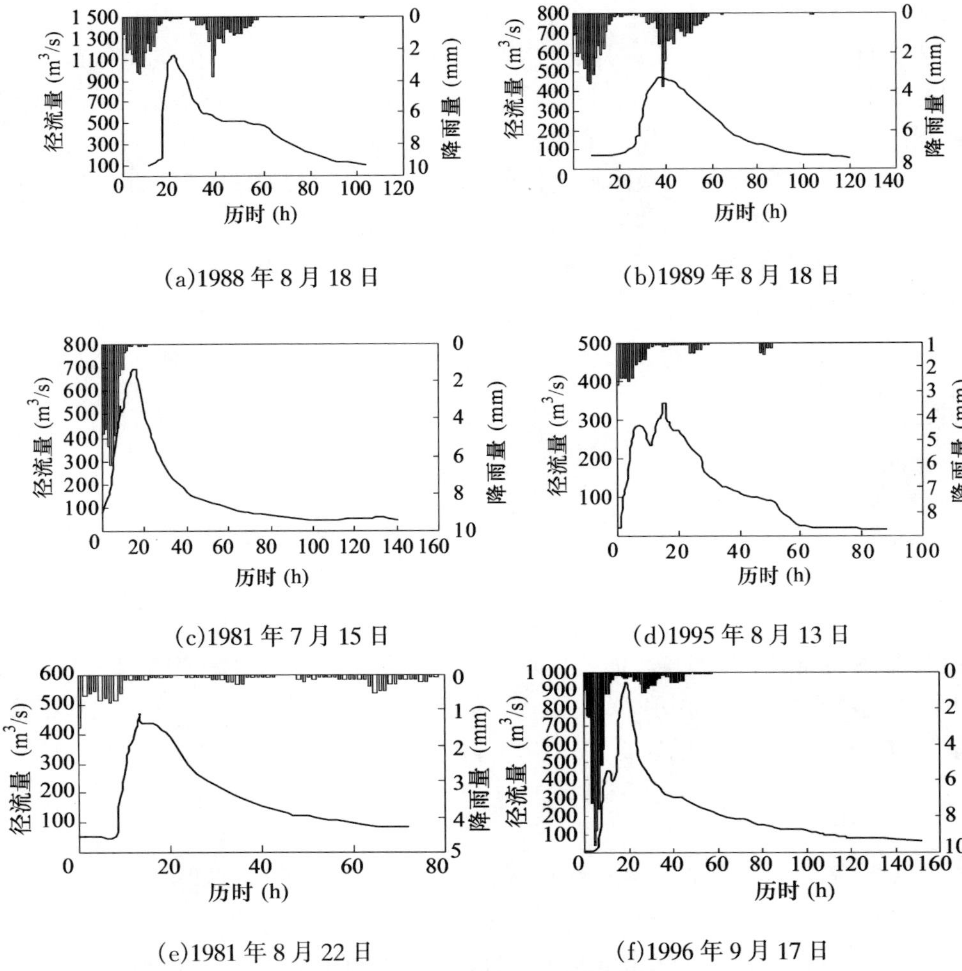


(a)1988 年 8 月 18 日　(b)1989 年 8 月 18 日

(c)1981 年 7 月 15 日　(d)1995 年 8 月 13 日

(e)1981 年 8 月 22 日　(f)1996 年 9 月 17 日

**图 5-6　研究区降雨径流过程线**

### 四、流域汇流特性分析

流域的汇流时间和滞时是反映径流响应时间特性的重要参数。流域的汇流时间是指水体从流域最远点到达出口断面的时间,这是从流域物理特性定义的,只能靠一些经验公式计算出;它也可基于降雨过程线和径流过程线定义,即净雨中心到直接径流过程的退水拐点的时间可直接由实测资料算出。滞时是指净雨中心到洪峰出现时间的时距,同样可由实测资料算出。从43次雨洪实测资料中统计出该流域平均汇流时间为18.0 h,平均滞时为13.7 h。受降雨时空分配不均匀的影响,汇流时间和滞时也存在着较大的差异。

## 第五节 黄河小花间暴雨洪水过程分布式模拟

### 一、数字流域生成

黄河小花间暴雨洪水过程分布式模拟中,数字流域生成阶段的数据源为国家基础地理信息中心1:25万DEM。GIS平台用到Arc/Info8.1、Arcview3.2和最新引进的专业软件WMS6.1。应用GIS工具对DEM进行投影转换、研究区大致范围的裁减、DEM存储格式的转换等一系列前期操作后,按以下步骤生成数字流域。

(1)单元网格流向和汇流路径的生成。生成流向之前,程序自动进行DEM的洼地识别和填充,基于D8方法确定栅格单元流向,由此可以确定每一个栅格单元到流域出口的流径。

(2)河网生成。给定汇水单元累积数目的阈值(这里给定200),大于阈值的集水单元为河道的一部分,阈值的不同会产生不同的河网密度和河道起点。

(3)河网拓朴关系的建立。按照河网分级的概念,从上游到下游,不同级别的河网相互之间建立了连接关系,形成了一个完整的汇流网络。

(4)流域生成。根据出口断面的地理坐标,确定流域出口在DEM栅格单元的位置,该单元以上的所有汇集到该单元的网格单元被确定为流域的范围,相应地就可以确定流域边界,流向外单元的网格单元被自动排除在流域之外。

(5)手工修正过程。数字流域的生成过程是自动完成的,局部可能会与实际流域不一致,对这些局部进行手工的修正是非常必要的。差异一般是产生在较大范围平地处的流向,主要是因为DEM的分辨率不足以用来生成正确的流向。自动加局部手工调整相结合的方法可以产生正确的流域结构。

图5-7是研究区由DEM生成数字河网,再生成数字流域的结果。经过局部的修正后,与由纸质地形图屏幕数字化的流域具有一致性。数字流域生成后,有关的地形、地貌等特征参数可以自动提取并以数字信息存储。可以导出为一般GIS平台支持的格式文件,以便进行进一步的应用操作。

### 二、流域空间离散

分布式水文模型的基础就是对流域进行离散化处理以反映下垫面和气象等要素的空间变化。在整体数字流域的基础上,应用基于山坡的划分方法,对流域进行离散化处理,

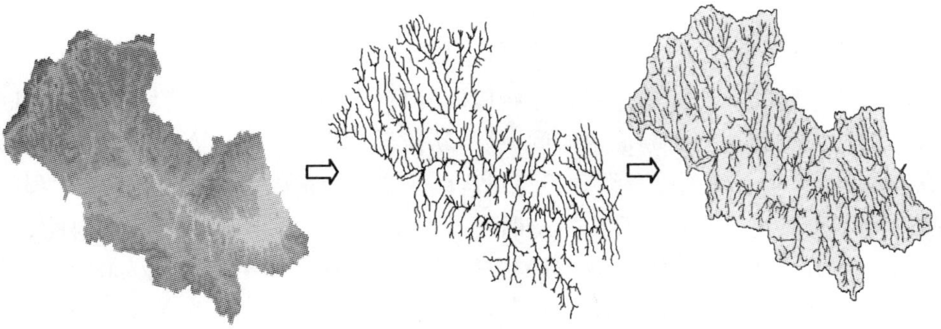

**图 5-7　卢氏数字流域生成**

生成分布式模型的基本处理单元。离散化的过程由程序自动完成,根据自然的山坡汇水面积生成多个互相不嵌套的小单元,一般每个单元都有一条主河道。单元的出口相互间根据河网结构自动建立上下级和相互关联的拓朴关系,构成了到流域出口的汇流路径。

单元流域到底划分为多大合适,需要综合平衡。理论上,单元流域划分得越细,越能区别空间要素的分异性,但是过细的话,一方面增加了计算的工作量,另一方面,也是最主要的,要看其他要素的空间分辨率,如果其他数据的分辨率达不到,即使单元划分再细致,也不能提高处理问题的精度。对研究区,经过离散化处理,全流域被划分为 86 个小单元,面积和形状不一,每块小单元的面积平均约为50 $km^2$。每个单元流域的面积、流域平均坡度、河道长度及河道坡度、到流域出口的汇流长度等参数均自动计算。图5-8显示了全流域的离散结果。

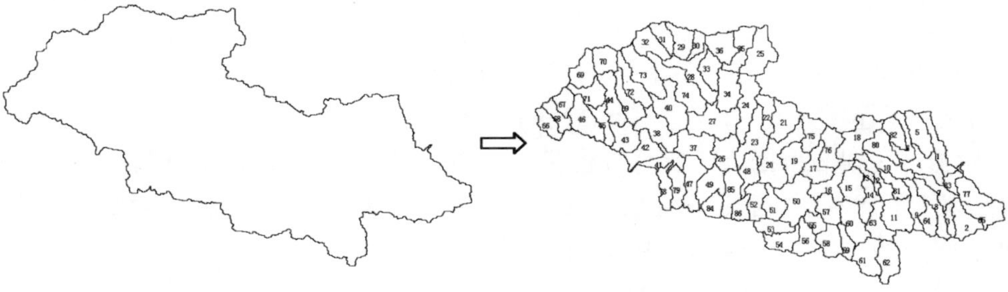

**图 5-8　单元流域划分**

图 5-9 为在数字河网基础上产生的单元流域的河网结构图和各单元出口点之间的拓朴关系图。通过拓朴关系建立了单元之间的水平联系和全流域的汇流结构。

## 三、参数率定

### (一)冠层截留模型参数

冠层截留模型共有三个参数:截留能力、叶面积指数和覆盖度。截留能力参数根据有关的文献结合当地的植被类型按经验选取。叶面积指数 $LAI$ 采用下式计算(王长耀等,2001):

$$LAI = k^{-1}\ln(1 - f_v)^{-1} \tag{5-68}$$

其中

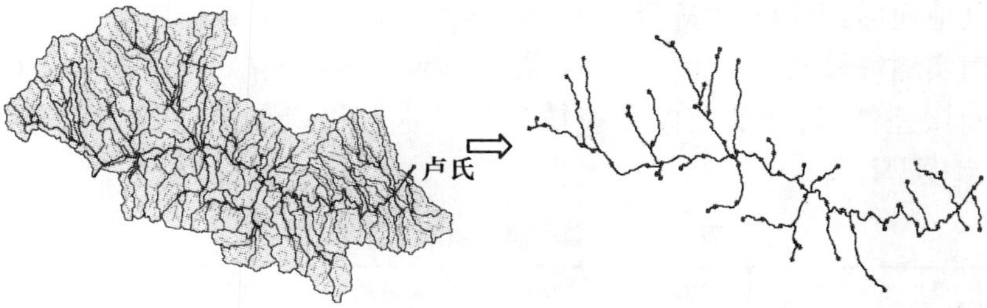


**图 5-9　单元出口连接关系**

$$f_v = \frac{NDVI - NDVI_{\min}}{NDVI_{\max} - NDVI_{\min}} \tag{5-69}$$

式中：$k$ 为消光系数；$f_v$ 为覆盖率；$NDVI$（Normalized Difference Vegetation Index）为标准植被差异指数。

由土地利用中的植被覆盖情况可以确定相应不同类型单元的截留参数。

**（二）单元产流模型参数**

Horton 模型和 Boughton 下渗模型都有三个参数，即初始下渗率 $f_0$、稳定下渗率 $f_c$、土壤消退系数 $k$。这些参数根据已有的试验资料和有关的研究成果给定初始值，然后通过拟合进行调整。

暴雨损失关系模型有两个参数。分析了包括陕西子洲、绥德，甘肃西峰，山西太原，四川峨嵋，湖北石桥铺、观音堂、麻狼市，河南祁仪，湖南龙潭，广东浪山等测站的实测暴雨洪水资料，并在新疆、青海、西藏等地区的戈壁滩、盐碱地、高山草原、土石山与高原冻土上，用人工降雨方法做了大量的土壤入渗试验。根据分析和试验的结果，将暴雨损失分为六个等级，并考虑了土壤和植被的不同影响。

**（三）汇流模型参数**

单位线汇流方法通过系统识别完成，分别考虑暴雨中心处在流域的上、中、下游和流域降水比较均匀四种情况识别单位线，存入 GUI 系统中，模型自动调用。等流时线法的参数通过分析洪峰流量关系等给出初始值，然后通过试算对过程拟合来调整。

由于各单元参数众多，表 5-6 仅列出部分率定后各单元相同的参数值（由于土壤原始数据精度限制，本地区土壤有关的参数取相同值）。

**表 5-6　模型部分参数值**

| 参数 | $k$ | $f_0$ | $f_c$ | $C$ | Clark $K$ |
|---|---|---|---|---|---|
| 参数值 | 0.01 | 10 | 1.6 | 0.62 | 4 |

## 四、模型的运行结果

开发了模型的图形用户界面（GUI），模型的数据管理和运算均基于 GUI 进行。各雨量站雨量资料取自洪水要素摘录的雨量表（黄河水利委员会水文局提供），由于需要的是时段雨量，因此对雨量资料进行了插值处理，时段内平均分配，生成了以小时为时段的雨量。单元的其他地形、土地利用等资料用 GIS 集成后用 Access 数据库统一管理输入。前期影响雨量由实测资料推算求得。选取了若干场洪水进行模拟,表 5-7 列出了模拟的洪峰和峰现时间误差情况,产流空间分布情况和洪水过程线见图 5-10。其中,产流应用 Boughton 下渗模型计算。

**表 5-7　实测和模拟洪水结果对比**

| 洪号 | 730701 | 790801 | 810715 | 820730 | 840706 | 840718 |
|---|---|---|---|---|---|---|
| 实测洪峰流量($m^3/s$) | 424 | 804 | 697 | 2 018 | 805 | 525 |
| 计算洪峰流量($m^3/s$) | 418 | 768 | 675 | 2 010 | 826 | 519 |
| 洪峰流量误差(%) | −1.42 | −4.48 | −3.16 | −0.40 | 2.61 | −1.14 |
| 峰现时间误差(h) | −4 | 0 | −5 | −2 | −1 | −2 |
| 洪号 | 840921 | 850914 | 890710 | 920813 | 940710 | 950813 |
| 实测洪峰流量($m^3/s$) | 1 520 | 687 | 1 102 | 649 | 1 480 | 305 |
| 计算洪峰流量($m^3/s$) | 1 539 | 641 | 1 088 | 664 | 1 576 | 321 |
| 洪峰流量误差(%) | 1.25 | −6.70 | −1.27 | 2.31 | 6.49 | 5.25 |
| 峰现时间误差(h) | 0 | −7 | 0 | −1 | 2 | −7 |

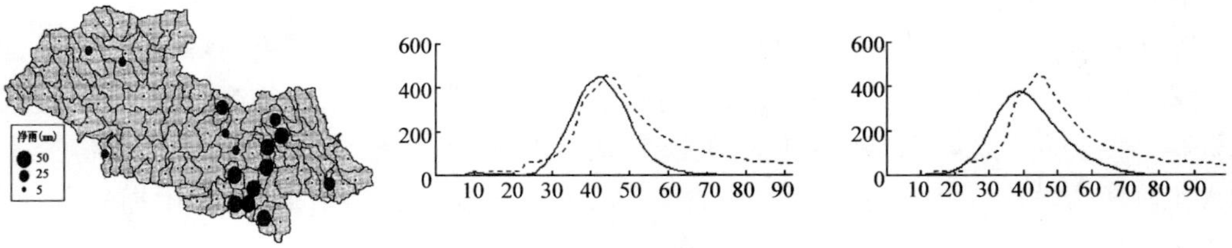


(a) 洪号: 730701

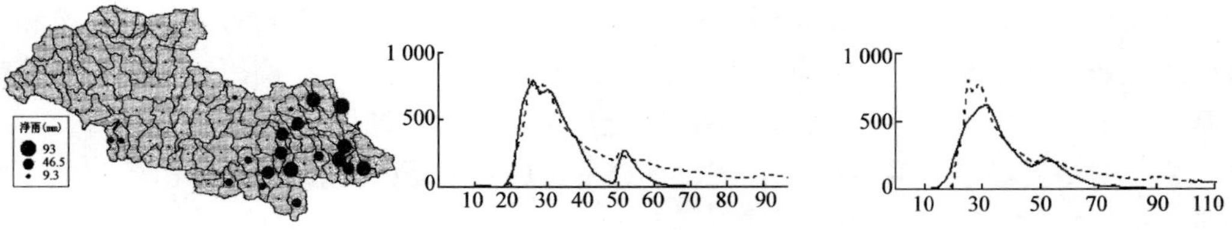


(b) 洪号: 790801

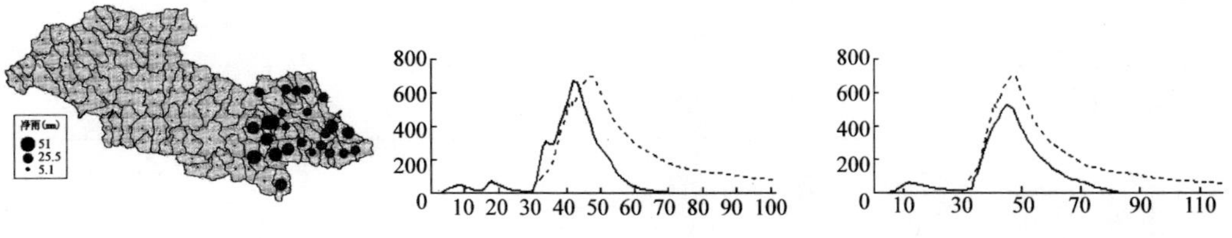


(c) 洪号: 810715

图 5-10　洪水模拟结果

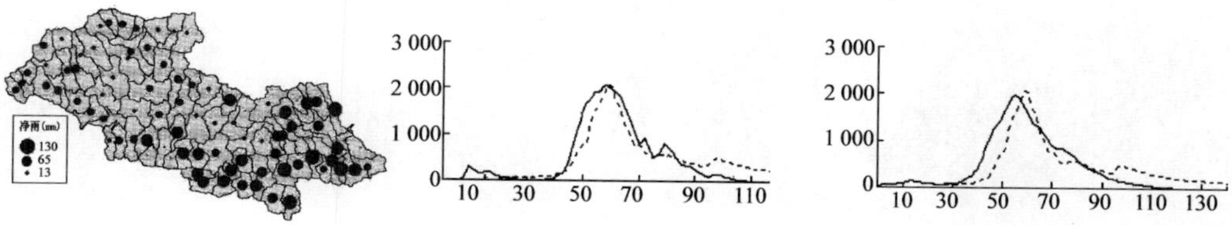


(d) 洪号：820730

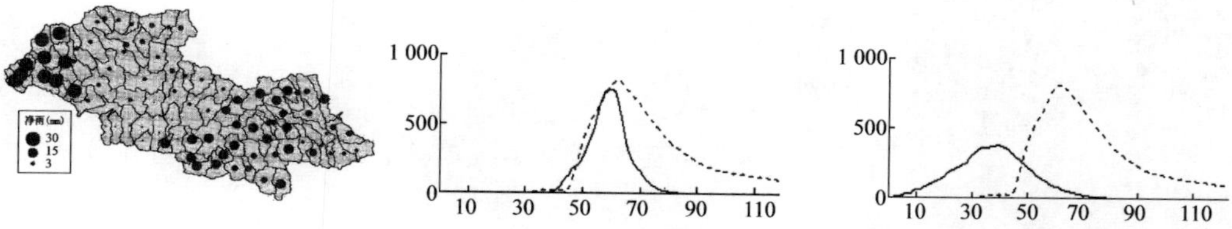


(e) 洪号：840706

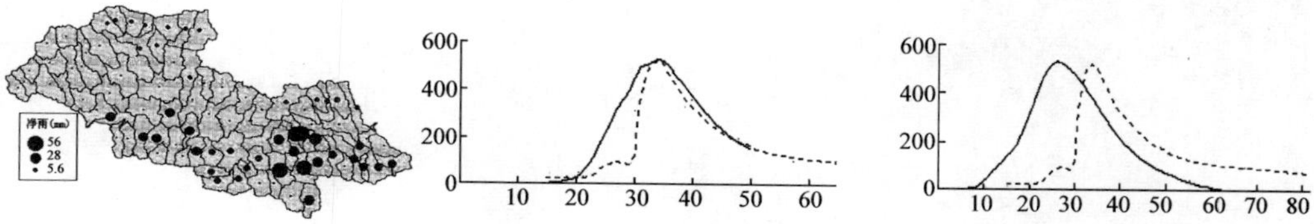


(f) 洪号：840718

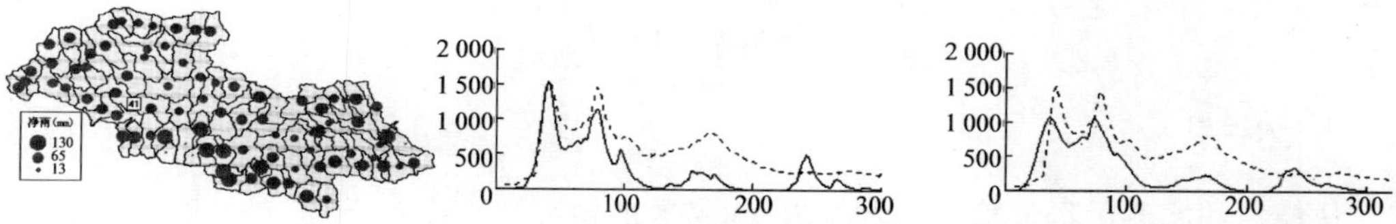


(g) 洪号： 840921

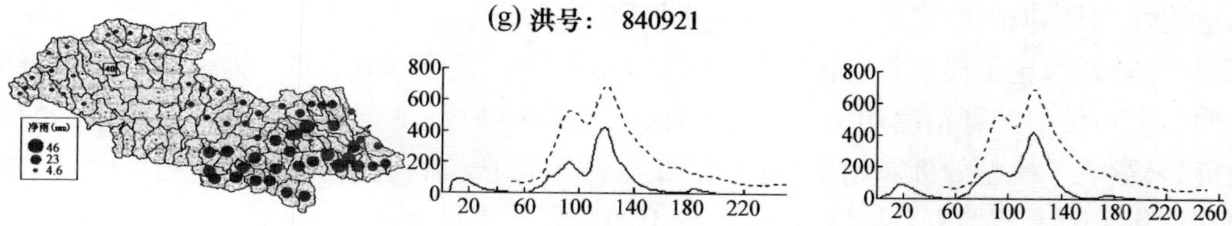


(h) 洪号： 850914

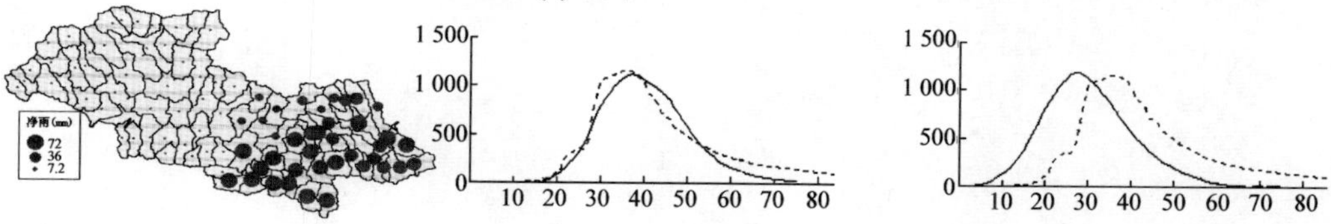


(i) 洪号： 890710

续图 5-10

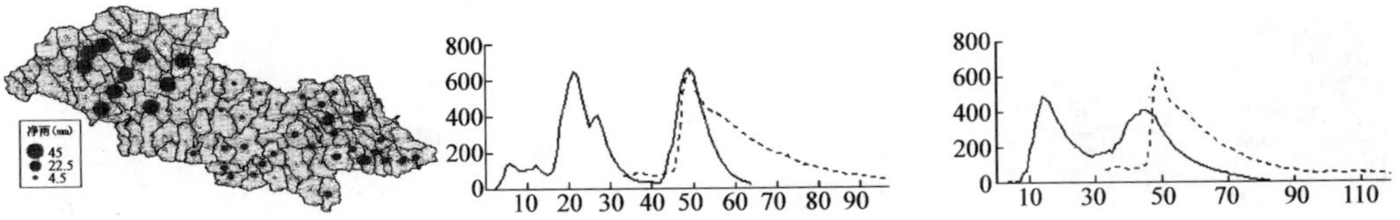


(j) 洪号： 920813

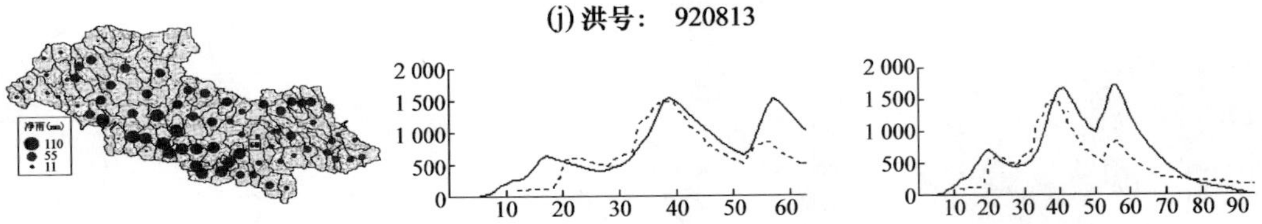


(k) 洪号： 940710

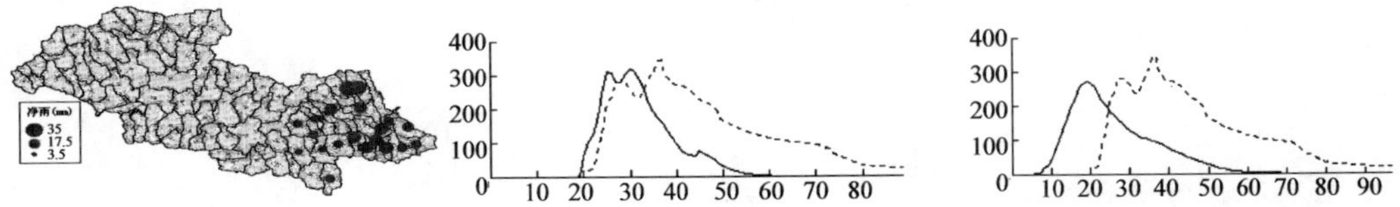


(l) 洪号： 950813

**图例　横排：左，全流域产流分布；　中，等流时线法汇流；　右，单位线法汇流**

● **产流量**(mm)；　----- **实测径流过程；**　——— **模拟径流过程**　($m^3$/s)；　$\Delta t$=1 h

**续图 5-10**

## 五、小结

从模拟和实测的径流拟合过程线看，大多数的精度令人满意，模型对本地区具有一定的适用性，但模拟的精度还有待于进一步提高，主要表现在产流计算和峰现时间等方面还需要提高精度，这里涉及到的因素比较多，原始资料问题是一个重要的因素。其中雨量资料的精度是模型计算精度的关键。在本地区，空间分布上，由于缺少上游 9 个雨量站的观测资料，影响了模型的计算精度；时间分布上，没有时段资料，因此对雨量进行了时段的插补和均化。随着原始资料精度的提高，模拟的结果有望得到改善。

# 第六章　流域日水文过程分布式模拟

黄河流域水循环的下垫面和气象因素存在着显著的空间变异性，进行流域水资源统筹规划与管理，需要分布式水文模型的支持，特别是日水文过程模型。本章面向实际需要，提出一个基于 GIS/RS 的流域分布式水文模型。在模型机理上，考虑日降水径流过程的时空特性；在方法上，加强了与 GIS/RS 的结合，提高了水文参数识别能力；在技术上，采用了基于模块化结构的设计思想，提供多种产流计算模式可供选择，以适应不同下垫面情况下流域产流的模拟计算。

## 第一节　模型原理与主结构

### 一、基本原理

流域降水径流过程包括产流和汇流两大环节。传统产流模式（包括"超渗"和"蓄满"）对于地形坡度的影响考虑不足。1979 年 Beven 提出了 TOPMODEL 模型（或者是一种新的产流计算方式），他基于"蓄满"产流概念，考虑地形坡度对产流的影响，利用"地形指数—面积分布曲线"响应变源面积规律，模型亦采用该种方法作为产流计算的主要模式。同时考虑到不同研究区的产汇流特性差异性，模型还集成其他几种产流计算模块，如超渗产流计算模式、具有物理概念的非线性产流计算模式以及 SCS 经验计算方法等。

流域汇流过程分为坡面汇流和河网汇流两个阶段。在实际降水过程中这两个阶段并无截然的分界，而是交错或者同时进行的。由于流域汇流的复杂性，还不能用纯粹水力学的方法求解水流的运动过程，需要对汇流过程进行概化。在集总式水文模型中，通常采用单位线和等流时线，其中非线性单位线与变动等流时线是概化的主流。在分布式水文模型中汇流过程可以采用单位线法、等流时线法、动力波法等多种方法。本研究中的模型计算时段为日，暂时没有考虑坡面汇流作用。在模型中将流域离散为若干个子流域，每一个子流域中包含惟一的一段河道，所有的河道连接成河网。在每段河道上利用动力波法或分段马斯京根法进行汇流演算，并从低一级河流逐步汇入高一级河流，最后汇集到流域出口断面。

### 二、模型主结构

考虑到模型的具体用途（面向资源管理）和时间尺度（日过程），采用松散耦合的分布式水文模型构建方式，即在每一个水文单元（或子流域）上建立物理概念模型来推求净雨，再进行河网汇流演算，最后求得出口断面流量。模型的主结构分为四大部分（见图 6-1）：①分布式输入模块，是同 GIS/RS 的接口部分，为流域水文过程的模拟提供空间输入数据和确定模型参数的信息；②单元水文模型，是分布式水文模型的核心部分，主要进行流域产流计算，其中包含若干水文过程模拟模块；③河网汇流模型，在每段河道上建立一维河流模型，进行河网汇流演算；④图形用户界面，为分布式水文模型的调试、运行和模拟结果的图形显示提供友好的操作平台。

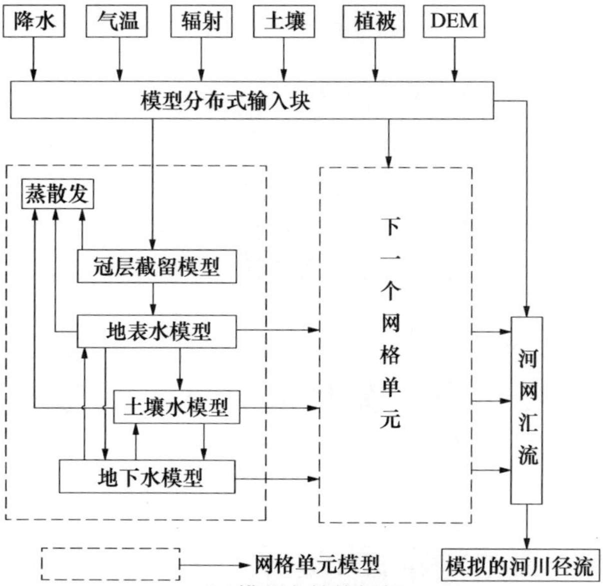


(a)模型主结构框架

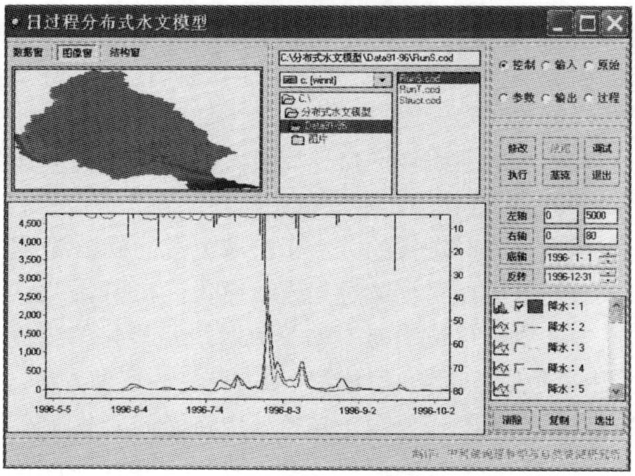


(b)模型主界面

**图 6-1　日过程分布式水文模型**

# 第二节　单元水文模型

单元水文模型涉及的水文过程有冠层截留、融雪、蒸散发、坡面流、非饱和土壤水运动和地下水出流（基流）等（见图 6-2）。模型采用 Beven 提出的基于土壤含水量和地形指数的产流计算方法。对于长时段的水文模型，流域蒸散发的影响作用不容忽略，蒸散发计算分三部分进行。子流域内时段产流量包括基流和饱和坡面流，其中大部分坡面流是通过主河道演算到达下一个子流域的主河道，只有很少一部分坡面流通过坡面进入下一个子流域。

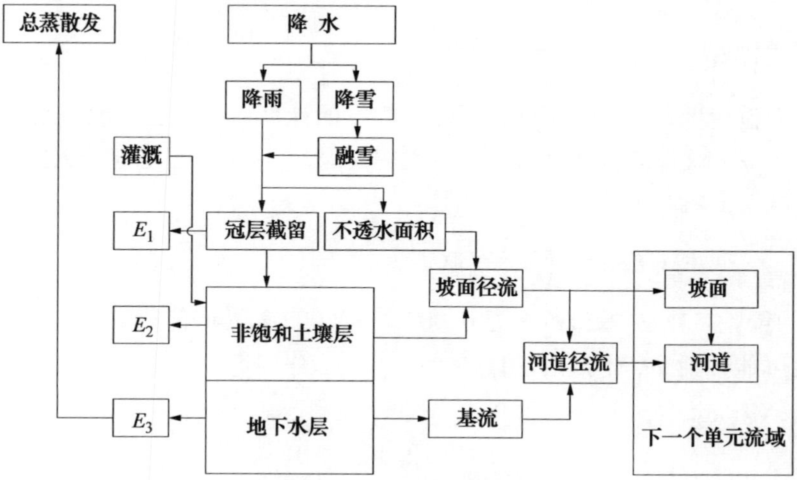


图 6-2　分布式水文模型单元水文过程

## 一、冠层截留

冠层是同大气接触的第一个层面，它主要有截留和蒸散发的功能。冠层的截留能力与植被的种类和生长时段有关，是叶面指数的函数，由下式计算：

$$I_v(t) = K_c \cdot d_c \cdot LAI(t) \tag{6-1}$$

式中：$I_v(t)$为冠层截留能力，mm；$K_c$ 为冠层截留系数，与植被类型有关；$d_c$ 为植被覆盖度，反映了植被空间分布情况；$LAI(t)$为叶面指数；$t$ 为计算时段。

叶面指数 $LAI$ 与植被类型和生长时段有关，是一个分布式的时变参数。每个计算单元的叶面指数 $LAI$ 通过遥感（RS）手段获得。$LAI$ 计算采用如下方法（Running and Nemani，1988）：

$$LAI = a \cdot \exp(k \cdot NDVI) \tag{6-2}$$

式中：$a$、$k$ 为参数；

冠层的实际截获量是由接受的降水量、冠层截留能力和冠层缺水量三者中最小的值所决定的，即：

$$I_{vA}(t) = \min\{d_c \cdot P(t), I_v(t), W_{cd}(t)\} \tag{6-3}$$

式中：$W_{cd}(t)$为冠层缺水量，mm。

$$W_{cd}(t) = I_{max} - W_c(t) \tag{6-4}$$

式中：$W_c(t)$为冠层叶面蓄水量，mm；$I_{max}$为冠层最大蓄水量，mm。

## 二、融雪模型

融雪计算根据实际需要进行选择，采用比较流行的度—日模型（Degree－day Model）：

$$M_s(t) = D_f \cdot [T(t) - T_b] \tag{6-5}$$

式中：$M_s(t)$为融雪率，m/h；$D_f$ 为度—日模型因子，取值范围为 $3\times10^{-4}\sim6\times10^{-4}$ m/(℃·h)，需要进行校检；$T(t)$为温度，℃；$T_b$ 为开始融雪时的气温，℃。

## 三、蒸发模型

蒸发模型包括潜在蒸发的模拟和实际蒸散发的计算。当缺乏实测蒸发能力资料时，按 Hargreaves and Samani 公式进行潜在蒸发的模拟计算，该方法易与遥感技术相结合，所需输入仅为气温资料。

$$ET_0 = a\left(\frac{RA_{\max}}{L}\right)(T + 17.8)(T_{\max} - T_{\min})^b \tag{6-6}$$

式中：$a$、$b$ 为经验参数，$a$ 取值范围为 0.002 3～0.003 2，$b$ 取值范围为 0.5～0.6；$RA_{\max}$ 为太阳最大可能辐射量，MJ/(m² · d)；$T$、$T_{\max}$、$T_{\min}$ 分别为日均、最高和最低气温，℃；$L$ 为汽化潜热，MJ/kg。

$$L = 2.501 - 2.361 \times 10^{-3} \cdot T \tag{6-7}$$

$$RA_{\max} = 30E_0 \cdot \left[XT\sin\left(\frac{2\pi}{360}LAT\right)\sin(SD) + \cos\left(\frac{2\pi}{360}LAT\right)\cos(SD)\sin(XT)\right] \tag{6-8}$$

$$E_0 = 1.0 + 0.033\,5\cos\left(\frac{2\pi}{365}d_n\right) \tag{6-9}$$

$$XT = \arccos[-\tan(\frac{2\pi}{360}LAT)\tan(SD)] \quad (0 \leqslant XT \leqslant \pi) \tag{6-10}$$

$$SD = \arcsin\left\{0.410\,2\sin\left[\frac{2\pi}{365}(d_n - 82)\right]\right\} \tag{6-11}$$

式中：$LAT$ 为计算点的纬度(°)；$d_n$ 为公历天数。

实际蒸散发的计算分为三部分：冠层叶面截留水蒸发($E_1$)、非饱和土壤水蒸发($E_2$)和地下水蒸发($E_3$)。计算原则：冠层叶面截留水按蒸散发能力蒸发，截留水量不够蒸发时，剩余蒸散发能力从非饱和土壤层蒸发；土壤水蒸发不够时，剩余蒸散发能力由地下水蒸发。

其中，非饱和土壤水蒸发($E_2$)主要来自于植物蒸腾和裸地蒸发，是蒸发模拟的核心部分。土壤水蒸发与剩余蒸散发能力和土壤含水量成正比，与土壤最大蓄水量成反比。

$$E_2(t) = \frac{W_s(t)}{W_{sm}} \cdot [ET_0(t) - E_1(t)] \tag{6-12}$$

式中：$W_s(t)$为非饱和土壤含水量，mm；$W_{sm}$为土壤最大蓄水量，mm。

计算单元的土壤最大蓄水量 $W_{sm}$与单元地形坡度、土壤的厚度及孔隙率有关。可以用地形指数的方法进行估算。

$$W_{sm} = W_{\min} + \left[\frac{\ln(\alpha/\tan\beta) - \ln(\alpha/\tan\beta)_{\min}}{\ln(\alpha/\tan\beta)_{\max} - \ln(\alpha/\tan\beta)_{\min}}\right]^n \cdot (W_{\max} - W_{\min}) \tag{6-13}$$

式中：$W_{\min}$、$W_{\max}$分别为子流域最小和最大土壤蓄水容量，mm；$\ln(\alpha/\tan\beta)$为计算单元的地形指数；$\ln(\alpha/\tan\beta)_{\min}$、$\ln(\alpha/\tan\beta)_{\max}$分别为子流域最小和最大地形指数；$n$ 为指数，当

$n=0$ 时，子流域土壤蓄水容量空间分布均匀，与地形指数无关。

## 四、非饱和带土壤水的运动

降水满足截留等初损后，下渗进入土壤包气带(见图 6-3)，包气带的土壤含水量达到田间持水量后，有一部分水分以重力水的形式，通过大空隙进入地下水层，引起地下水位的抬升。由于垂直排水及侧向水分运动，一部分流域面积因地下水位抬升至地表面成为饱和面，在这种饱和面(即源面积)上将产生饱和坡面流(包括降雨产生的直接径流和回归流)。在近表层土壤水力传导度大以及坡面重力梯度大时形成壤中流。

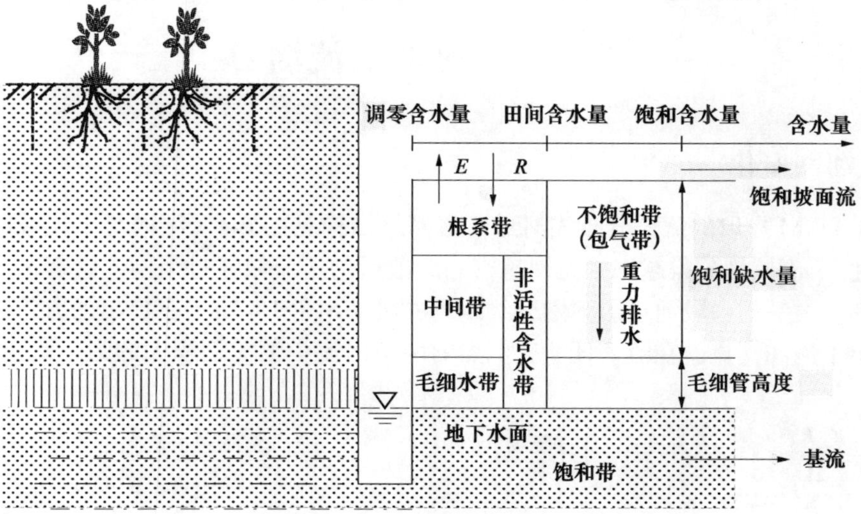


图 6-3　土壤水分运动示意图

根据上述分析，采用基于地形指数的方法确定产流面积和产流量。其中土壤饱和缺水量计算方程如下：

$$SD_i = \overline{D} - m \cdot [\ln(\alpha/\tan\beta) - \lambda] \tag{6-14}$$

式中：$SD_i$ 为计算单元的土壤饱和缺水量，mm；$D$ 为子流域土壤饱和缺水量，mm；$\lambda$ 为子流域地形指数均值；$m$ 为模型参数，物理含义为流域土壤剖面图中的有效深度。

如果计算单元的 $SD_i \leqslant 0$，那么单元饱和土壤水层将高于(至少等于)地表面。所有 $SD_i \leqslant 0$ 的单元上形成饱和地表带，在饱和地表带上降雨将直接产生地表径流。

子流域土壤饱和缺水量 $\overline{D}$ 的更新(相当于土壤水分平衡方程)计算如下：

$$\overline{D}(t+1) = \overline{D}(t) - Q_v(t) + Q_b(t) \tag{6-15}$$

式中：$Q_b(t)$为 $t$ 时段饱和带的出流，mm；$Q_v(t)$为 $t$ 时段进入地下水的流量，mm。

## 五、地下水出流(基流)

饱和带的出流作为基流项 $Q_b$，是通过将 $m$ 级河道中每一单位长度上的地下水径流加起来进行计算的。利用流域平均地下水 $\overline{D}$ 可以计算基流。

$$Q_b = Q_0 e^{-\overline{D}/m} \tag{6-16}$$

式中：$Q_0$ 为 $\overline{D}=0$ 时的流量，mm。

### 六、饱和坡面流（地面径流）

在 $SD_i \leqslant 0$，即土壤达到饱和的地表面上将产生饱和坡面流，其计算公式为：

$$Q_s = \frac{1}{A}\sum a_i(|SD_i| + NP) \tag{6-17}$$

式中：$Q_s$ 为饱和坡面流，mm；$A$ 为子流域面积，$m^2$；$a_i$ 为饱和面积，$m^2$；$NP$ 为落地雨，mm。

## 第三节　河网汇流演算

### 一、河网概化

基于 DEM 提取的流域分布式河道汇流网络结构见图 6-4。河网与子流域的划分具有关联性，子流域划分得越细则河网越密。离散后的子流域通过河网连接起来。每个子流域内都有惟一的一段河道。河网分级编码方法采用了 Pfafstetter 提出的方法。按汇流面积分出干流和支流。在流入任一交汇点的两条河流中汇流面积大的为干流，反之为支流。

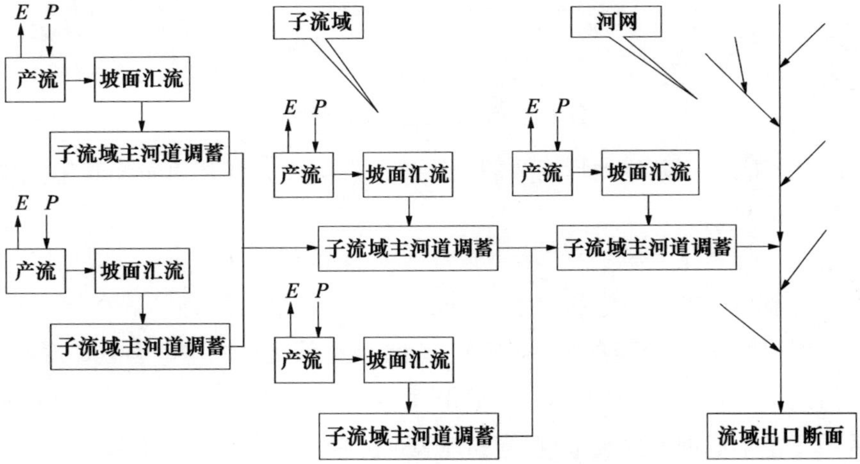


**图 6-4　流域分布式河道汇流网络结构**

### 二、一维河流模型

河道汇流采用一维河流模型，汇流演算方法采用动力波法或者分段马斯京根法。模型中提供相关的选项。

**（一）动力波模型**

$$\frac{\partial A}{\partial t} + \frac{\partial Q}{\partial l} = I_s \quad S_f = S_0 \quad A = \alpha Q^{\beta} \tag{6-18}$$

其中

$$\alpha = \left(\frac{nP^{2/3}}{\sqrt{S_0}}\right)^{\frac{3}{5}} Q^{\frac{3}{5}} \quad \beta = \frac{3}{5}$$

式中：$A$ 为过水断面面积，$m^2$；$Q$ 为流量，$m^3/h$；$S_f$ 为摩阻坡度；$S_0$ 为河道坡降；$n$ 为地表曼宁糙率系数，m/h；$l$ 为坡面长度，m；$I_s$ 为单位长度的河段入流量，$m^3/(h \cdot m)$。

**（二）分段马斯京根模型**

槽蓄方程代替复杂的水动力方程，以水量平衡方程代替连续方程，极大地简化了计算。马斯京根流量演算基本方程如下：

$$Q_{out,2} = C_1 \cdot Q_{in,2} + C_2 \cdot Q_{in,1} + C_3 \cdot Q_{out,1} \tag{6-19}$$

其中

$$\left.\begin{aligned} C_1 &= \frac{\Delta t - 2K \cdot X}{2K \cdot (1 - X) + \Delta t} \\ C_2 &= \frac{\Delta t + 2K \cdot X}{2K \cdot (1 - X) + \Delta t} \\ C_3 &= \frac{2K \cdot (1 - X) - \Delta t}{2K \cdot (1 - X) + \Delta t} \end{aligned}\right\} \tag{6-20}$$

式中：$Q_{in,1}$ 是在时段开始时的入流量，$m^3/h$；$Q_{in,2}$ 是时段末的入流量，$m^3/h$；$Q_{out,1}$ 是时段开始时的出流量，$m^3/h$；$Q_{out,2}$ 是时段末的出流量，$m^3/h$；$C_1$、$C_2$、$C_3$ 为马斯京根模型系数；$K$ 为蓄量常数，时间因次；$X$ 为流量比重因子；$\Delta t$ 为计算时间步长。

为了避免出现负出流等不合理现象，一般要求 $\Delta t \approx K$。采用马斯京根分段连续演算算法（赵人俊，1962），将演算河段分为 $N$ 个子河段。

$$K_L = \frac{K}{N} \quad X_L = \frac{1}{2} - \frac{N}{2}(1 - 2X) \tag{6-21}$$

式中：$K_L$、$X_L$ 为每个子河段的参数。

## 第四节　模型的运行控制

分布式水文模型的运行控制多数采用以下两种方式：①按照实际的水文物理过程，进行产流和汇流计算，两者交错进行；②产汇流计算截然分开，即首先计算出每个单元逐时段的产流量，然后进行汇流演算或简单线性叠加。有些模型甚至忽略了河网的调蓄过程。

本研究模型的运行方式为第一种，产汇流计算交错进行。开始模拟时分水文响应单元计算每个子流域的时段产流量和到达主河道的流量，接着再进行河道汇流，然后进入下一时段的演算。这种运行方式比较复杂，考虑因素较多，较贴近实际水文物理过程，也很容易添加水库的调蓄作用，或考虑其他的人为影响因素等。

模型在 C+ +builder6.0 可视化平台上编程实现。基于模块化结构的设计思想，每个水文过程、每种不同的算法都对应一个函数（C 语言中的函数）或一个单独的模块，整个模型具有开放式结构，十分方便进一步完善和扩展。模型的运行依据空间循环控制代码（RunS. cod）、时间运行控制代码（RunT. cod）和模型的结构信息代码（Struct. cod）进行，运行流程如图 6-5 所示。

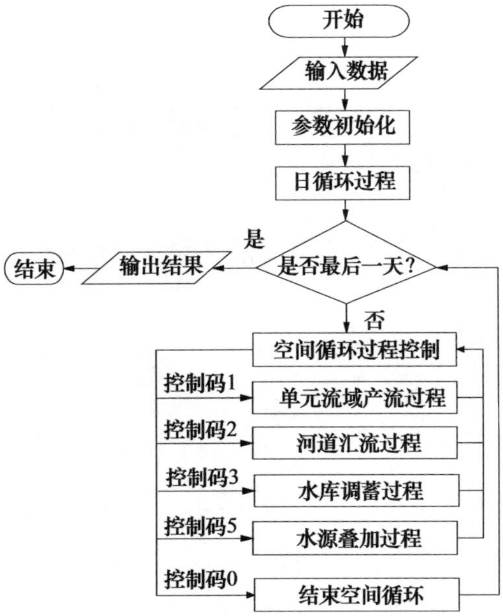

(a)流程图

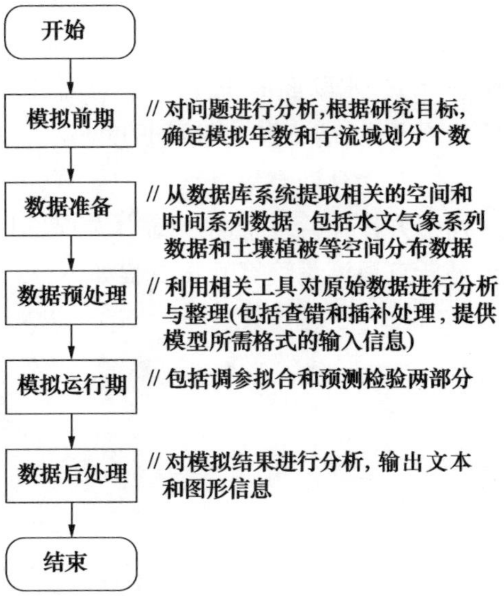

(b)模拟运行图

**图 6-5　分布式水文模型的流程和模拟运行图**

# 第五节　实例应用研究

本节针对黄河支流泾河进行应用研究。探讨在 GIS/RS 支持下流域水文参数化及过程模拟。分析模型各部分的模拟结果,对模型结构的合理性和可靠性进行评价。

## 一、研究区与资料

泾河位于六盘山东,发源于泾源县二龙河,流经宁夏、甘肃、陕西三省区,于陕西高陵县注入渭河,全长 450 km,为渭河的一级支流、黄河的二级支流(见图 6-6)。泾河流域面积 45 421 $km^2$,其中张家山水文站控制面积为 43 216 $km^2$。流域范围包括泾源、彭阳、固原县东南部和盐池县的麻黄山地区,在黄河流域水文分区中属于强侵蚀区(Ⅱ6～Ⅱ7)。泾河流域主要支流有 8 条,呈扇形分布。其中,左岸有三水河、马莲河、蒲河、茹河、洪河,右岸有 汭河、黑河、达溪河。流域内年降水量由南向北递减,平均 510 mm。自南而北,年径流深由 300 mm 递减至 15 mm,平均年径流深 70 mm。历年最大年径流量 6.89 亿 $m^3$(1964 年),最小年径流量 1.52 亿 $m^3$(1972 年),相差近 4 倍。平均年输沙量 0.217 亿 t,含沙量和输沙量均由南向北递增。

泾河流域分布式水文模拟需要以下资料:流域的地形、植被、土壤等下垫面信息;降水、气温、流量等地面观测站的水文气象资料。本研究采用的地形资料为中国科学院地理科学与 资源研究所提供的 1:25 万的 DEM;植被和土壤为国家测绘院 1:400 万的地图资料;气象资料主要来自国家气象局,流域内气象站点共 6 个;水文资料由黄河水利委员会水文局提供,见附图 5。此外,本次研究中还用到了 NOAA AVHRR 的 NDVI 影像,分辨率为 1 km×1 km。

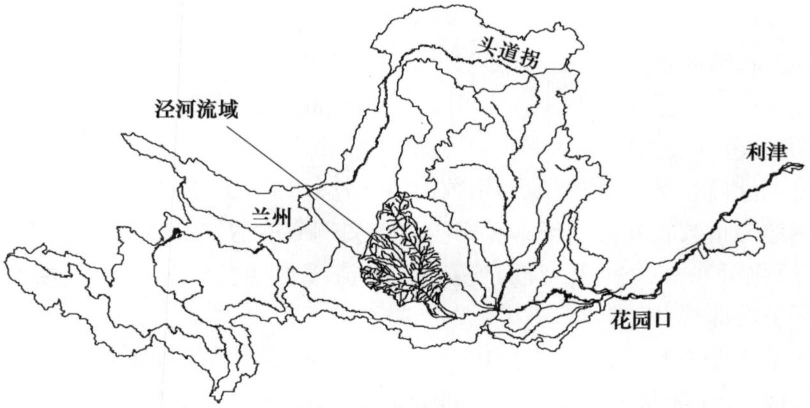


图 6-6 泾河流域地理位置

## 二、流域特征信息提取

流域水文模型从集总式向分布式模型的转变,需要更详细的流域空间分布特征参数信息,应用 GIS 软件,如 ESRI 的 ArcInfo 和 ArcView,RSI 的 River Tools 及 TOPAZ 等,从 DEM 自动提取这些参数已变得十分容易。

### (一)河网的提取

河网的拓朴关系是本研究进行河道汇流演算和模型空间循环控制的主要依据。流域水系拓朴关系的建立采用集水单元数法(Catchment - number)。首先,对流域 DEM 进行平滑与填洼处理,生成无洼地 DEM、水流方向矩阵和水流方向累计矩阵等三个基本水文数字矩阵。其中,水流方向矩阵的计算可以采用单流向法和多流向法,本研究采用较常用的 D8 方法。其次,在上述三个水文数字矩阵基础上,进行流域边界确定和河网的生成。依据有关假设,集水面积的大小取决于单元大小和集水单元数目。在生成河网时,预先设定一个最小集水面积阈值,将水流方向累计矩阵中数据高于此阈值的格网连接起来,便形成河网。当阈值减小时,河网的密度便相应增加。本例取最小集水面积阈值为 100 $km^2$,则生成泾河流域水系图(见附图 6)。

### (二)子流域的划分

在流域分布式水文过程模拟中,为了考虑气象因素(如降水、气温、辐射等)和下垫面(如地形、土壤、植被覆盖等)的空间变异性,需要将流域进行离散化。同时,许多水循环机理的描述方程也是针对均质下垫面的“点”方程。当这种“点”方程被应用到流域时,则要求把流域划分为下垫面相对均一的计算单元,然后在各个不同的单元中应用“点”方程来求解。

目前,基于 DEM 的流域离散化方法主要有三种:网格(grid)、山坡(hill slope)或子流域(sub watershed)。本研究采用子流域离散方法,该方法的最大优点是子流域之间的水文过程十分清晰。子流域划分的过程为:①定义限制子集水流域最小面积的阈值;②将所有格网赋值为 -1;③计算每一格网的 Δ 值(Δ 值为格网的方向累计值中减去它流向的下一个格网的方向累计值);④方向累计值和 Δ 值都大于阈值的格网,根据起始数据中相应值对此格网指定惟一正值;⑤记录子集水流域数目。本例子流域划分为 25 个(见附图

6)。

**(三)地形指数的计算**

本模型的产流计算采用基于地形指数 $\ln(\alpha/\tan\beta)$ 的方法。地形指数采用基于栅格 DEM 的地形分析方法。首先,根据填洼后的 DEM 计算出每个网格单元的坡度、水流方向值和水流累计值。然后,按照地形指数的定义计算出子流域内每个网格单元的地形指数值。依据地形指数相同的网格具有相同的水文响应的假定,可以对地形指数进行分类处理,从而简化分布式水文模型的计算量。子流域水文特性的空间不均匀性用"地形指数—面积分布曲线"来描述。

本例中基于栅格 DEM(100 m×100 m)分别计算出泾河 25 个子流域的每个网格单元的地形指数值,并按照从大到小的次序将地形指数分为 28 类(见附图 7(a))。绘出每个子流域的"地形指数—面积分布曲线"(见附图 7(b))。可以看出,靠近下游、坡度较缓的地区地形指数较大。子流域 25 靠近流域出口,地势平坦,其"地形指数—面积分布曲线"明显不同于其他子流域。

## 三、基于 GIS/RS 的水文参数化过程

泾河流域分布式水文过程的模拟除了前述基于 DEM 提取的基本地形信息外,还有两类重要的信息。一类是流域的气象水文信息,在本研究中主要包括降水、气温等信息。这一类的信息通常都是由流域内有限观测点的信息构成的,不足以反映各子流域的气象水文特征。对于这类信息,目前主要采用插值的方法以获取空间分布信息。另一类信息则是植被、土壤等下垫面信息。这类信息通常是以空间分布形式出现的,但是它们的空间分布状态一般与子流域的边界并不重合。因此,对此类信息必须应用 ArcView 中的 Clip 方法,进行流域水文参数化过程。

**(一)降水空间插值**

关于降水的空间插值方法,常见的有线性空间插值法、距离倒数加权法、最小曲率法、三角剖分线性插值法、Kriging 法、趋势面拟合法、最小邻域法等。本研究采用线性空间插值从最邻近的三个雨量数据中生成一个单元的降水数据。

**(二)气温空间插值**

在高程起伏较大的地区(如山区),气温的变化有时更依赖于高程而不是水平的位置。气温插值分三步:第一步,把测站的观测值根据其所在高程按环境温度下降率(平均 $-0.65$ ℃/100 m)转化到相同高程平面上的值;第二步,在此基础上用特定的方法进行空间插值(线性、样条函数或 Krigging 等方法);第三步,结合各单元网格的高程,按温度下降率对空间插值结果进行高程修正。

**(三)植被—土壤空间信息**

植被和土壤等空间信息的离散包含两个过程,首先是利用 GIS 软件的图像分割功能(如 Arcview 中的 Clip),基于划分的子流域边界切割得到各模拟单元的植被土壤分布图。在此基础上,应用 GIS 的统计功能,求子流域内各不同类型植被或土壤所占的面积比,由此得到的面积百分比即为流域分布式水文模拟的下垫面信息。土壤、植被类型的比例结构直接影响模型的参数选择。

## 四、模拟结果与分析

根据泾河流域1996年的水文气象资料，对前文所提出的模型进行分布式水文过程的模拟与检验。模型中大部分空间输入信息的获取和模型参数的确定依赖于RS和GIS技术手段。其中，叶面指数(*LAI*)的空间分布信息用到了NOAA的NDVI影像(1 km×1 km)。模拟中主要输入项为：1996年泾河流域逐日的降水和最高、最低气温的空间分布数据，以及前文中基于DEM获取的流域特征信息，包括河网结构信息和子流域的面积、坡度、高程、地形指数分布信息等。此外，还包括植被土壤等下垫面信息。模型主要输出项为：1996年泾河流域逐日的蒸发、冠层截留、产流(坡面流和基流)、土壤饱和缺水量的空间分布数据，以及各个子流域出口断面的径流过程线。

### (一)主要模拟结果统计

经过初步调试得到的结果见表6-1。表中列出了1996年泾河流域部分子流域的特征信息和水文循环要素的空间分布信息。泾河流域平均高程为1 390 m，平均坡度为6.3。地形指数变化范围7.9～11.2，按面积加权均值为8.2。在25个子流域中有23个子流域的“地形指数—面积分布曲线”符合伽玛分布(见附图7(b))。1996年泾河流域年均降水量为561 mm，最小降水量为350 mm(处于上游子流域1)，最大降水量为731 mm(靠近中游子流域19)。关于蒸发、截留、产流及径流等过程的模拟结果分析如下。

**表6-1　1996年泾河流域分布式水文过程模拟统计结果**

| 子流域 | 面积($km^2$) | 地形指数 | 降水(mm) | 潜在蒸发(mm) | 冠层截留(mm) | 实际蒸发(mm) |
|---|---|---|---|---|---|---|
| 1 | 2 441.2 | 8.2 | 349.9 | 1 287.7 | 78.1 | 318.1 |
| 10 | 1 128.7 | 8.6 | 628.0 | 1 260.1 | 95.7 | 561.0 |
| 17 | 841.0 | 8.2 | 711.7 | 1 240.9 | 101.1 | 536.3 |
| 25 | 513.3 | 11.2 | 597.9 | 1 277.4 | 67.1 | 494.9 |
| 全流域 | 45 421.0 | 8.2 | 561.1 | 1 270.4 | 94.4 | 482.3 |

| 子流域 | 饱和缺水量(mm) | 下渗(mm) | 基流(mm) | 地表径流(mm) | 总产流量(mm) | 径流系数 |
|---|---|---|---|---|---|---|
| 1 | 26.4 | 24.7 | 10.7 | 11.3 | 22.0 | 0.063 |
| 10 | 23.6 | 27.2 | 14.3 | 61.7 | 76.0 | 0.121 |
| 17 | 24.3 | 34.5 | 19.4 | 157.7 | 177.1 | 0.249 |
| 25 | 13.8 | 29.1 | 15.5 | 100.8 | 116.3 | 0.195 |
| 全流域 | 25.4 | 27.5 | 13.4 | 70.7 | 84.1 | 0.149 |

### (二)蒸发的模拟

1996年泾河流域潜在蒸发按面积加权均值为1 270 mm。在空间分布上，最小值1 241 mm位于中游子流域17，最大值1 314 mm处于上游子流域3(属于支流马莲河)。实际蒸发受供水条件和植被覆盖等因素的影响，在空间分布上稍同于潜在蒸发。实际蒸发的年均值为482 mm，占潜在蒸发的37.9%。最小值318 mm位于上游子流域1，最大值570 mm处于中游子流域19。在时间过程上，将模拟的潜在蒸发量与4个气象站点(环县、西峰镇、平凉和长武)的蒸发皿实测数据进行比较(见图6-7)，其中总量平衡误差均在

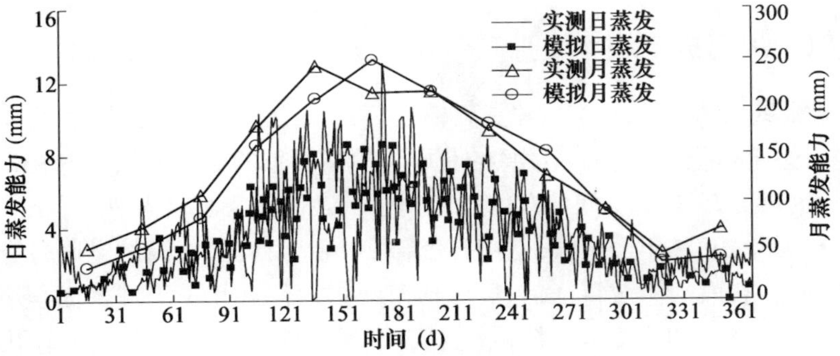


(a)环县气象测站

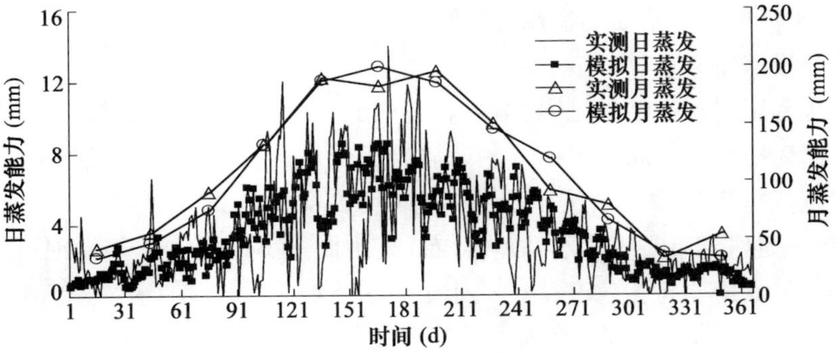


(b)西峰镇气象测站

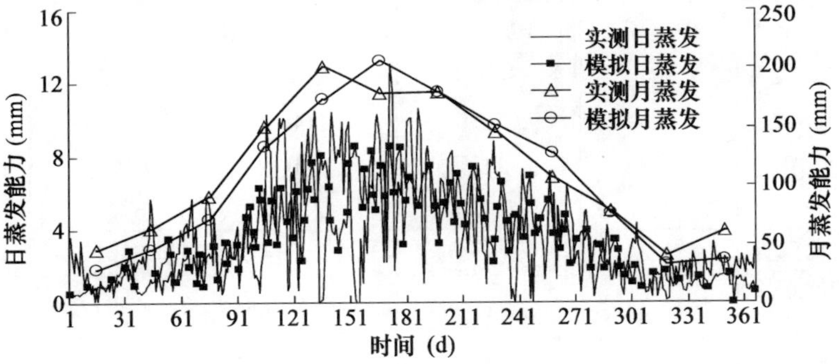


(c)平凉气象测站

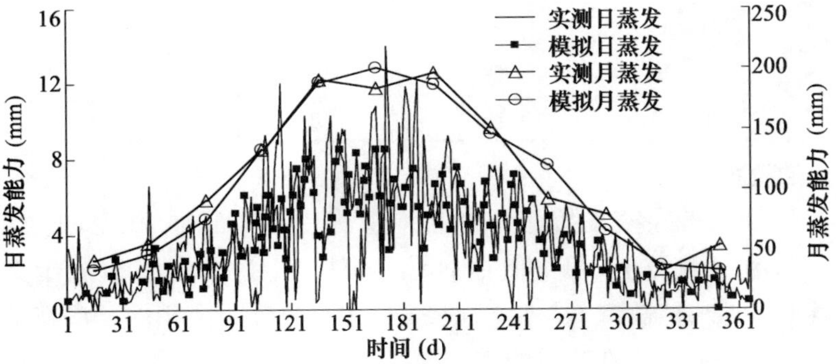


(d)长武气象测站

**图 6-7　1996 年泾河流域潜在蒸发的模拟及其日过程**

5%左右,日过程在趋势上较吻合。

**(三)产流的模拟**

产流模拟涉及到蒸发、下渗、饱和坡面流、基流和土壤饱和缺水量等几个环节。水量平衡分析结果表明,"(总蒸发量+总产流量+土壤饱和缺水量的变化量)/总降水量"得到的25个子流域的水量平衡系数为1.01～1.05,误差在5%以内。其中,"(下渗量-基流-深层蒸发)/土壤饱和缺水量的变化量"得到的水量平衡误差均小于1%。说明产流计算满足水量平衡的要求。

1996年泾河流域总产流量模拟值为84 mm。径流系数为0.149,最小值0.063位于上游子流域1,最大值0.249处于中游子流域17。产流量和径流系数的空间分布见附图8,最大产流区集中在低纬度地区,如茹河、洪河、达溪河、三水河等支流区。在时间上,产流主要集中在6～9月份,大约占全年产流量的74%。

**(四)汇流过程的模拟**

河道汇流采用分段马斯京根法,假定子流域的产流量全部进入子流域的主河道,所有的河道连接成汇流网络。产流与汇流交错循环进行,即"产流→汇流→下一时段产流→下一时段汇流"。产汇流过程的运行控制采用基于河网结构的"空间循环控制代码"方法(见表6-2)。

**表6-2 空间循环控制代码**

| | | | | |
|---|---|---|---|---|
| 40 —代码行数 | | | | |
| 1 —产流命令 | 25 —子流域个数 | | | |
| 2 —汇流命令 | 0 —源头子流域 | 1 —汇流河段 | 3 —流出河段 | 1 —储存单元号 |
| 5 —叠加命令 | 1 —储存单元1 | 2 —储存单元2 | 3 —流出河段 | 14—储存单元号 |
| …… | | | | |
| 0 —结束命令 | | | | |

河网汇流演算中25个子流域的主河道按照河长被分为2～4段不等。径流模拟结果(见图6-8)具有较好的精度。其中,4个检验站点的模型确定性系数均在0.7以上,日径流的模拟值与实测过程线之间的相关系数达到0.84～0.93。说明本研究提出的模型基本上能够满足流域水资源规划与管理的需要。

## 五、小结

流域分布式水文模型的最大特点体现在结构和参数上具有空间分布性,能够反映气象因子和下垫面因素的空间变异对水循环过程的影响。考虑到GIS/RS技术是获取流域水循环空间分布信息的最佳手段,本研究模型在结构上尽量与GIS/RS相结合。流域的离散采用基于DEM的方法;产流量的计算考虑到地形坡度的影响,利用地形指数的计算方法,地形指数通过DEM进行快速计算;冠层截留采用基于*LAI*的方法,其中*LAI*能够通过RS技术获取;潜在蒸发的计算仅依靠气温资料,也易于同RS相结合;汇流演算和模型的空间循环控制代码的编制均依赖DEM提取的河网结构信息进行。

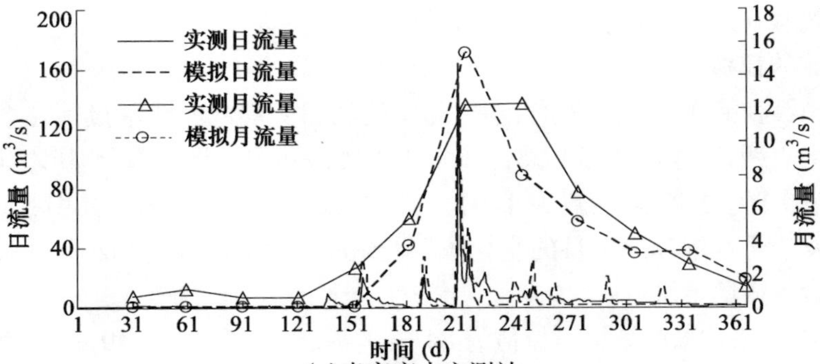


(a)袁家庵水文测站

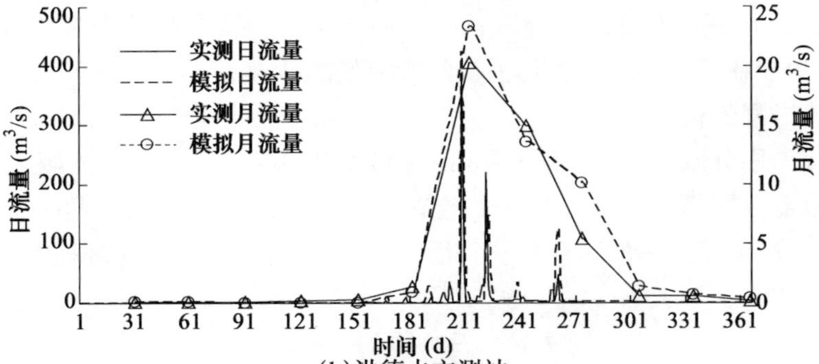


(b)洪德水文测站

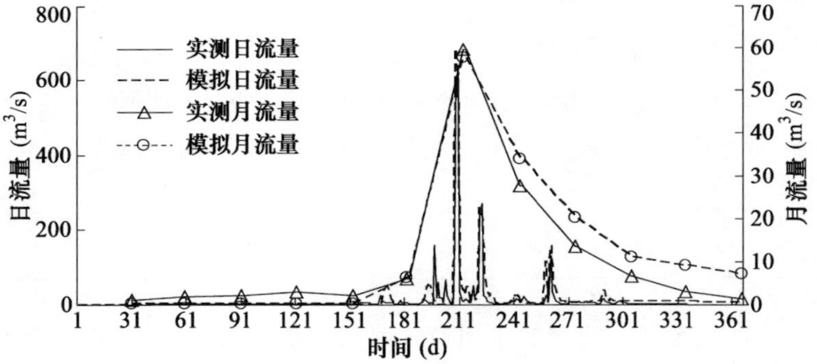


(c)庆阳水文测站

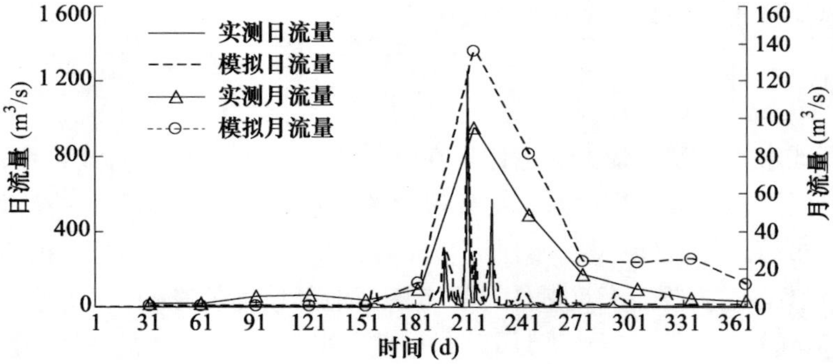


(d)雨落坪水文测站

**图 6-8　1996 年泾河部分子流域径流的模拟与实测过程线**

在实例研究中选择黄河中游区泾河流域，利用GIS/RS技术实现了模型空间输入数据和分布式参数的确定。1996年泾河流域径流过程的模拟结果表明，本研究构建的模型在结构上是合理的，其中产流部分25个子流域在水量平衡方面误差均小于5%。潜在蒸发的模拟在趋势上与实测过程基本一致。模拟径流在4个检验站点上与实测径流过程线的相关系数达到0.84～0.93，Nash模型效率系数均在0.7以上。模型基本上能够满足流域水资源管理的应用需要。同时，模型中还包含与植被覆被和土地利用相关的参数，可用于进一步分析森林植被和土地利用的变化对流域产汇流过程的影响。

# 第七章　分布式时变增益模型及其应用

流域水文模拟的对象主要是流域(河道)的产汇流系统。一般来说,相同的系统输入并不产生完全相同的输出,汇流过程的线性叠加更难严格满足(葛守西,1999)。这说明对于客观水文系统来说,随机性、非线性是客观存在的性质。目前,尽管能够解决水文非线性行为与特点的普适性理论还没有完全建立,但是,水文非线性系统理论与方法的研究已经取得令人鼓舞的进展。本章介绍基于非线性系统理论的流域分布式水文模型及其在黄河流域月水文过程模拟中的应用。

## 第一节　水文非线性系统模型

系统理论认为,数学模型是客观对象数量上的一种概化方式,它与系统物理行为机制有联系但又有本质区别。系统理论向水文学尤其是洪水预报技术的渗透始于 20 世纪 50 年代。最初引起水文学者兴趣的是谢尔曼单位线与系统响应函数定义惊人的一致,与此同时,系统分析的许多概念、方法也逐步引入水文学中。1973 年,IAHS 主席 Dooge 教授撰写的《水文系统的线性理论》正式出版,被各国水文学者公认是集大成的水文系统原理的专著(葛守西,1999)。

水文系统是一个高度复杂的非线性系统。20 世纪 80 年代后,随着陆地水循环及其相关地表过程观测手段的提高,为认识和量化水文—生态—大气系统相互作用的非线性机制提供了新突破的可能。国外一些学者,如 G. Sposito(1998)、Rodriguez-Itrube. I. 和 Rinaldo. A. (1997)等,从河流分形和能量平衡动力学过程变化的角度研究水文的非线性过程。在国际、国内水文科学研究杂志以及地学、生态学和环境科学刊物中,可以看到大量非线性机理和水文复杂性研究方面的成果。

所谓非线性系统理论模型主要涉及到建立系统(或子系统)输入—输出非线性关系的数学模型。目前探讨的大体上有两类途径(夏军,2002):一类是变动核函数的方法,我国水文界一直沿用的单位线非线性校正属于此范畴;另一类则是 Volterra 泛函级数方法,亦称响应函数法,它适用于具有遗滞输入信息功能的任何物理系统,是一种有普适性特点的非线性积分方程模型类(Amorocho, 1973; Napiorkowski and Strupczewski, 1981; 夏军, 2002)。一般形式为:

$$y(t) = h_0 + \int_{-\infty}^{t} h_1(\tau)x(t-\tau)\mathrm{d}\tau + \int_{-\infty}^{t}\int_{-\infty}^{t} h_2(\tau_1,\tau_2)x(t-\tau_1)x(t-\tau_2)\mathrm{d}\tau_1\mathrm{d}\tau_2 + \cdots + \int_{-\infty}^{t}\cdots\int_{-\infty}^{t} h_n(\tau_1,\cdots,\tau_n)x(t-\tau_1)\cdots x(t-\tau_n)\mathrm{d}\tau_1\cdots\mathrm{d}\tau_n \tag{7-1}$$

式中:$x$ 为系统输入(如降雨);$y$ 为系统输出(如径流);$h_1$、$h_2$、…、$h_n$ 分别称为一阶系统响应函数、二阶系统响应函数、…、$n$ 阶系统响应函数,其阶数表示系统的非线性程度;$\tau$、

$\tau_i(i=1,2,\cdots,n)$为时间积分变量。

在这里,系统的核函数表达了系统的功能。对于降水—径流系统,核函数主要反映流域系统的基本特征和综合效应。20世纪60年代后,基于雨洪非线性的研究,不少国外的水文学者对此感兴趣,并开始运用和发展。

1989～1995年,夏军提出一种简便有效的水文非线性系统方法——时变增益非线性模型(Time Variant Gain Model,TVGM)。TVGM(Xia, 1995; Xia et al., 1997)的概念是:降水径流的系统关系是非线性的,其中重要的贡献是产流过程中土壤湿度(即土壤含水量)不同所引起的产流量变化。其特点是既可以表达为流域产流时变及非线性系统的概念性参数模型,又可以获得与复杂的沃尔特拉(Volterra)非线性系统响应模型同构的系统关系(夏军等,2004)。TVGM在国外曾经接受各种不同资料的检验(Xia, 2002),初步应用表明,在受季风影响的半湿润、半干旱地区和中小流域,实际应用效果较好。

TVGM将净雨表达为有效雨量 $P$ 与系统增益因子 $G$ 的乘积。许多流域的观测数据表明,系统增益因子并非常数,而是随着时间变化的,也就是"时变增益因子",它是流域土壤湿度(或前期影响雨量)的函数。一些流域的资料表明(Xia, 1995),系统增益因子 $G$ 与土壤湿度 $S$(或前期影响雨量)呈如下非线性关系:

$$H = g_1 \cdot API^{g_2} \text{ 或 } G = g_1 \cdot S^{g_2} \tag{7-2}$$

式中:$g_1$ 与 $g_2$ 是时变增益因子的有关参数。

## 第二节　分布式时变增益模型

### 一、模型的总体结构

分布式时变增益水文模型(Distributed Time Variant Gain Model,DTVGM;王纲胜等,2002)是建立在GIS/DEM的基础上,通过GIS/RS和流域系统网格化过程提取陆地表层空间变化面信息,将单元TVGM拓广到由DEM划分的流域单元网格上进行非线性地表水产流计算,基于水量平衡方程和蓄泄方程建立土壤水或(和)地下水产流模型,并利用DEM提取出的汇流网络进行分级网格汇流演算,从而得到流域水循环要素的时空分布特征以及流域出口断面的流量过程。DTVGM属于松散耦合型分布式水文模型,其模型结构见图7-1,高寒地区必须考虑融雪径流模块(杨针娘、曾群柱,1999)。

DTVGM包括由分布式输入数据处理,网格单元产流模型以及分级网格汇流模型等多个部分组合而成。它的特点是:通过DEM网格化和气候—水文变量的空间数据处理,描述流域降水、气温、蒸发和下垫面覆被空间分布的变化;通过土壤湿度这一物理量的变化将水文循环中的产汇流过程联系在一起,实现基于网格和河网的流域分布式产汇流模拟,其中产流发生在每个网格上,产流模型在垂直方向上可以划分为两层或者多层。以地表为界划分为两层模式为例,上层为地表产流(地表水),下层统称为壤中流(土壤水)。流域的水源随海拔而变化,其中,高寒山区的水源主要是由冰川和积雪融水补给。而在中高山带为融水和雨水混合补给水源,到中低山带主要为雨水补给,汇流则通过划分"网格等级"的方法同进行概化的河流运动波过程联系起来。由于DTVGM模型组合的灵活性,

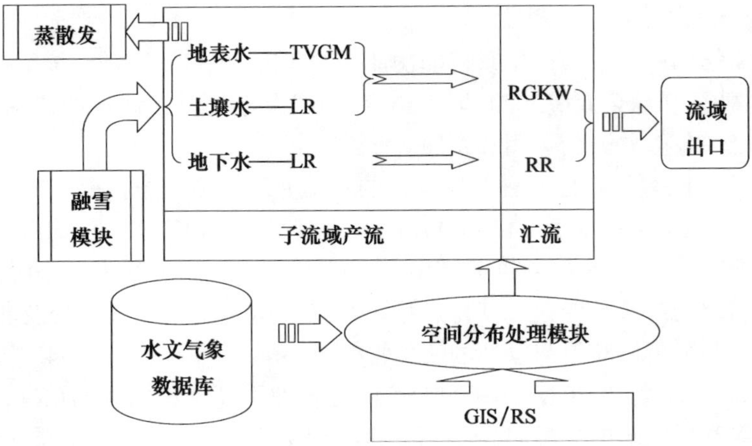


M—时变增益模型;LR—线性水库;RGKW—分级栅格运动波汇流;RR—水库调蓄汇流

**图 7-1 分布式时变增益水文模型结构**(王纲胜等,2004)

其模型结构可以针对实际研究对象的区域特性和流域水文模拟的共性具体加以确定。

## 二、单元产流模型

### (一)融雪模型

融雪模型主要应用于高寒山区的水文模拟。融雪水量由气温、积雪温度、融雪率(度—日因子)和雪盖面积等因素控制。在 DTVGM 模型中,由于产流发生在每个计算网格单元上,“雪盖面积”这一因素就表现为分布式网格积雪。在融雪径流模型中,“度—日因子模型”是常用的计算模型(杨针娘、曾群柱,1999)。

### (二)单元蒸散发计算模型

一般将蒸发分解为两个问题,即潜在蒸发(或称蒸发能力)和实际蒸发(Arnold et al.,1997)。蒸发能力主要决定于可供蒸发的潜热。实际蒸发则一方面决定于蒸发能力,一方面受控于土壤水运动特性。

1.蒸发能力

在与 GCM 耦合的水文模型中,蒸发能力可以用蒸发物理模型做精确的模拟,因为影响蒸发的各种因素在 GCM 模型中基本都能获得。但是,在与 GCM 仅作外部连接的水文模型中,在所需变量不易获得的情况下,可以依据气温或气温和湿度(如果有湿度资料)以及太阳辐射估算蒸发能力,如 Penman - Monteith 方法、Priestley - Taylor 方法和 Hargreaves 方法等(Arnold et al., 1997)。

Hargreaves 和 Samani(1985)利用气温和宇宙辐射来估算蒸发能力 $ET_p$。在实际计算中,对 Hargreaves 方法用 $RAMX$(最大可能太阳辐射)代替宇宙辐射,计算方程为:

$$ET_p = 0.0032 \cdot \frac{RAMX}{HV} \cdot (T_{av} + 17.8) \cdot (T_{max} - T_{min})^{0.6} \tag{7-3}$$

式中:$HV$ 为蒸发潜热,MJ/kg,可以表示为温度的函数;$T_{av}$、$T_{max}$、$T_{min}$ 分别为日平均、最高和最低气温。

式(7-3)的输入还包括计算区域的纬度。这样,我们就可以模拟出任何一天、任意一个计算网格的潜在蒸散发。

2. Bagrov 蒸散发模型

Bagrov 模型(Terpstra, 2001)认为,不同土地利用类型上的实际蒸散发与降水和蒸发能力存在以下关系:

$$\frac{\mathrm{d}ET_a}{\mathrm{d}P} = 1 - \left(\frac{ET_a}{ET_p}\right)^N \tag{7-4}$$

对微分方程(7-4)采用数值解法进行求解,可得到如图 7-2 所示的 $ET_a/ET_p \sim P/ET_p$ 关系图(王纲胜等, 2004)。式(7-4)两边同时除以 $\mathrm{d}ET_p$,得到

$$\mathrm{d}\left(\frac{ET_a}{ET_p}\right) = \left[1 - \left(\frac{ET_a}{ET_p}\right)^N\right] \cdot \mathrm{d}\left(\frac{P}{ET_p}\right) \tag{7-5}$$

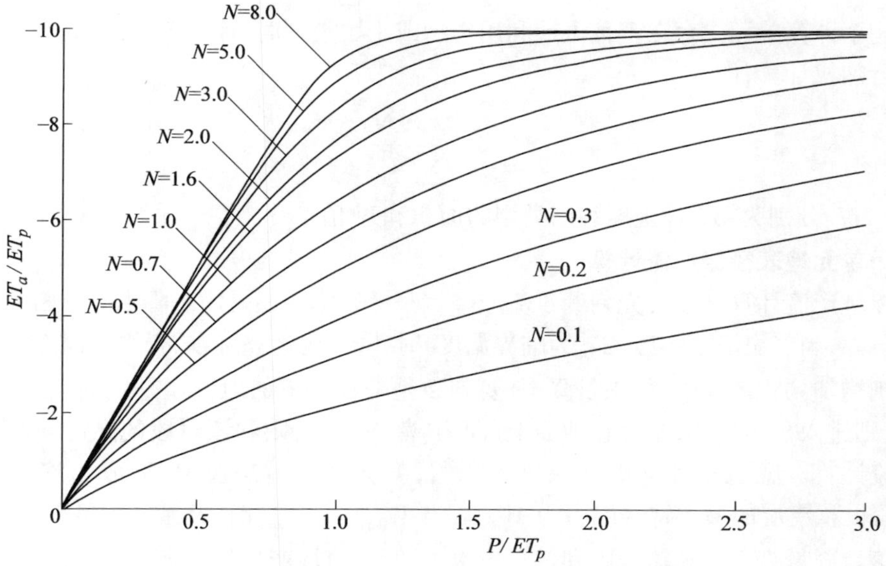


**图 7-2 N 取不同值时的 $ET_a/ET_p \sim P/ET_p$ 关系图**

可见,在 Bagrov 蒸散发模型中并没有考虑前期土壤湿度对蒸散发的贡献。一般认为,实际蒸散发 $ET_a$ 与蒸散发能力 $ET_p$ 之间存在一定的联系(Thompson, 1999),如最简单的线性关系:

$$ET_a = ET_p(AW/AWC) \tag{7-6}$$

基于此,我们对 Bagrov 蒸散发模型进行改进,假定存在如下函数表达式(王纲胜等, 2004):

$$\frac{ET_a}{ET_p} = \left[(1 - KAW) \cdot KET_{\mathrm{Bagrov}} + KAW \cdot \frac{AW}{AWC}\right] \tag{7-7}$$

以上各式中:$P$ 表示降水量;$ET_p$ 表示潜在蒸散发;$ET_a$ 表示实际蒸散发;$AW$ 为土壤湿度;$AWC$ 为饱和土壤湿度;$KET_{\mathrm{Bagrov}}$ 为 Bagrov 模型计算出来的实际蒸散发与潜在蒸散发的比值,代表了计算时段内降水对蒸散发的贡献,当 $f(AW/AWC, KET_{\mathrm{Bagrov}}) > 1$ 时,取为 1;$KAW$ 为权重系数;$N$ 为反映土壤类型及土地利用类型的参数。

不同土地利用类型和不同土壤类型对应的 $N$ 值如表 7-1 所示(Jankiewicz, 2001)。

**表 7-1　Bagrov 模型参数 N 值**

| 序号 | 土地利用类型 | Bagrov 模型参数 N | |
|---|---|---|---|
| | | 沙土 | 黏土 |
| 1 | 不透水面 | 0.16 | 0.16 |
| 2 | 无植被 | 0.53 | 1.02 |
| 3 | 草地 | 0.91 | 1.87 |
| 4 | 农业用地 | 1.16 | 2.10 |
| 5 | 落叶林(50 年/100 年) | 1.94/2.21 | 2.04/2.22 |
| 6 | 针叶林(20 年/80 年) | 2.00/3.76 | 2.01/3.77 |

当一个计算单元内存在多种土地利用类型或土壤类型时，计算单元的 $N$ 值可以根据面积进行加权计算，即

$$N = \frac{\sum A_i N_i}{\sum A_i} \tag{7-8}$$

式中：$A_i$、$N_i$ 分别为第 $i$ 种土地利用类型的面积和 $N$ 值。

**(三)单元地表径流产流计算**

子流域产流计算必须首先判断子流域降水是液态降水还是固态降水。判断的依据是当地的气温，当气温 $T_{av} \geqslant T_0$($T_0$ 为临界温度)时，降水为液态降水，否则为固态降水。若是降雪则增加到积雪层中，如果是降雨，要判断是降在有雪的地方还是地面上，若是降在雪面上，则进入积雪层，若是降在地面上(即为"落地雨")，则和该时段的融雪一起进入下一步产流计算。融雪水和降雨如果进入积雪，就会被积雪层滞留，即成为液态水含量 $W_{liquid}$；假设积雪层的最大持水能力为 $W_{cmax}$，当 $W_{liquid} > W_{cmax}$ 时，开始发生融雪出水。

用落地雨量表示上述落地雨和融雪出水之和，子流域产生的地表径流可以表示为：

$$RS = g_1 \cdot \left(\frac{AW}{AWC}\right)^{g_2} \cdot P \tag{7-9}$$

其中

$$g_1 = g_1' \cdot f(P) = \begin{cases} g_1' & (P \leqslant PD_c) \\ g_1' \cdot \dfrac{PD_c}{PD_{c-}\text{basic}} & (P > PD_c) \end{cases} \tag{7-10}$$

式中：$RS$ 为子流域地表产流量，mm；$AW$ 为子流域土壤湿度，mm；$AWC$ 为流域饱和土壤湿度，mm；$P$ 为子流域雨量，mm；$g_1$ 与 $g_2$ 是时变增益因子的参数；$g_1'$ 为待定参数；$PD_c$、$PD_{c-}$basic 分别为降雨强度阈值和降雨强度基本值。

**(四)单元土壤水、地下水产流计算**

DTVGM 没有直接计算下渗，而是先计算地表产流和蒸散发，扣除这两个分量即得到下渗量 $I_t$，也就是地表以下的入流量。对于地下土壤层，由土壤层水量平衡关系(见图 7-3)可以得到如下方程：

$$AW_{t+1} - AW_t = I_t - O_t \tag{7-11}$$

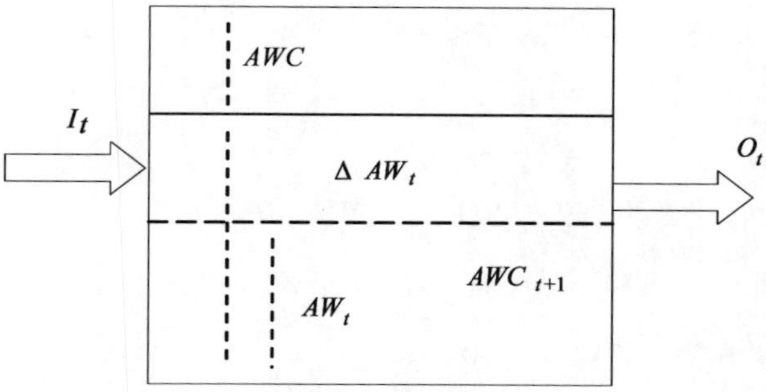


**图 7-3　土壤单元水量平衡示意图**

式中：$AW_t$ 和 $AW_{t+1}$ 分别表示 $t$ 时段初和 $t$ 时段末（$t+1$ 时段初）的土壤湿度；$I_t$ 和 $O_t$ 分别表示 $t$ 时段的平均入流量和出流量。而且：

$$I_t = P_t - RS_t - ET_{a_t} \tag{7-12}$$

$$O_t = Kr \cdot \overline{AW_t} = Kr \cdot \frac{AW_t + AW_{t+1}}{2} \tag{7-13}$$

借鉴自由水线性水库的概念，可以得到地下水（$RG$）和土壤水（$RSS$）产流的计算公式如下：

$$RG_t = KG \cdot O_t \tag{7-14}$$

$$RSS_t = (1 - KG) \cdot O_t \tag{7-15}$$

式中：$Kr$ 为土壤水出流系数；$KG$ 是地下径流的比例，也就是分水源比例系数。

对式（7-11）～式（7-15）进行整理，可以得到：

$$AW_{t+1} - AW_t = P_t - RS_t - ET_{a_t} - Kr \cdot \frac{AW_{t+1} + AW_t}{2} \tag{7-16}$$

$$\left(1 + \frac{Kr}{2}\right) \cdot AW_{t+1} = P_t - RS_t - ET_{a_t} + \left(1 - \frac{Kr}{2}\right) \cdot AW_t \tag{7-17}$$

则有

$$AW_{t+1} = \left[P_t - RS_t - ET_{a_t} + \left(1 - \frac{Kr}{2}\right) \cdot AW_t\right] \Big/ \left(1 + \frac{Kr}{2}\right) \tag{7-18}$$

根据式（7-18），分下面几种情况讨论：

（1）当由式（7-18）计算的 $AW_{t+1} > AWC$ 时，有

$$\left.\begin{aligned} & AW_{t+1} = AWC \\ & O_t = Kr \cdot \frac{AW_t + AW_{t+1}}{2} \\ & ET_{a_t} = \min\{AW_t + P_t - RS_t - RSS_t - AW_{t+1}, ET_p\} \\ & RS_t = AW_t + P_t - ET_{a_t} - RSS_t - AW_{t+1} \end{aligned}\right\} \tag{7-19}$$

（2）当由式（7-18）计算的 $0 \leqslant AW_{t+1} \leqslant AWC$ 时，有

$$\left.\begin{aligned} & AW_{t+1} = AWC \\ & O_t = Kr \cdot \frac{AW_t + AW_{t+1}}{2} \end{aligned}\right\} \tag{7-20}$$

（3）当由式（7-18）计算的 $AW_{t+1} < 0$ 且 $AW_t + P_t - ET_{a_t} - RS_t < 0$ 时，有

$$\left.\begin{aligned} O_t &= 0 \\ ET_{a_t} &= AW_t + P_t - RS_t \\ AW_{t+1} &= 0 \end{aligned}\right\} \tag{7-21}$$

(4)当由式(7-18)计算的 $AW_{t+1}<0$ 且 $AW_t + P_t - ET_{a_t} - RS_t \geqslant 0$ 时,有

$$\left.\begin{aligned} O_t &= AW_t + P_t - ET_{a_t} - RS_t \\ AW_{t+1} &= 0 \end{aligned}\right\} \tag{7-22}$$

**(五)单元总产流**

子流域总产流量即为地表水、土壤水及地下水产流量之和,即

$$R_t = RS_t + RSS_t + RG_t \tag{7-23}$$

式中:$R_t$、$RS_t$、$RSS_t$、$RG_t$ 分别表示子流域在 $t$ 时段内总产流量、地表水产流量、土壤水产流量和地下水产流量,mm。

## 三、分级汇流模型

DTVGM 目前采用汇流带逐级汇流方案。汇流演算则分为两个部分:地表水和土壤水合并在一起采用分级栅格运动波汇流方法(王纲胜等,2002),地下水采用分级栅格线性水库调蓄汇流方法;最后求得出口断面流量。

所谓分级栅格运动波汇流就是根据 DEM 栅格来划分栅格等级,然后应用运动波汇流模型进行分级(分段)连续汇流演算。定义流域出口断面栅格为第一级,根据每个栅格的流向来判断栅格等级。例如,定义所有流入第一级栅格的栅格为第二级汇流栅格,所有流入第二级栅格的栅格为第三级汇流栅格,以此类推,最后得到第 $N$ 级栅格。图 7-4 中箭头表示栅格水流方向,图 7-5 则是根据图 7-4 得到的栅格分级示例(栅格被分成 5 级)。

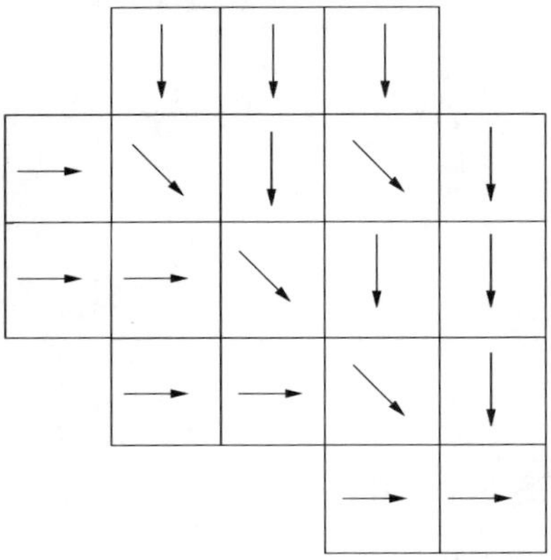

图 7-4 栅格水流方向示例

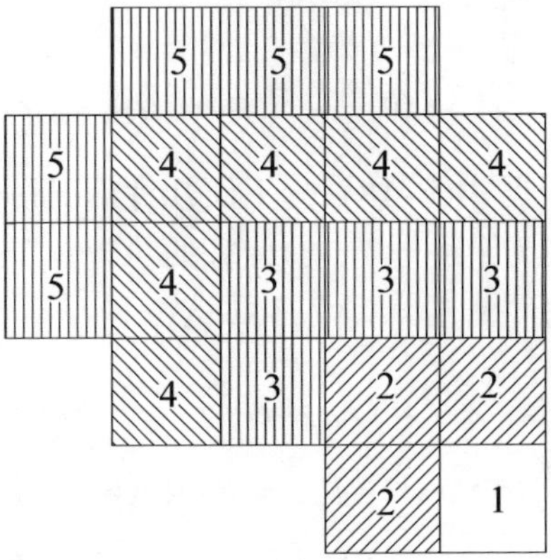


图 7-5 栅格分级示例

运动波汇流模型是对圣维南方程组的一种简化,其中假定水面坡度与河床坡度一致(或者摩阻坡度与地表坡度一致),包括一个连续方程(或称质量守恒方程)和一个蓄泄关系(水位—流量关系)方程。连续方程可以用以下微分方程表示:

$$\frac{\partial h}{\partial t} + \frac{\partial q}{\partial l} = r \tag{7-24}$$

式中：$h$ 为径流水深，m，代表蓄量；$q$ 为单宽流量，$m^2/s$，代表泄量；$r$ 为净入流量，m/s；$l$ 为坡面长度，m；$t$ 为时间，s。

蓄泄方程的一般形式为：

$$h = \alpha q^{\beta} \tag{7-25}$$

式中：$\alpha$、$\beta$ 为有关参数，例如，当径流流速用曼宁公式计算时，$\alpha = (n/\sqrt{S_0})^{0.6}$，$\beta = 0.6$，其中，$n$ 为糙率系数，$S_0$ 为摩阻坡度。

在日径流过程模拟中，线性水库调蓄汇流（袁作新，1993）可以表达为：

$$QRG_{t+1} = QRG_t \cdot KKG + RG \cdot (1 - KKG) \cdot \frac{F}{3.6\Delta t} \tag{7-26}$$

式中：$QRG_{t+1}$、$QRG_t$ 分别为第 $t+1$ 天和第 $t$ 天的地下径流流量，$m^3/s$；$KKG$ 为地下径流日退水常数；$RG$ 为时段内的地下径流产流量，mm；$F$ 为单元流域面积，$km^2$；$\Delta t$ 为时段长度，日径流模拟中为 24 h。

## 第三节　黄河流域月水文过程模拟

### 一、模型的改进

在黄河流域月水文过程分布式模拟中，我们继承了已有的分布式时变增益模型的内核，并根据黄河流域的实际情况，对原有的模型结构进行了改进和完善（叶爱中，2004）。在模拟过程中，产流发生在每个子流域上，产流模型在垂直方向上以地表为界划分为两层：上层为地表产流（地表水），下层统称为壤中流（土壤水）。流域的水源随海拔而变化，高寒山区的水源主要为冰川和积雪融水补给；而在中高山带为融水和雨水混合补给水源；到中低山带主要为雨水补给。考虑了土地利用及覆被变化、取用水以及水库的影响，模型增加了相应的模拟模块。模型整体流程如图 7-6 所示。

**（一）土地覆被与水土保持工程耗水**

黄河流域人类活动强烈。人类已经在相当大程度上改变了天然水文过程。基于此，在黄河流域月分布式水文模拟过程中，考虑到覆被变化与水土保持工程的影响，增加了相应的模拟模块，以求逼近黄河流域水循环的现实情况。目前，可得到的覆被变化资料是不同覆被的面积。根据黄河流域土地利用图，我们综合考虑其中主要的 5 种类型，分别是耕地、林地、草地、水域、沙漠。水土保持工程则主要考虑梯田、林地、草地、淤地坝等。

不同的覆被类型其对降水产流的影响能力是不同的，定义每种覆被的影响能力为 $\gamma_i(\gamma'_i)$，其表示的意义是若某流域的覆被只有一种类型，且覆盖度为 100% 时，流域单位产流（或降水）被减少的量。假设实际减少的量同流域的覆盖度成正比。则以上产流模型计算的产流就变为：

$$R' = R \cdot \prod_{i=1}^{n} \left(1 - \frac{\gamma_i S_i}{S}\right) \tag{7-27}$$

式中：$S_i$ 为植被面积；$S$ 为子流域总面积；$R'$ 为经过截留后的产流；$i$ 为不同的覆被类型；$n$ 为覆被类型总数；$\gamma_i$ 表示对产流的影响能力。

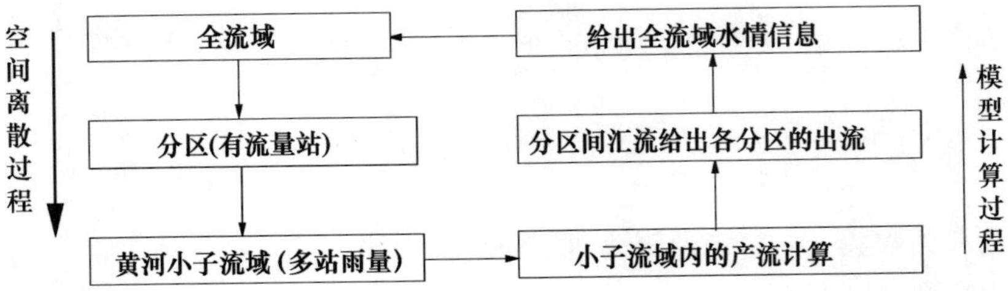


(a)概图

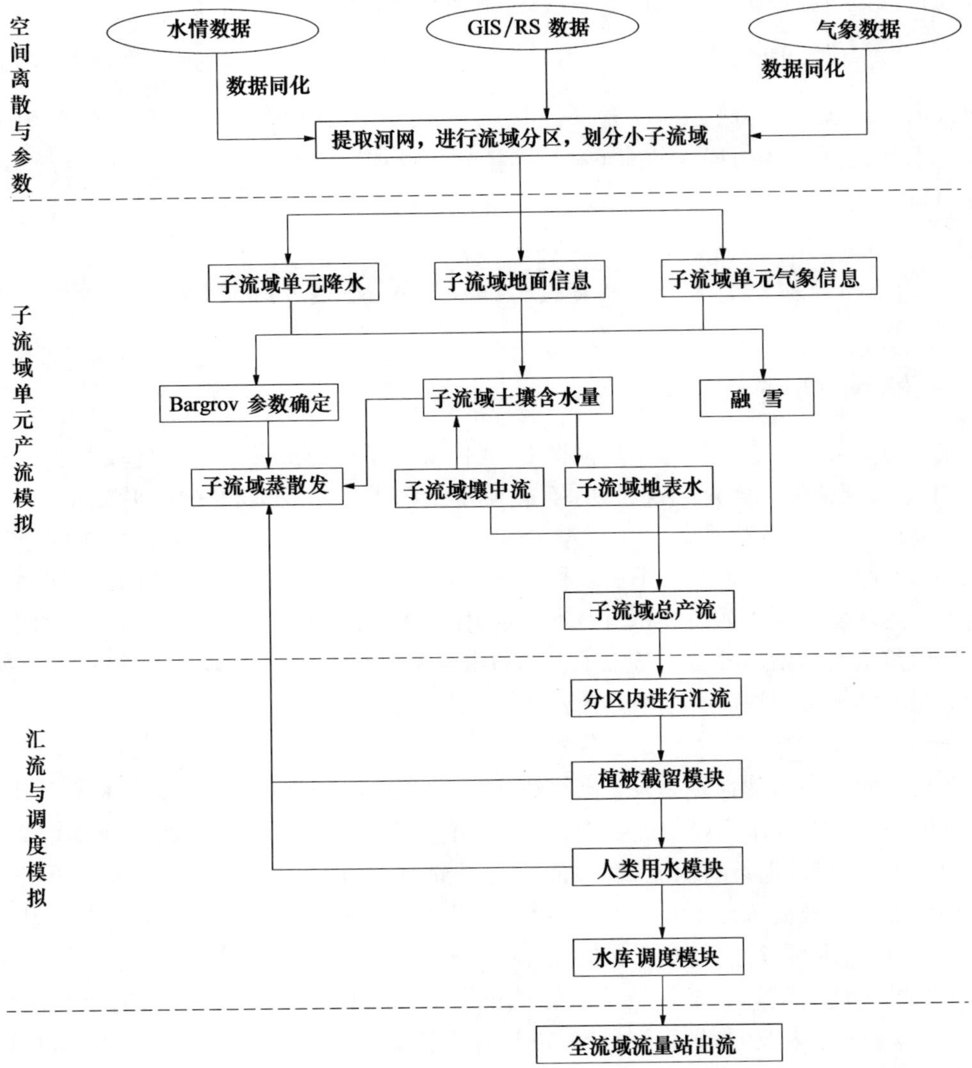


(b)细节图

**图 7-6　黄河流域分布式水文模拟流程**

或将以上模型降水改为经过影响后的实际降水：

$$P' = \prod_{i=1}^{n}(1 - \frac{\gamma'_i S_i}{S}) \cdot P \tag{7-28}$$

式中：$\gamma_i'$表示对降水的影响能力。

据统计发现，$\gamma_i(\gamma'_i)$在不同时期是不同的，如在枯水期可能会等于1，而在汛期相对要小一点。对于不同的雨强 $\gamma_i(\gamma'_i)$是不同的，一般随着雨强的增大而减小(见图7-7)。所以 $\gamma_i(\gamma'_i)$是雨强、降雨历时、土壤湿度(前期降水)的函数。

$$\gamma_i = f(I, t, AW) \tag{7-29}$$

式中：$I$ 为雨强；$t$ 为降雨历时；$AW$ 为土壤湿度。

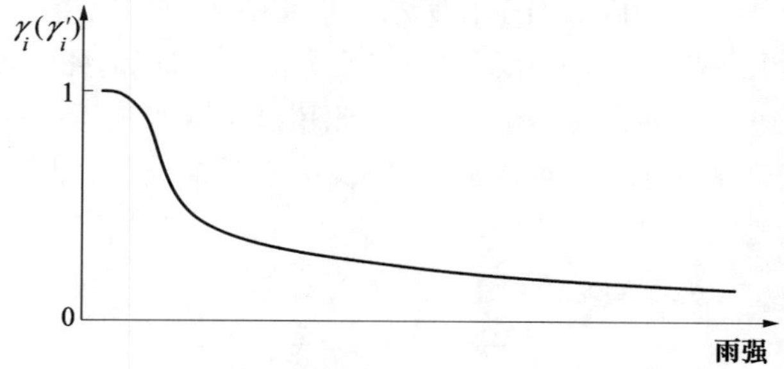


图7-7 $\gamma_i(\gamma'_i)$同雨强关系

在实际分布式月模型中，考虑到模型的复杂度及实现的可能性，针对不同的植被类型，每个月给出不同的值。受植被影响而损失的水量主要是产生了无效的蒸散发，所以在模型中将这部分水量补充到蒸散发中，则实际蒸散发变为：

$$ET_a' = ET_a + R' - R \tag{7-30}$$

**(二)人类取用水**

人类用水主要包括农业用水、工业用水、生活用水等。在干旱、半干旱地区，人类的用水占水资源的比重越来越大，甚至是全部的水资源。尤其是农业用水，大面积的漫灌造成河流的断流。在分布式水文模型中必须考虑这部分的影响。农业灌溉用水由灌溉的面积及作物的种类决定。考虑到可行性与实用性，采用式(7-31)模拟农业用水 $Ir$。

$$Ir = \alpha_j \beta S_1 / S \tag{7-31}$$

式中：$\alpha_j$ 为农业耗水不同月的分配，由灌溉时期确定($j = 1, 2, \cdots, 12$)；$\beta$ 为农业的单位面积年耗水量，mm，由作物的类型及灌溉方式确定，一般有实测资料；$S_1$ 为耕地面积。

$\alpha_j$、$\beta$ 理论上是随时间变化的，并且受气候、人类需求以及先进的灌溉技术使用的影响。在短时间内 $\alpha_j$、$\beta$ 变化不是很大。农业用水除很少的部分回归到流域中外，大部分还是被蒸散发消耗。此处的 $\beta$ 是扣除了灌溉回归后的农业耗水，该部分水量在模型中最终加到蒸散发中。

除了农业用水，大流域中的工业用水、生活用水的比重虽然很小，但在模型中需要进行综合考虑，所以加入 $W$ 项。$W$ 是工业产值 $In$，人口总数 $Po$，城乡、工矿、居民用地面积 $S_5$ 的函数，即

$$W = f(In, Po, S_5) \tag{7-32}$$

$W$ 随着工业产值、人类生活水平的提高而快速增大，所以其影响程度也越来越大。

考虑人类用水后产流量变为：

$$R'' = R' - \alpha_j \beta S_1 / S - W \tag{7-33}$$

则实际蒸散发变为：

$$ET_a' = ET_a + R'' - R \tag{7-34}$$

**（三）水库调度模块**

在黄河流域的干支流上修建了大量的水库。水库在水文循环中的主要作用是改变了水量的时空分配。此处给出简单的水库调度方案。在流域中，考虑水库必须从上游到下游逐级地计算，单个水库的调度如图7-8所示。水库的入流可以由库区的降水径流模拟得到。针对每个时段的调度主要考虑到以下几个方面：①水库的死库容，即保证水库不能低于死库容运行；②水库的汛限水位，即水库不能超过汛限水位运行；③生态需水最小流量，即水库的出流要保证最小生态需水流量；④发电效益最大化，即在满足防洪要求后充分考虑到发电的效益。

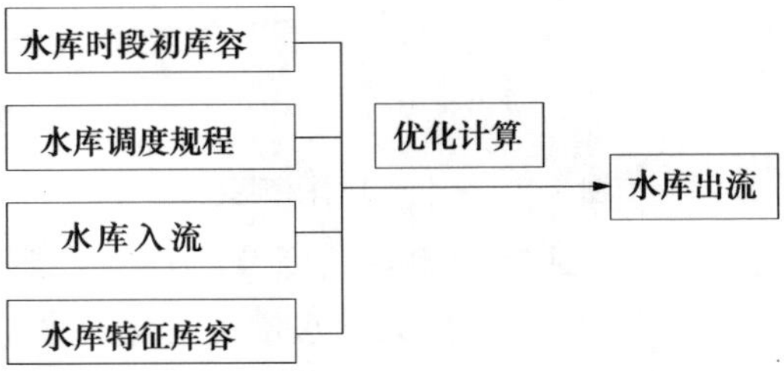


**图7-8 单个水库调度图**

在分布式月模型中具体调度方案如下：

(1)汛期(一般4～10月)：①若水库水位在汛限水位与死水位之间，出库流量等于机组满发流量，不足的水量由水库补充，直至水库到死水位，多余的水量存入水库中，直至水库蓄至汛限水位时；②若水库水位大于汛限水位，出库等于入库；③若水库水位小于死水位，当入库流量大于等于机组满发流量时，出库流量等于机组满发流量，多余的水存入水库中，当入库流量小于机组满发流量时，出库等于入库。

(2)非汛期：①若水库水位在正常水位与死水位之间，水库按照生态需水最小流量出库，不足的水由水库补充，多余的水存入水库中；②若水库水位大于正常水位，出库等于入库；③若水库水位小于死水位，当入库流量小于生态需水最小流量时，出库等于入库，当入库流量大于等于生态需水最小流量时，出库等于生态需水最小流量。

对于流域中的多级水库，优先考虑上游水库，在计算下游入库时，不仅要考虑库区的产水，同时要考虑上游水库库容的调蓄作用。

## 二、流域空间离散

**（一）流域分区及子流域划分方案**

在黄河月分布式模型中，采取的是小子流域产流、河道汇流的整体结构。模型的原始数据需要降水、流量、气温、蒸散发能力、土地利用、DEM、工农业用水、水土保持工程面积、水库位置、水库特征库容、水库电厂参数等。进行基本的资料整理后，将流域通过三级分区化整为零。

根据不同的功能要求，我们可以给流域进行不同的分区，主要有以下几种分区方案：

(1)根据地理位置划分,如上、中、下游;

(2)根据产耗水关系划分,如河源产水区、中游耗水区;

(3)根据不同的支流划分,如黄河流域的泾河、汾河、北洛河、渭河等区;

(4)根据土地利用及覆被变化划分,如草地区、林地区、沙漠等。

以上分区方案一般不是单独应用,往往根据不同的需求进行综合考虑后分区。分区的原始数据是 GRID,也可以是已经划分好的子流域,GRID 的精度越高,分区的边界也越光滑。在确定每个网格的流向后,找出控制点,通过控制点的不同集水面即可确定各个分区。控制点一般是有施测资料的流量站、水库或通过不同的土地利用图来确定的。针对黄河流域面积大的特点,采取了三级分区的方式,如图 7-9 所示。

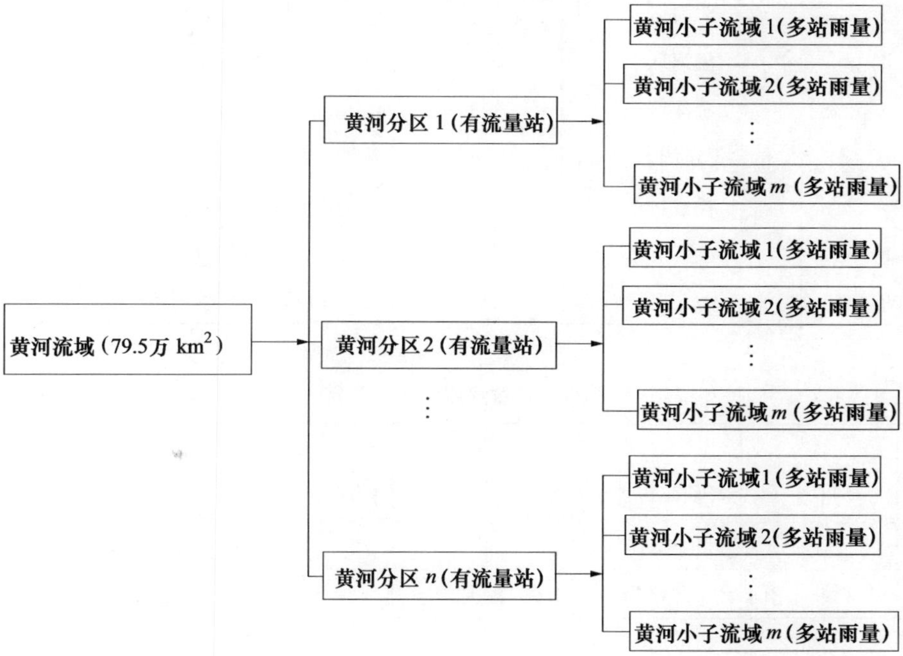


图 7-9　黄河三级分区设计图

**(二)基于 DEM 的流域空间离散**

应用分布式模型系统中 GIS 模块,由黄河流域的 DEM 可以提取到黄河流域的坡度、坡向、流向等空间分布信息(见附图 9)。在此基础上,根据第三章所述的单流向方法,可以提取流域的河网。根据河网信息,我们按 3 万 $km^2$ 最小面积对流域进行二级分区,将整个黄河流域划分为 9 个分区(见附图 10、表 7-2)。基于子流域尺度划分的功能分区,产汇流在子流域中计算,同一个功能分区包含了多个子流域,在子流域中进行结合。

三级分区按 100 $km^2$ 最小面积进行流域分区,全黄河流域可分为 3 153 个子流域。通过小流域的产流计算得到每个分区的流量过程,通过河道演算及水库调节给出全流域的水情信息。

**(三)基于人类活动形式的流域分区**

针对不同的功能,本文对黄河流域进行了不同的分区:

(1)黄河流域水土保持分区。根据收集的资料以及黄河流域的特色,按照水土保持工程将黄河流域划分为 11 个分区(见表 7-3)。

(2)黄河流域人类用水分区。根据灌区与城乡、工矿、居民用地将黄河流域划分为 9 个分区(见表 7-4)。

石嘴山—头道拐之间是黄河上一大灌区,该区产水量少,耗水量却很大。

**表 7-2 黄河流域二级分区**

| 分区编号 | 分区名称 | 控制流量站 |
|---|---|---|
| 1 | 下游区 | 黑石关、武陟、花园口、艾山、利津 |
| 2 | 北洛河区 | 华县、潼关 |
| 3 | 渭河区 | 华县、张家山 |
| 4 | 泾河区 | 张家山 |
| 5 | 汾河区 | 河津 |
| 6 | 无定河区 | 白家川、殿市、丁家沟 |
| 7 | 耗散区 | 安宁渡、下河沿、石嘴山、头道拐、吴堡 |
| 8 | 大通河区 | 小川、兰州 |
| 9 | 源头区 | 唐乃亥、贵德、小川 |

**表 7-3 黄河流域水土保持分区**

| 序号 | 1 | 2 | 3 | 4 | 5 | 6 |
|---|---|---|---|---|---|---|
| 分区 | 兰州以上 | 兰州—安宁渡 | 安宁渡—下河沿 | 下河沿—石嘴山 | 石嘴山—头道拐 | 汾河流域 |
| 序号 | 7 | 8 | 9 | 10 | 11 | |
| 分区 | 河口镇—龙门 | 北洛河 | 泾河 | 渭河 | 花园口以下 | |

**表 7-4 黄河流域人类用水分区**

| 序号 | 1 | 2 | 3 | 4 | 5 |
|---|---|---|---|---|---|
| 分区 | 兰州以上 | 兰州—石嘴山 | 石嘴山—头道拐 | 头道拐—龙门 | 龙门—潼关 |
| 序号 | 6 | 7 | 8 | 9 | |
| 分区 | 潼关—花园口 | 花园口—高村 | 高村—艾山 | 艾山—利津 | |

**(四)内流区**

黄河流域存在 4.2 万 $km^2$ 的内流区,该内流区主要位于河套区以下、无定河以上。内流区是毛乌素沙漠所在地,所以内流区的土地类型主要是沙地与戈壁。内流区在黄河流域水循环中不产生地表径流,但存在降水、蒸发以及壤中流。单纯从流域的 DEM 中不能提取出内流区。本研究参考了土地利用类型中的沙地与戈壁找到内流区,在计算内流区产流时将地表径流量加到实际蒸发中,并定义地表径流为零。

## 三、水库调度

计算完产流后，进一步考虑水库的调蓄作用。在黄河月分布式水文模拟中考虑的水库主要有龙羊峡水库、刘家峡水库与三门峡水库（见表 7-5），对 2000 年以后水文过程的模拟，则还需考虑小浪底水库与万家寨水库（见附图 11）。龙羊峡水库与刘家峡水库属于年调节水库，水库的库容大，对下游的贵德、小川、兰州几个站流量的影响较大。三门峡水库由于泥沙的淤积，库容减小对流域的月平均流量影响不大。

**表 7-5　黄河干流主要大中型水库参数**

| 梯级名称 | 死水位（m） | 正常蓄水位（m） | 总库容（亿 $m^3$） | 投入运行时间 | 电站设计水头（m） | 建设地点 | 汛限水位（m） |
|---|---|---|---|---|---|---|---|
| 龙羊峡 | 2 530 | 2 600 | 247 | 1987 年 | 122 | 青海 共和 | 2 592 |
| 刘家峡 | 1 696 | 1 735 | 57 | 1969 年 | 100 | 甘肃 永靖 | 1 725 |
| 三门峡 | 300 | 330 | 18.4 | 1964 年 | 30 | 黄河中游下段 | 305 |

由于黄河流域的灌溉、防凌、防洪、冲沙等原因，黄河流域的水库调度规程是变化的。如三门峡水库经历了三个阶段：1960 年 9 月～1962 年 3 月为蓄水运用期；1962 年 4 月～1973 年 10 月为滞洪排沙运用期，在此期间对水库进行多次改造，运行方式也在改变；1973 年 11 月以后为蓄清排浑期。调度方式的时变给模型的模拟带来了困难，尤其很难收集到各个时段的调度规程资料。这里仅尝试从防洪、防凌、灌溉、发电几个角度来进行模拟常规调度。

## 四、模拟结果

以黄河干流上 17 个站点（见附图 12）为主要控制断面，利用 1977～1989 年的水文气象数据对黄河流域的月径流过程进行模拟。模拟的结果如表 7-6 和图 7-10 所示，并采用以下指标评价模型的合理性：

**表 7-6　模型模拟结果**

| 站名 | 效率系数 | 相关系数 | 水量平衡 | 站名 | 效率系数 | 相关系数 | 水量平衡 |
|---|---|---|---|---|---|---|---|
| 唐乃亥 | 0.883 | 0.940 | 0.988 | 龙门 | 0.704 | 0.857 | 1.027 |
| 贵德 | 0.862 | 0.929 | 0.999 | 潼关 | 0.791 | 0.893 | 1.006 |
| 小川 | 0.849 | 0.922 | 1.000 | 三门峡 | 0.800 | 0.896 | 1.014 |
| 兰州 | 0.865 | 0.931 | 0.979 | 小浪底 | 0.802 | 0.899 | 1.035 |
| 安宁渡 | 0.857 | 0.926 | 0.99 | 花园口 | 0.823 | 0.908 | 1.014 |
| 下河沿 | 0.851 | 0.923 | 0.978 | 高村 | 0.803 | 0.898 | 1.033 |
| 石嘴山 | 0.834 | 0.915 | 0.977 | 艾山 | 0.770 | 0.887 | 0.989 |
| 头道拐 | 0.796 | 0.893 | 0.969 | 利津 | 0.756 | 0.878 | 1.022 |
| 吴堡 | 0.768 | 0.880 | 0.979 | | | | |

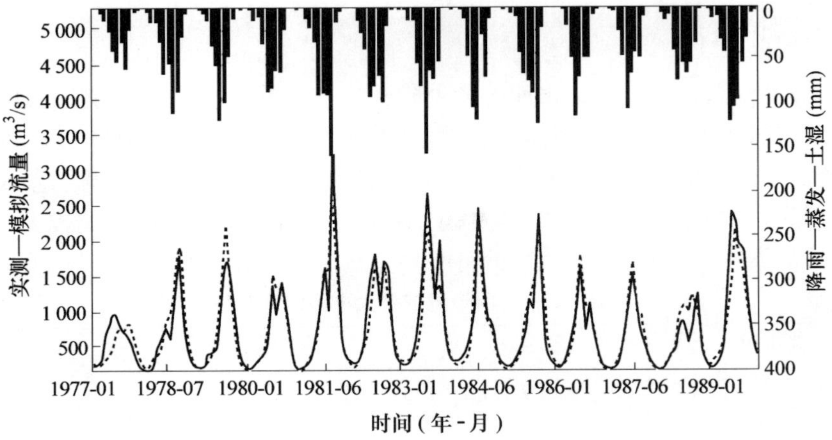


(a)唐乃亥

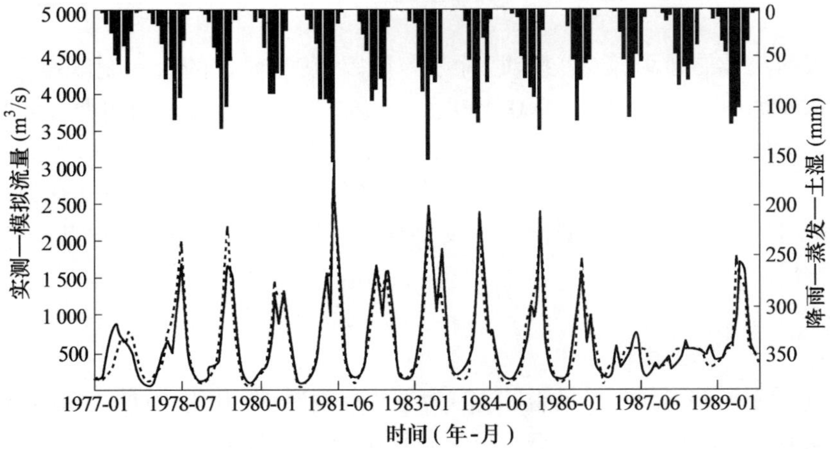


(b)贵德

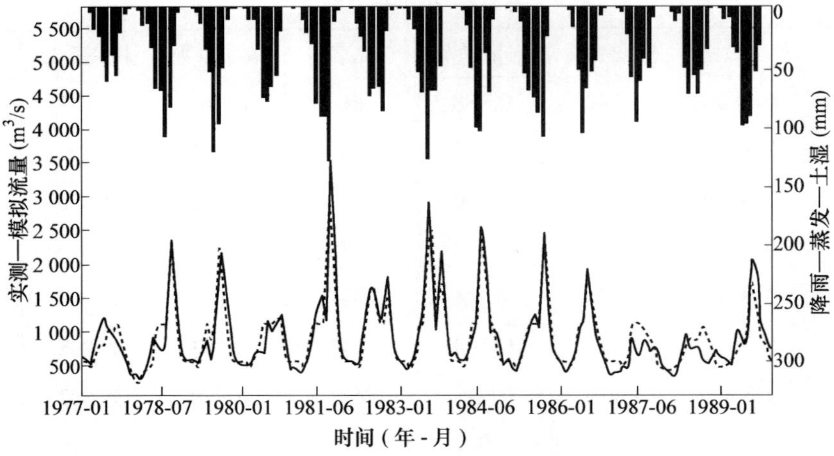


(c)小川

**图 7-10　流量过程模拟结果**

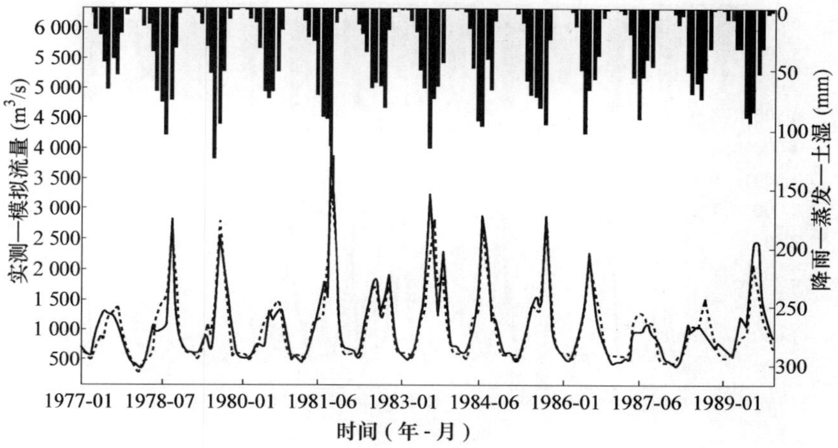


(d)兰州

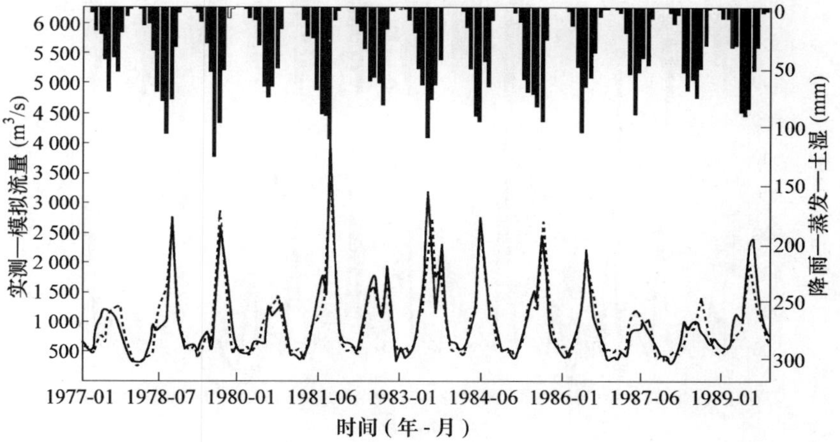


(e)安宁渡

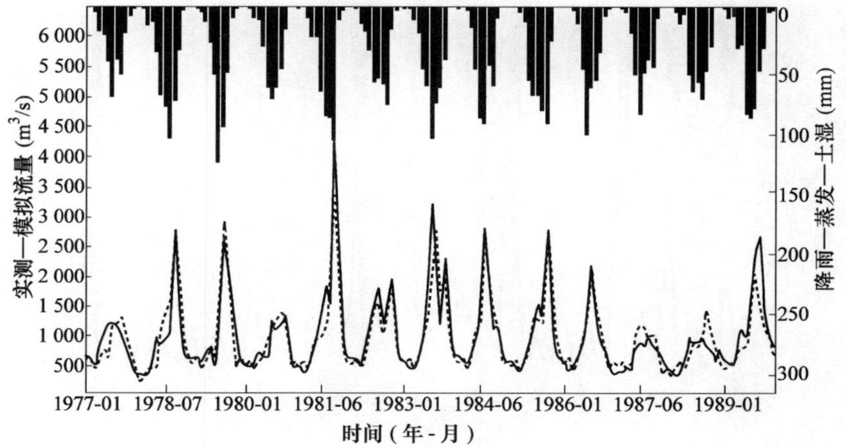


(f)下河沿

**续图 7-10**

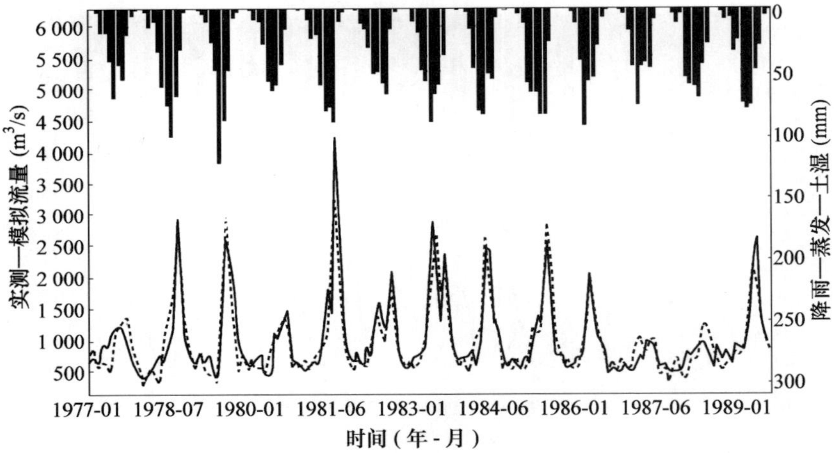


(g)石嘴山

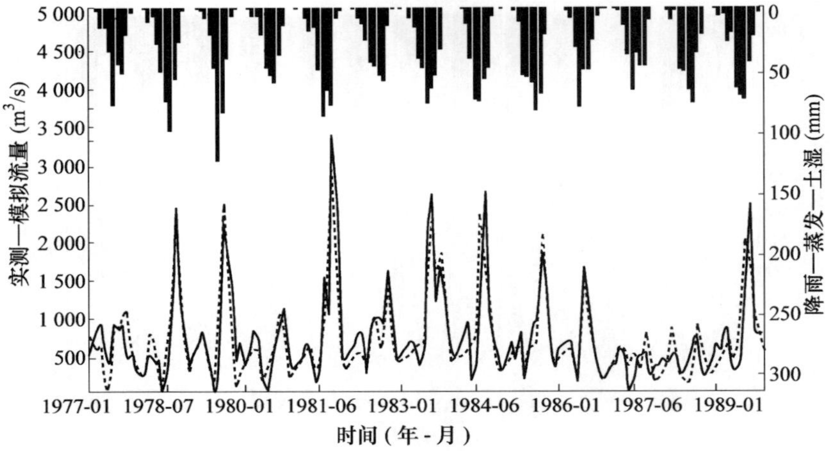


(h)头道拐

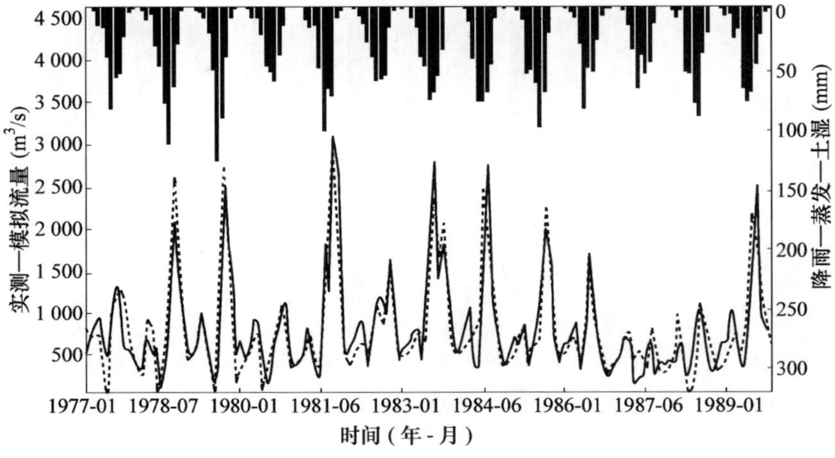


(i)吴堡

**续图 7-10**

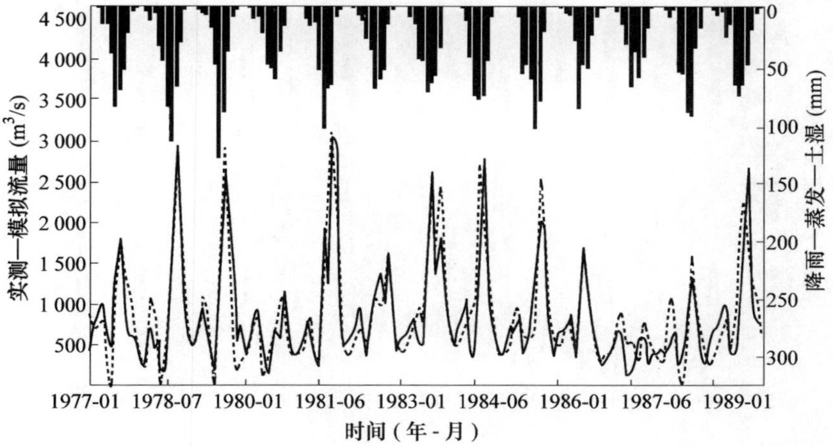


(j)龙门

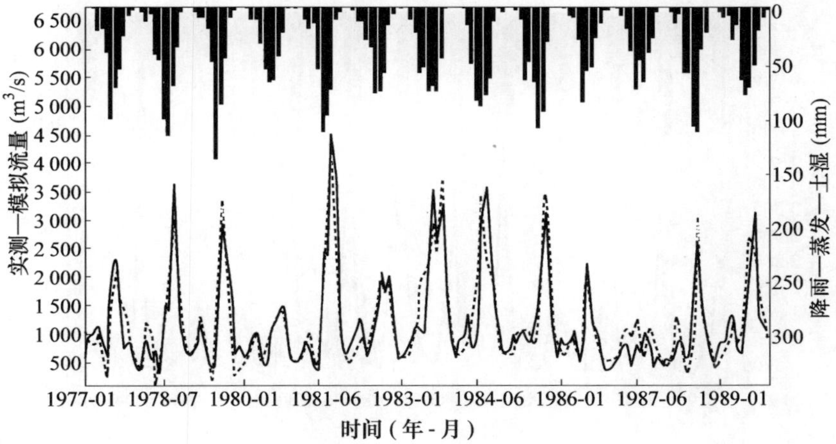


(k)潼关

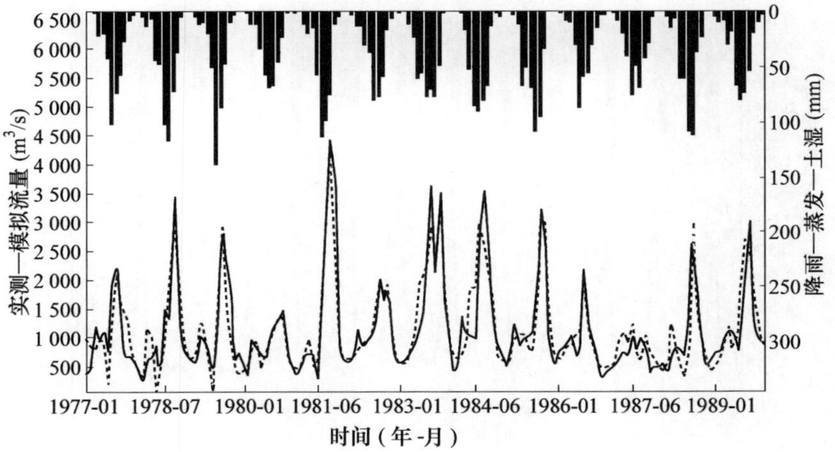


(l)三门峡

**续图 7-10**

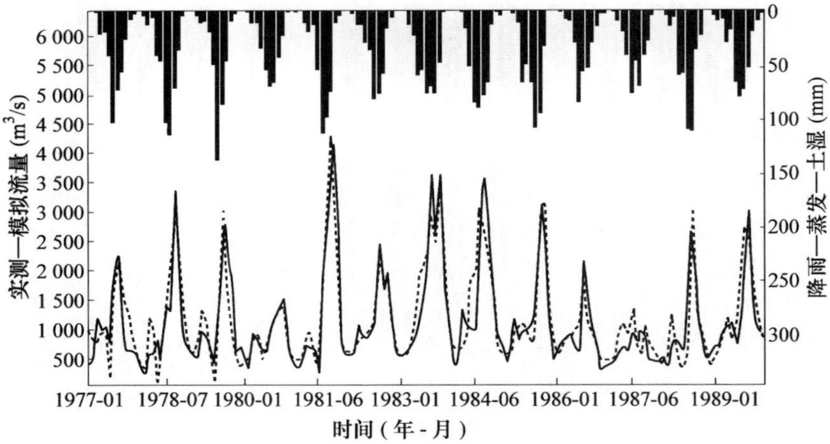


(m)小浪底

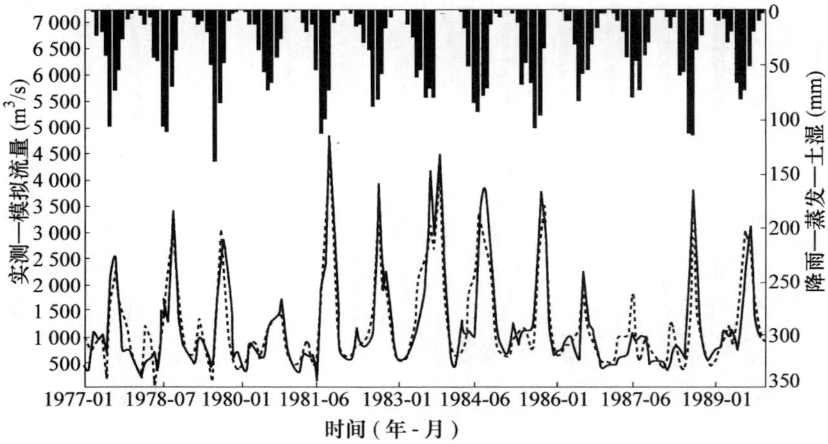


(n)花园口

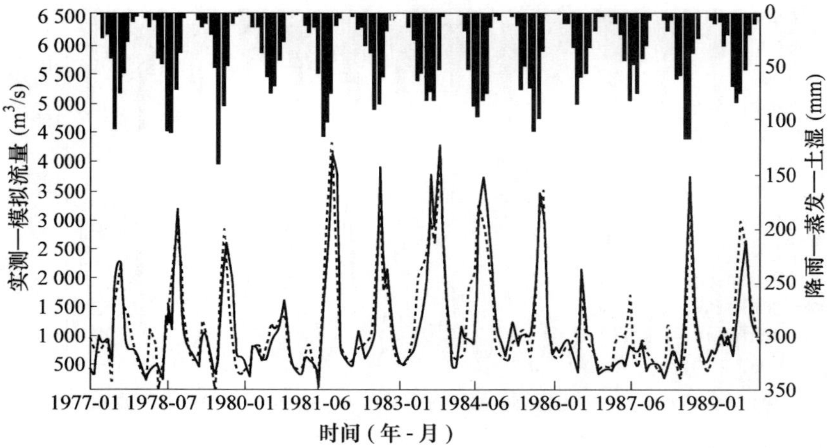


(o)高村

**续图 7-10**

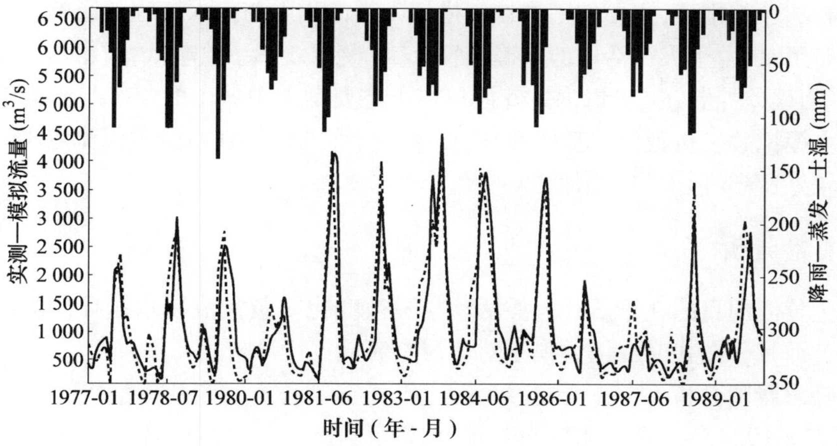


(p)艾山

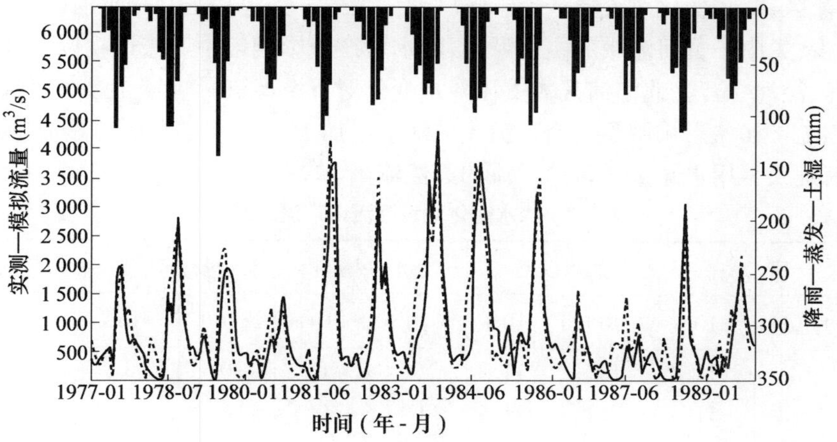


(q)利津

——— 实测流量　- - - - - 模拟流量　▬▬ 降雨量

续图 7-10

水量平衡系数 = 模拟径流总量 / 实测径流总量

$$相关系数=\frac{\sum(Q_c-\overline{Q}_c)(Q_o-\overline{Q}_o)}{\sqrt{\sum(Q_c-\overline{Q}_c)^2\sum(Q_o-\overline{Q}_o)^2}}$$

模型效率系数

$$R=\left[1-\frac{\sum(Q_c-Q_o)^2}{\sum(Q_o-\overline{Q}_o)^2}\right]\times 100\%$$

式中：$Q_o$、$Q_c$、$\overline{Q}_o$、$\overline{Q}_c$ 分别为实测流量、模拟流量、实测流量均值、模拟流量均值。

由表 7-6 可以看出，17 个站中有 11 个效率系数在 0.8 以上，其他也在 0.75 以上，水量平衡误差控制在 5%以内。黄河的上游(兰州以上)主要是大草原，人类活动影响很小。兰州以上的模拟结果效率系数可达 0.85，水量平衡误差控制在 3%，说明该模型是可行的。其中小川站效果略差的原因在于上游的龙羊峡与刘家峡水库的人为调蓄作用。中游人类活动影响尤其剧烈，主要的工作在于模拟人类的用水与水保工程的影响，主要水资源消耗是农业用水，由于人类活动的不确定性，该区模拟效率系数略低，但也基本在0.75以上，水量平衡误差控制在5%以内。花园口以下主要是大中城市的用水与渗漏的影响，区间产流很小模拟效果也很好。整体而言，黄河月分布式模型在对全黄河流域17个流量站模拟结果较好，在线形上与实测保持一致。

## 五、情景分析

研究全黄河的目的在于研究人类活动与覆被变化对黄河流域水循环的影响，以下就用建好的黄河月分布式时变增益模型对黄河全流域进行分析。

### (一)降水影响分析

在1977～1989年实测降雨资料基础上，将黄河流域各个区间降水变化10%，对应的流量变化见表7-7(人类用水假设不变)。从表7-7中数据不难看出，兰州以上是黄河流域主要的产流区，降水变化对流域产流影响剧烈。兰州—头道拐之间是黄河的耗散区，该区年均降水少，集中了黄河流域的主要灌区，降水对产流影响较小。头道拐以下有黄河的无定河、渭河、泾河、汾河、北洛河几大支流降水变化对下游产流影响较大。黄河流域降水增加10%比减少10%影响剧烈。全黄河流域降水增加10%可引起花园口站流量21.4%的变化，原因是人类用水减少了黄河干流的天然流量。

**表7-7 降水变化对黄河流域产流的影响** (%)

| 站名 | 唐乃亥 | | 兰州以上 | | 兰州—头道拐 | | 头道拐—花园口 | | 全流域 | |
|---|---|---|---|---|---|---|---|---|---|---|
| | +10% | -10% | +10% | -10% | +10% | -10% | +10% | -10% | +10% | -10% |
| 唐乃亥 | 12 | -11.2 | 12 | -11.2 | 0 | 0 | 0 | 0 | 12 | -11.2 |
| 贵德 | 12.2 | -11.3 | 12.4 | -11.5 | 0 | 0 | 0 | 0 | 12.4 | -11.5 |
| 小川 | 9.5 | -7.9 | 12.5 | -10.6 | 0 | 0 | 0 | 0 | 12.5 | -10.6 |
| 兰州 | 8.2 | -6.8 | 12.3 | -10.7 | 0 | 0 | 0 | 0 | 12.3 | -10.7 |
| 安宁渡 | 8.4 | -7 | 12.7 | -11 | 0.6 | -0.6 | 0 | 0 | 13.3 | -11.6 |
| 下河沿 | 8.4 | -7 | 12.7 | -11 | 0.8 | -0.8 | 0 | 0 | 13.5 | -11.8 |
| 石嘴山 | 9.1 | -7.5 | 13.7 | -11.8 | 1.9 | -1.8 | 0 | 0 | 15.5 | -13.6 |
| 头道拐 | 10.8 | -8.6 | 16.3 | -13.4 | 3.3 | -3.2 | 0 | 0 | 19.7 | -16.5 |
| 吴堡 | 10.5 | -8.3 | 15.7 | -13 | 3.2 | -3 | 2.6 | -1.9 | 21.4 | -17.9 |
| 龙门 | 9.6 | -7.7 | 14.4 | -12.3 | 2.9 | -2.8 | 4.7 | -3.9 | 22.1 | -18.9 |
| 潼关 | 7.4 | -6.1 | 11.1 | -9.6 | 2.2 | -2.2 | 7.6 | -6.6 | 21 | -18.2 |
| 三门峡 | 7.2 | -6 | 10.9 | -9.5 | 2.3 | -2.2 | 7.9 | -6.7 | 21 | -18.3 |
| 小浪底 | 7.2 | -6 | 11 | -9.6 | 2.3 | -2.1 | 8.3 | -7 | 21.5 | -18.7 |
| 花园口 | 6.5 | -5.6 | 9.9 | -8.8 | 2 | -2 | 9.4 | -8.1 | 21.4 | -18.8 |
| 高村 | 7.2 | -6 | 10.9 | -9.5 | 2.6 | -1.9 | 10.4 | -8.9 | 23.9 | -20.8 |
| 艾山 | 7.6 | -6.2 | 11.7 | -10 | 4.5 | -0.3 | 11.2 | -9.5 | 27.5 | -23.6 |
| 利津 | 9.1 | -7.2 | 13.8 | -11.6 | 5.8 | 0.3 | 13.3 | -11.1 | 33 | -28.1 |

### (二)人类活动影响分析

黄河流域人类活动影响十分剧烈,为量化黄河流域人类活动,此处运用模型模拟了天然的降水产流量,同加入人类活动影响模块后进行对比,所用的资料是1977~1989年降水径流资料。从表7-8中可看出,若没有人类活动的影响,即不计算工农业用水与水土保持工程的影响,花园口站天然产流(多年平均)比实际多168.9%,利津站多302.6%,源头唐乃亥站由于受人类活动影响较小,影响仅为5.3%。

表7-8 没有人类活动影响下黄河流域产流增加比例

| 站名 | 增加率(%) | 站名 | 增加率(%) |
| --- | --- | --- | --- |
| 唐乃亥 | 5.3 | 龙门 | 122.2 |
| 贵德 | 6.5 | 潼关 | 166.7 |
| 小川 | 9.9 | 三门峡 | 169.1 |
| 兰州 | 13.4 | 小浪底 | 172.4 |
| 安宁渡 | 20.9 | 花园口 | 168.9 |
| 下河沿 | 24 | 高村 | 196.1 |
| 石嘴山 | 44.2 | 艾山 | 237.2 |
| 头道拐 | 95.8 | 利津 | 302.6 |
| 吴堡 | 111.2 | | |

## 六、小结

分布式水文模型虽然有着不同的建模思路,但是由于流域的实际资料条件的限制,模型的具体运用不可能把每个模块都考虑进去,因为众多的模型参数在有限的资料情况下不可能合理地得到。因此,目前真正简便实用的分布式模型都在不同程度上对某些水文过程进行了简化。基于非线性系统理论的分布式水文模拟根据流域的产流特性,从可行性和实用性的角度来建立模型结构,是一种切实可行的研究思路。

在黄河分布式模型中,考虑了人类活动影响下的水循环。在已有的分布式时变增益模型的基础上研制了人类用水、水保工程、水库调度等模块。通过这些模块能更好地模拟人类的活动情况。模型通过对全黄河流域进行分区与子流域的划分,模拟了全黄河17个流量站的降水径流过程。模拟的精度均达到了水资源管理的要求。黄河流域人类活动影响剧烈,如何量化人类活动的影响一直是一个很难解决的问题。此次研究,用模型量化了人类活动的影响,其中可能存在一定的误差,但基本能说明黄河流域的人类活动影响程度。

# 第八章　SWAT 模型在黄河流域的应用

SWAT(Soil and Water Assessment Tool)是美国农业部(USDA)农业研究局(ARS)开发的流域尺度模型,用于模拟地表水、地下水水质和水量,预测土地管理措施对不同土壤类型、土地利用方式和管理条件的大尺度复杂流域的水文、泥沙和农业化学物质的影响。

从结构上看,SWAT 属于一类比较典型的分布式水文模型,即在每一个网格单元(或子流域)上应用传统的概念性模型来推求净雨,再进行汇流演算,最后求得出口断面流量。它明显不同于 SHE 模型,主要是应用数值分析来建立相邻网格单元之间的时空关系。由于 SWAT 的典型性、模块化设计思想、独特的运行方式和强大的模拟功能,成为黄河"973"项目分布式水文模型研究中所借鉴的国外重要模型之一。本章着重介绍 SWAT 的原理与结构及其在黄河流域中的广泛应用。

## 第一节　SWAT 的基本原理

SWAT 主要用来预测人类活动对水、沙、农业、化学物质的长期影响,可以模拟流域内多种不同的水循环物理过程(见图 8-1)。考虑到流域下垫面和气候因素具有时空变异性,SWAT 通常将研究流域细分成若干个子流域。目前划分流域的方法主要有三种:自然子流域(subbasin)、山坡(hillslop)和网格(grid)。

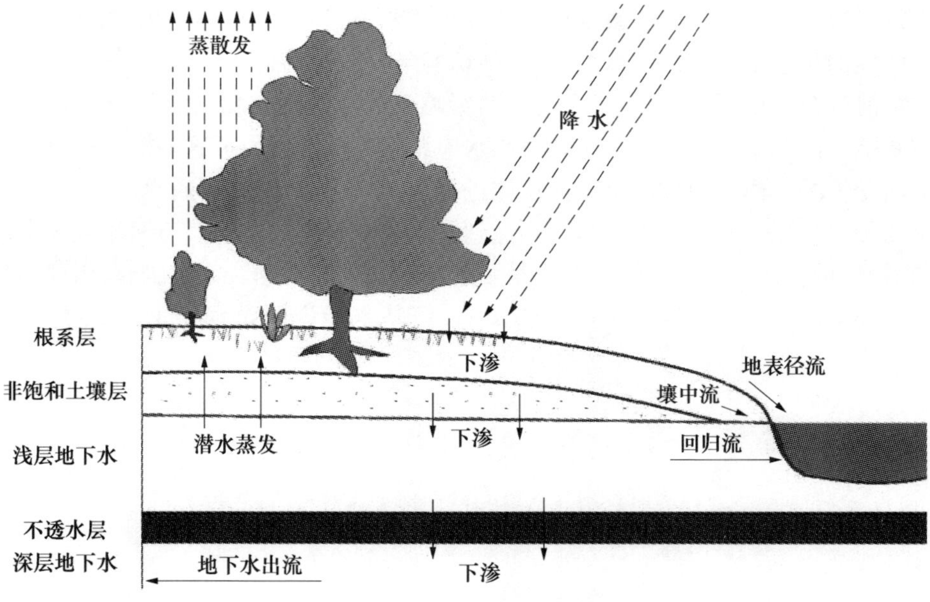


图 8-1　SWAT 水文循环示意图

SWAT 模拟流域水文过程分为两大部分:水循环的陆面部分(即产流和坡面汇流部

分)和水循环的水面部分(即河网汇流部分),前者控制着每个子流域内主河道的水、沙、营养物质和化学物质等输入量,后者决定水、沙等物质从河网向流域出口的输移过程。

## 一、水循环的陆面部分

在产流计算中,SWAT 引入水文响应单元(Hydrologcial Response Unit,HRU)的概念,来反映植被覆盖和土壤类型的变化对产流及蒸发的影响。在每个 HRU 内单独计算径流量,然后演算得到流域总径流量。SWAT 的水循环陆面部分中,考虑到气候、水文和植被覆盖等方面因素。

### (一)气候因素

流域气候(特别是湿度和能量的输入)控制着水量平衡,并决定了水循环中不同要素的相对重要性。SWAT 所需要输入的气候因素变量包括日降水量、最大最小气温、太阳辐射、风速和相对湿度。这些变量的数值可通过天气发生器模型自动生成,也可直接输入实测数据。天气发生器模型是根据月均数据为每一个子流域生成一套日气象数据。每个子流域的生成数据是独立进行的,子流域之间不存在空间相关性。

SWAT 模型利用日均气温将降水区分为降水或冻雨(降雪),融雪量的计算采用的是度—日因子模型,融雪量被作为等量的降水参与产流和下渗的估算。

### (二)水文因素

降水可被植被截留或直接降落到地面上。降到地面上的水一部分下渗到土壤中,一部分形成地表径流。地表径流快速汇入河道,对短期河流响应有很大贡献。下渗到土壤中的水可保持在土壤中被后期蒸发掉,或者经由地下路径缓慢流入地表水系统。

#### 1. 冠层蓄水

SWAT 有两种计算地表径流的方法。当采用 Green - Ampt 方法时需要单独计算冠层截留。计算主要输入参数:植被最大叶面指数(*LAI*)对应的冠层蓄水量和任意时刻的 *LAI*。当计算蒸发时,冠层水首先蒸发。

#### 2. 下渗

计算下渗考虑初始下渗率(依赖于土壤湿度和供水条件)和最终下渗率(等于土壤饱和水力传导度)两个主要参数。用 SCS 曲线法计算地表径流时,由于计算时间步长为日,不能直接模拟下渗。下渗量的计算等于降水量与地表径流之差。Green - Ampt 下渗模型可以直接模拟下渗,但需要短时段的降水数据。

#### 3. 重新分配

重新分配是指降水或灌溉停止时水在土壤剖面中的持续运动。它是由土壤水分布不均匀引起的。SWAT 中重新分配部分采用存储演算技术预测根系区每个土层中的水流。当一个土层中的蓄水量超过田间持水量,而下土层处于非饱和状态时,便产生渗漏。渗漏的速率由土壤饱和水力传导度控制。土壤水重新分配受土温的影响,当温度低于 0℃ 时该土层中的水停止运动。

#### 4. 蒸散发

蒸散发包括水面蒸发、裸地蒸发和植被蒸腾。土壤水蒸发和植物蒸腾被分开模拟。

潜在土壤水蒸发由潜在蒸散发和叶面指数估算。实际土壤水蒸发用土壤厚度和含水量的指数关系式计算。植物蒸腾由潜在蒸散发和叶面指数的线性关系式计算。潜在蒸散发有三种计算方法:Hargreaves 法(Hargreaves et al., 1985)、Priestley - Taylor 法(Priestley and Taylor, 1972)和 Penman - Monteith 法(Monteith, 1965)。

5. 壤中流

壤中流的计算与重新分配同时进行,用动态存储模型预测。该模型考虑到水力传导度、坡度和土壤含水量的时空变化。

6. 地表径流

SWAT 模拟每个水文响应单元的地表径流量和洪峰流量。地表径流量的计算可用 SCS 曲线方法或 Green - Ampt 方法计算。SWAT 还考虑到了冻土上地表径流量的计算。洪峰流量的计算采用一个推理模型,它是子流域汇流期间的降水量、地表径流量和子流域汇流时间的函数。

7. 池塘

池塘是子流域内截获地表径流的蓄水结构。池塘被假定远离主河道,不接受上游子流域的来水。池塘水存储是池塘承载力、日入流和出流、渗流和蒸发的函数。

8. 支流河道

SWAT 在子流域内定义了主河道和支流河道两种类型的河道。支流河道不接受地下水。SWAT 根据支流河道的特性决定子流域汇流时间。

9. 输移损失

这种类型的损失发生在短期或间歇性河流地区(如干旱、半干旱地区),该地区只在特定时期有地下水补给或根本无地下水。当支流河道中输移损失发生时,需要调整地表径流量和洪峰流量。

10. 地下径流

SWAT 将地下水分为浅层地下水和深层地下水两层。浅层地下径流汇入流域内河流;深层地下径流汇入流域外河流。

### (三)植被覆盖因素

SWAT 利用一个单一的植物生长模型模拟所有类型的植被覆盖。植物生长模型能区分一年生植物和多年生植物,被用来判定根系区水和营养物质的移动、蒸腾和生物量或产量。

### (四)水土流失

SWAT 采用修改 USLE 模型(Universal Soil Loss Equation;Williams,1975)来模拟每个水文响应单元(HRU)的水土流失和泥沙的产生。USLE 能够与水文模型很好地结合,利用水文模型提供产流量和洪峰流量进行水土流失的模拟计算。

### (五)营养物质

SWAT 模拟流域内几种不同形式的氮、磷的运动与转换。氮、磷营养物质可以通过地表径流和壤中流进入主河道传输到下游河段。氮、磷循环过程如图 8-2 所示。

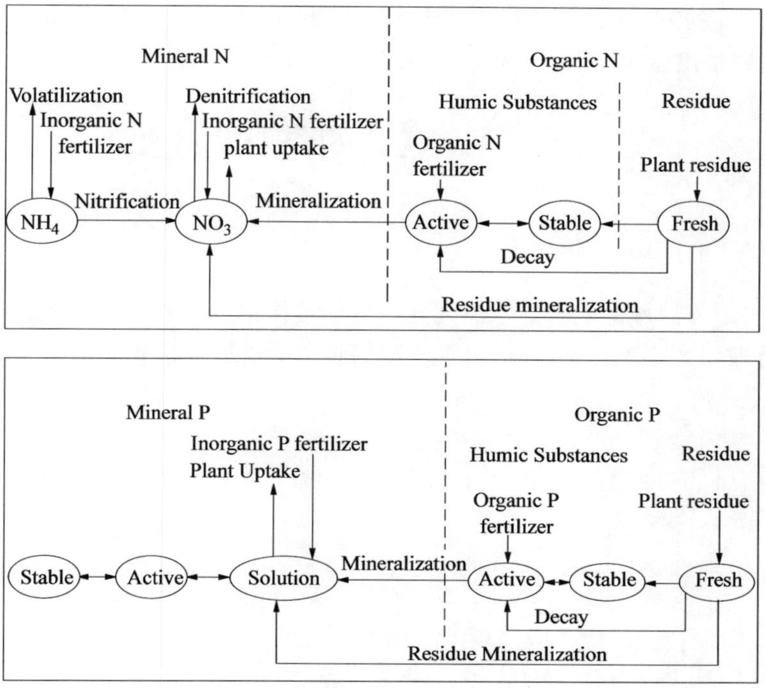


**图 8-2　SWAT 的氮、磷循环过程示意图**

### (六)杀虫剂

虽然 SWAT 没有模拟杂草和害虫对植物生长的压迫,但是杀虫剂可以用到水文响应单元 HRU 中研究流域内化学物质的运动。SWAT 模拟杀虫剂由地表径流进入河网,通过下渗进入土壤和含水层的运动过程,所用的模拟方程来自 GLEAMS 模型(Leonard et al.,1987)。

### (七)管理

SWAT 允许用户定义每个水文响应单元 HRU 的农业管理措施。用户可定义生长季节的起止时间、肥料、杀虫剂和灌溉的时间及数据等。另外,在 SWAT 中可以每年变换不同的管理措施。

## 二、水循环的水面部分

水循环的水面过程即河道汇流部分,主要考虑水、泥沙、营养物质(N、P)和杀虫剂在河网中的输移,包括主河道以及水库的汇流计算。

### (一)主河道(或河段)汇流

主河道的演算分为四部分:水、泥沙、营养物质和有机化学物质。其中进行洪水演算时若水流向下游,其一部分被蒸发和通过河床流失,另一部分被人类取用。补充的来源为直接降水或点源输入。河道水流演算多采用变动存储系数模型(Variable Storage Coefficient Method;Williams,1969)或 Muskingum 方法。

### (二)水库汇流演算

水库水量平衡包括入流、出流、降水、蒸发和渗流。在计算水库出流时,SWAT 提供三种估算出流量的方法以供选择:①需要输入实测出流数据;②对于小的无观测值的水库,需要规定一个出流量;③对于大水库,需要一个月调控目标。

# 第二节 SWAT 的结构与控制

## 一、SWAT 的单元结构

SWAT 将研究流域分成若干个单元。在每个结构单元上建立水文物理概念模型(见图 8-3),进行坡面产汇流计算,并通过汇流网络将单元流域连接起来。

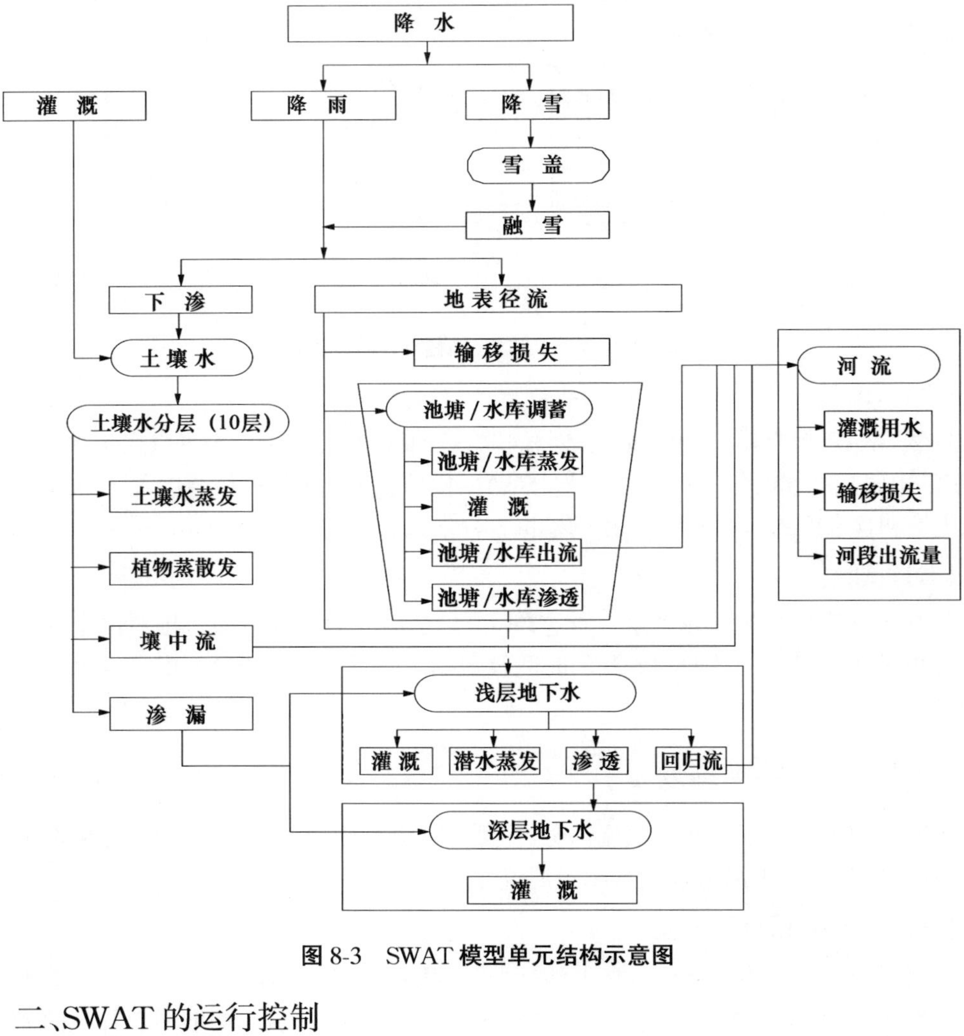


图 8-3 SWAT 模型单元结构示意图

## 二、SWAT 的运行控制

SWAT 采用类似于 HYMO 模型(Williams and Hann,1973)的命令结构来控制径流和化学物质的演算(见图 8-4)。通过子流域命令,进行分布式产流计算;通过汇流演算命令,模拟河网与水库的汇流过程;通过叠加命令,把实测的数据和点源数据输入到模型中,同模拟值进行比较;通过输入命令,接受其他模型的输出值;通过转移命令,把某河段(或水库)的水转移到其他的河段(或水库)中,也可直接用做农业灌溉。SWAT 模型的命令代码能够根据需要进行扩展。

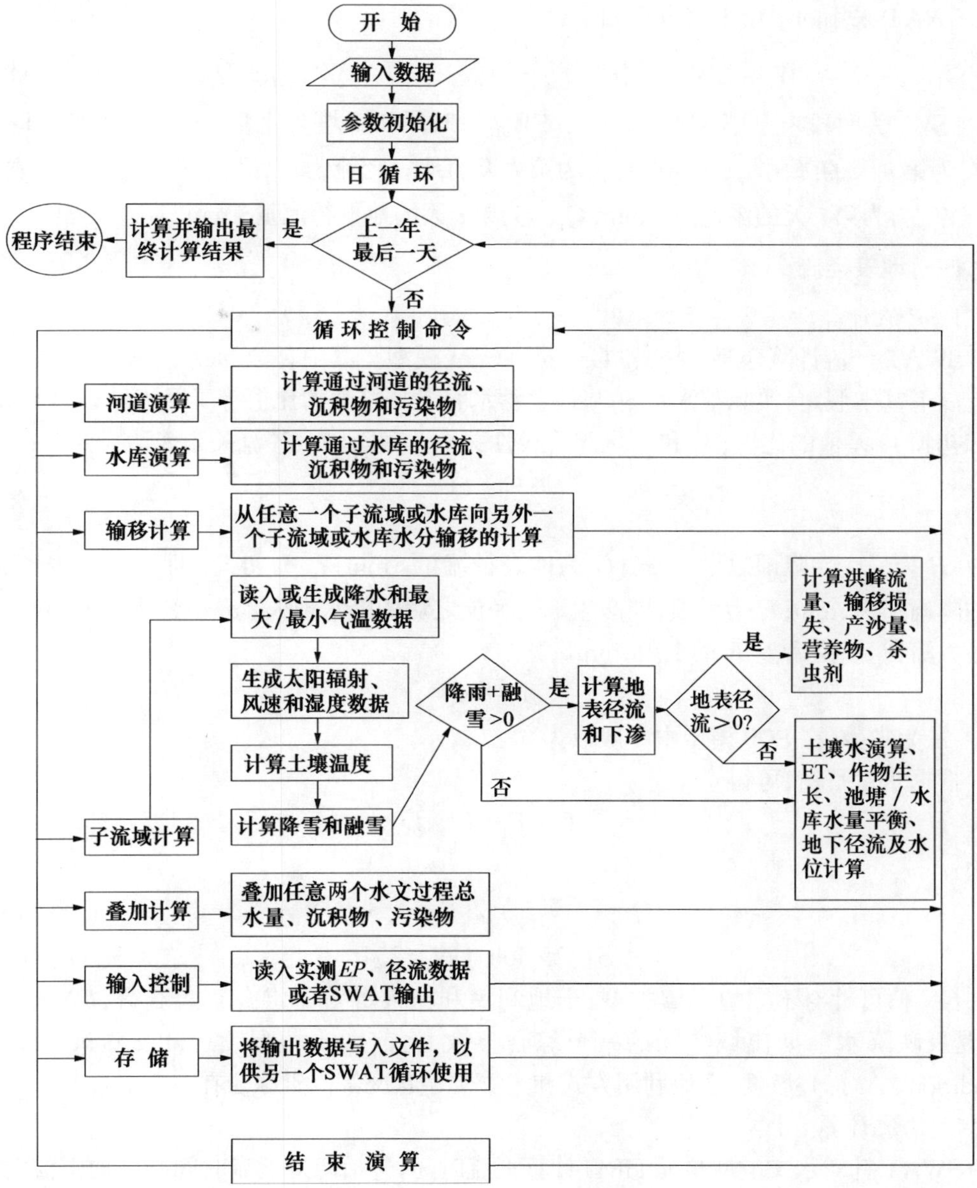


图 8-4 SWAT 模型的运行命令控制

## 第三节 SWAT 的主要子模型

SWAT 对水、泥沙和化学物质的模拟,主要通过水文过程模型、土壤侵蚀模型和污染负荷模型等三类子模型完成。

## 一、水文过程模型

SWAT 采用的水量平衡方程如下：

$$SW_t = SW_0 + \sum_{i=1}^{t}(R_{\mathrm{day},i} - Q_{\mathrm{surf},i} - E_{a,i} - W_{\mathrm{seep},i} - Q_{\mathrm{gw},i}) \tag{8-1}$$

式中：$SW_t$ 为时段末土壤含水量，mm；$SW_0$ 为时段初土壤含水量，mm；$t$ 为计算时段；$R_{\mathrm{day},i}$ 为第 $i$ 天的降雨量，mm；$Q_{\mathrm{surf},i}$ 为第 $i$ 天的地表径流，mm；$E_{a,i}$ 为第 $i$ 天的蒸发量，mm；$W_{\mathrm{seep},i}$ 为第 $i$ 天的渗透量，mm；$Q_{\mathrm{gw},i}$ 为第 $i$ 天的地下径流量，mm。

### （一）地表径流

1. *产流计算*

SWAT 产流计算包括 SCS 和 Green－Ampt 模型。其中，SCS 曲线法使用较多，该模型有以下基本假定：实际蓄水量 $F$ 与最大蓄水容量 $S$ 之间的比值等于径流量 $Q$ 与降雨量 $P$ 和初损 $I_a$ 差值的比值；$I_a$ 和 $S$ 之间为线性关系。其降雨—径流关系表达式如下：

$$\frac{F}{S} = \frac{Q}{P - I_a} \tag{8-2}$$

式中：$P$ 为一次性降雨总量，mm；$Q$ 为地表径流量，mm；$I_a$ 为初损，即产生地表径流之前的降雨损失，mm；$F$ 为后损，即产生地表径流之后的降水损失，mm；$S$ 为流域当时的可能最大滞留量，是后损 $F$ 的上限，mm。其中，

$$I_a = aS \tag{8-3}$$

式中：$a$ 为常数，在 SCS 模型中一般取为 0.2。

根据水量平衡，可得：

$$F = P - I_a - Q \tag{8-4}$$

式中：

$$Q = (P - I_a)^2 / (P - I_a + S) \tag{8-5}$$

$$S = 25\,400/CN - 254 \tag{8-6}$$

$CN$ 值可针对不同的土壤类型、土地利用和植被覆盖的组合查表获得，$CN$ 值无量纲，是反映降水前期流域特征的一个综合参数，将前期土壤湿度（Antecedent Moisture Condition，AMC）、坡度、土地利用方式和土壤类型状况等因素综合在一起。

2. *汇流计算*

SWAT 针对水文响应单元 HRU 计算汇流时间，包括河道汇流时间和坡面汇流时间。河道汇流时间计算如下：

$$ct = \frac{0.62 \cdot L \cdot n^{0.75}}{A^{0.125} \cdot cs^{0.375}} \tag{8-7}$$

式中：$ct$ 为河道汇流时间，h；$L$ 为河道长度，km；$n$ 为河道曼宁系数；$A$ 为水文响应单元 HRU 面积，$\mathrm{km}^2$；$cs$ 为河道坡度，m/m。

坡面汇流时间用下式计算：

$$ot = \frac{0.055\,6(sl \cdot n)^{0.6}}{s^{0.3}} \tag{8-8}$$

式中：$ot$ 为坡面汇流时间，h；$sl$ 为子流域平均坡长，m；$n$ 为 HRU 坡面曼宁系数；$s$ 为坡面坡度，m/m。

### （二）蒸散发

蒸散发包括冠层截留水蒸发、蒸腾和升华及土壤水的蒸发。蒸散发是水分转移出流域的主要途径，在许多流域与大陆（除南极洲以外），蒸发量都大于径流量。准确地评价蒸散发量是估算水资源量的关键，也是研究气候和土地覆被变化对河川径流影响的关键问题。

1. 潜在蒸散发

SWAT 提供了 Penman－Monteith、Priestley－Taylor 和 Hargreaves 等三种计算潜在蒸散发能力的方法，另外，还可以使用实测资料或已经计算好的逐日潜在蒸散发资料。

（1）Penman－Montieth 公式（Montieth，1965），需要输入的资料为辐射、气温、风速和相对湿度。

$$ET_0=\frac{\Delta(R_n-G)+86.7\rho D/ra}{L(\Delta+\gamma)} \tag{8-9}$$

式中：$ET_0$为蒸散发能力，mm；$\Delta$ 为饱和水汽压斜率，kPa/℃；$R_n$ 为净辐射量，MJ/m$^2$；$G$ 为土壤热通量，MJ/m$^2$；$\rho$ 为空气密度，g/m$^3$；$D$ 为饱和水汽压差，kPa；$ra$ 为边界层阻力，s/m；$L$ 为汽化潜热，MJ/kg；$\gamma$ 为湿度计常数。

空气密度 $\rho$ 的计算：

$$\rho=\frac{0.012\,76\cdot PB}{1+0.036\,7\cdot T} \tag{8-10}$$

式中：$T$ 为气温，℃；$PB$ 为大气压力，kPa。

$$PB=101-0.015\,5ELEV+5.44\times10^{-7}ELEV^2 \tag{8-11}$$

式中：$ELEV$ 为计算点高程，m。

边界层阻力 $ra$ 的计算：

$$ra=\frac{6.25\left(\ln\frac{10-zd}{zo}\right)^2}{V} \tag{8-12}$$

式中：$zd$ 为零平面位移高度，m；$zd=0.702H^{0.979}$，其中 $H$ 为冠层高度，m；$zo$ 为蒸散面粗糙长度，m，$zo=0.131H^{0.997}$；$V$ 为日均风速，m/s。

（2）Priestley－Taylor 公式（1972），需要输入的资料为辐射和气温。

$$ET_0=1.28\left(\frac{R_n}{L}\right)\left(\frac{\Delta}{\Delta+\gamma}\right) \tag{8-13}$$

式中：$ET_0$为蒸散发能力，mm；$\Delta$ 为饱和水汽压斜率，kPa/℃；$\gamma$ 为湿度计常数；$R_n$ 为净辐射量，MJ/m$^2$；$L$ 为汽化潜热，MJ/kg。

汽化潜热 $L$ 的计算：

$$L=2.50-0.002\,2T$$

式中：$T$ 为气温，℃。

饱和水汽压斜率 $\Delta$ 的计算：

$$\Delta = \left(\frac{e_a}{T+273}\right)\left(\frac{6\ 791}{T+273} - 5.03\right) \tag{8-14}$$

式中：$e_a$为饱和气压，kPa，$e_a = 0.1\exp\left(54.88 - 5.03\ln(T+273) - \frac{6\ 791}{T+273}\right)$；$T$ 为气温，℃。

湿度计常数 $\gamma$ 的计算：

$$\gamma = 6.6 \times 10^{-4} PB$$

式中：$PB$ 为大气压力，kPa。

净辐射量 $R_n$ 的计算：

$$R_n = RA(1 - AB) \tag{8-15}$$

式中：$RA$ 为太阳辐射量，MJ/m$^2$；$AB$ 为反照率。

反照率 $AB$ 与土壤、作物和雪的覆盖有关。当雪的厚度大于 5 mm 时，$AB$ 取值为 0.6；当雪的厚度小于 5 mm 并且无作物生长时，$AB$ 取值为土壤反照率；当有作物生长时，反照率 $AB$ 由下式确定：

$$AB = 0.23(1.0 - EA) + AB_s \cdot EA \tag{8-16}$$

式中：$AB_s$ 为土壤反照率；$EA$ 为土壤覆盖指数。

$$EA = \exp(-0.05CV)$$

式中：$CV$ 为地面生物量与作物残余物之和，t/hm$^2$。

(3) Hargreaves－Samani 公式(1985)，需要输入的资料仅为气温。

$$ET_0 = a\left(\frac{RA_{\max}}{L}\right)(T + 17.8)(T_{\max} - T_{\min})^b \tag{8-17}$$

式中：$a$、$b$ 为经验参数，$a$ 取值范围为 0.002 3～0.003 2，$b$ 取值范围为 0.5～0.6；$RA_{\max}$ 为太阳最大可能辐射量，MJ/m$^2$。

$$RA_{\max} = 30\left\{1.0 + 0.033\ 5\sin\left[\frac{2\pi}{365}(t_j + 88.2)\right]\left[XT\sin\left(\frac{2\pi}{360}LAT\right)\sin(SD)\right\}\right.$$
$$\left. + \cos\left(\frac{2\pi}{360}LAT\right)\cos(SD)\sin(XT)\right]\Bigg\} \tag{8-18}$$

式中：$LAT$ 为计算点的纬度(°)；$t_j$ 为公历天数；$XT = \arccos\left[-\tan\left(\frac{2\pi}{360}LAT\right)\tan(SD)\right]$，$0 \leqslant XT \leqslant \pi$；$SD = 0.410\ 2\sin\left[\frac{2\pi}{365}(t_j - 80.25)\right]$。

2. 实际蒸散发

SWAT 中实际蒸散发包括冠层截留蒸发、植被蒸腾和土壤水分蒸发。

(1)冠层截留蒸发。模型在计算实际蒸发时假定尽可能蒸发冠层截留的水分，如果潜在蒸发 $E_0$ 小于冠层截留的自由水含量 $E_{\mathrm{INT}}$，则，

$$E_{\mathrm{a}} = E_{\mathrm{can}} = E_0 \tag{8-19}$$

$$E_{\mathrm{INT}(f)} = E_{\mathrm{INT}(i)} - E_{\mathrm{can}} \tag{8-20}$$

式中：$E_{\mathrm{a}}$ 为实际日蒸发量，mm；$E_{\mathrm{can}}$ 为冠层水蒸发量，mm；$E_0$ 为潜在蒸发量，mm；$E_{\mathrm{INT}(i)}$ 为冠层时段初蓄水量，mm；$E_{\mathrm{INT}(f)}$ 为冠层时段末蓄水量，mm。

如果潜在蒸发 $E_0$ 大于冠层截留的自由水含量 $E_{\mathrm{INT}}$，则：

$$E_{can} = E_{INT(i)} \quad E_{INT(f)} = 0 \tag{8-21}$$

当冠层截留水全部蒸发掉,继续蒸发所需要的水分就要从植被和土壤中得到。

(2)植物蒸腾。假设植被生长在一个理想的条件下,植物蒸腾可用以下表达式计算:

$$E_t = \frac{E_0' \cdot LAI}{3.0} \qquad (0 \leqslant LAI \leqslant 3.0) \tag{8-22}$$

$$E_t = E_0' \qquad (LAI > 3.0) \tag{8-23}$$

式中:$E_t$ 为日最大蒸腾量, mm;$E_0'$为冠层水蒸发后的潜在蒸发量, mm;$LAI$ 为叶面积指数。

(3)土壤水分蒸发。在计算土壤水分蒸发时,首先区分出不同深度土壤层需要的蒸发量,土壤深度层次的划分决定土壤允许的最大蒸发量,可由下式计算:

$$E_{soil,z} = E''_s \cdot \frac{z}{z + \exp(2.347 - 0.007\,13z)} \tag{8-24}$$

式中:$E_{soil,z}$为 $z$ 深度处蒸发需要的水量, mm;$z$ 为地表以下土壤的深度, mm;$E''_s$ 为最大可能土壤水分蒸发量,mm。

式中的系数项是为了满足 50%的蒸发所需水分来自土壤表层 0~10 mm、95%的蒸发所需水分来自 0~100 mm 土壤深度范围内。

土壤水分蒸发所需要的水量是由土壤上层蒸发需水量与土壤下层蒸发需水量决定的:

$$E_{soil,ly} = E_{soil,zl} - E_{soil,zu} \tag{8-25}$$

式中:$E_{soil,ly}$为 ly 层的蒸发需水量, mm;$E_{soil,zl}$为土壤下层的蒸发需水量, mm;$E_{soil,zu}$为土壤上层的蒸发需水量, mm。

上述表明,土壤深度的划分假设 50%的蒸发需水量由 0~10 mm 内土壤上层的含水量提供,因此 100 mm 的蒸发需水量中 50 mm 都要由 10 mm 的上层土壤提供,显然上层土壤无法满足需要。所以,SWAT 模 型建立了一个系数来调整土壤层深度的划分,以满足蒸发需水量,调整后的公式为:

$$E_{soil,ly} = E_{soil,zl} - E_{soil,zu} \cdot esco \tag{8-26}$$

式中:*esco* 为土壤蒸发调节系数,该系数是 SWAT 模型为调整土壤因毛细作用和土壤裂隙等因素对不同土层蒸发量的影响而提出的,对于不同的 *esco* 值对应着相应的土壤层划分深度(见图 8-5)。

随着 *esco* 值的减小,模型能够从更深层的土壤获得水分供给蒸发。当土壤层含水量低于田间持水量时,蒸发需水量也相应减少,蒸发需水量可由下式求得:

$$E'_{soil,ly} = E_{soli,ly} \cdot \exp\left(\frac{2.5(SW_{ly} - FC_{ly})}{FC_{ly} - WP_{ly}}\right) \qquad (SW_{ly} < FC_{ly}) \tag{8-27}$$

$$E'_{soil,ly} = E_{soil,ly} \qquad (SW_{ly} \geqslant FC_{ly}) \tag{8-28}$$

式中:$E'_{soil,ly}$为调整后的土壤 ly 层蒸发需水量, mm;$SW_{ly}$为土壤 ly 层含水量, mm;$FC_{ly}$为土壤 ly 层的田间持水量, mm;$WP_{ly}$为土壤 ly 层的凋萎含水量, mm。

### (三)土壤水

土壤水可以被植物吸收或蒸腾而损耗,可以渗漏到土壤底层最终补给地下水,也可以

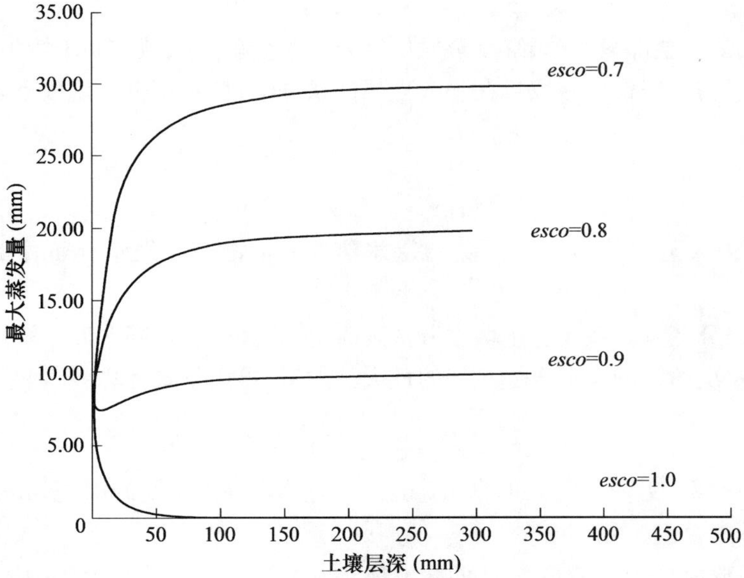


**图 8-5　土壤层深度变化下的最大蒸发量**

壤中流的形式补给地表径流。当土壤含水量超过田间持水量时,会产生铅直、侧向的壤中流。SWAT 模拟的壤中流包括小孔隙的均匀流和大孔隙的优先流(或管流)。管流的计算根据需要进行。以下是 SWAT 计算相对饱和区厚度 $H_0$ 的公式。

$$H_0 = \frac{2 \cdot SW_{\mathrm{ly,excess}}}{1\,000 \cdot \phi_{\mathrm{d}} \cdot L_{\mathrm{hill}}} \tag{8-29}$$

式中:$SW_{\mathrm{ly,excess}}$为土壤饱和区内可流出的水量,mm;$L_{\mathrm{hill}}$为山坡坡长,m;$\phi_{\mathrm{d}}$ 为土壤层总空隙度 $\phi_{\mathrm{soil}}$与土壤层水分含量达到田间持水量的空隙度 $\phi_{\mathrm{fc}}$之差。

$$\phi_{\mathrm{d}} = \phi_{\mathrm{soil}} - \phi_{\mathrm{fc}} \tag{8-30}$$

山坡出口断面的净水量为:

$$Q_{\mathrm{lat}} = 24H_0 \cdot v_{\mathrm{lat}} \tag{8-31}$$

式中:$v_{\mathrm{lat}}$为出口断面处的流速,mm/h。

$$v_{\mathrm{lat}} = K_{\mathrm{sat}} \cdot slp \tag{8-32}$$

式中:$K_{\mathrm{sat}}$为土壤饱和导水率,mm/h;$slp$ 为子流域平均坡度。

SWAT 壤中流计算基本公式为:

$$Q_{lat} = 0.024 \cdot \left(\frac{2 \cdot SW_{\mathrm{ly,excess}} \cdot K_{\mathrm{sat}} \cdot slp}{\phi_d \cdot L_{\mathrm{hill}}}\right) \tag{8-33}$$

**(四)地下水**

SWAT 模拟地下水方程如下:

$$Q_{\mathrm{gw},i} = Q_{\mathrm{gw},i-1} \cdot \exp(-\alpha_{\mathrm{gw}} \cdot \Delta t) + W_{\mathrm{rchrg},i} \cdot [1 - \exp(-\alpha_{\mathrm{gw}} \cdot \Delta t)] \tag{8-34}$$

式中:$Q_{\mathrm{gw},i}$为第 $i$ 天进入河道的地下水,mm;$Q_{\mathrm{gw},i-1}$为第($i-1$)天进入河道的地下水,mm;$\Delta t$ 为时间步长,d;$W_{\mathrm{rchrg},i}$为第 $i$ 天蓄水层的补给量,mm;$\alpha_{\mathrm{gw}}$为基流的退水系数。

$$W_{\mathrm{rchrg},i}=[1-\exp(-1/\delta_{\mathrm{gw}})]\cdot W_{\mathrm{seep}}+\exp(-1/\delta_{\mathrm{gw}})\cdot W_{\mathrm{rchrg},i-1} \tag{8-35}$$

式中：$\delta_{\mathrm{gw}}$为补给滞后时间，d；$W_{\mathrm{seep}}$为第 $i$ 天通过土壤剖面底部进入地下含水层的水量，mm。

## 二、土壤侵蚀模型

SWAT 土壤侵蚀过程是由修正的 MUSLE 方程来模拟计算的（Wischmeier et al.，1978）。土壤流失方程 USLE 是通过降水动能函数预测年均侵蚀量，由于降水动能因子代表的能量只在流域内起作用，因此需要输移系数（河道上每一点的产沙量/该点以上的总侵蚀量）。而在 MUSLE 中，用径流因子代替降水动能，使得无需泥沙输移系数就可以预测泥沙产量，并且可以将方程用于单次暴雨事件。修正的通用土壤流失方程（Williams，1995）如下：

$$Y=11.8(Q\times pr)^{0.56}K_{\mathrm{USLE}}\cdot C_{\mathrm{USLE}}\cdot P_{\mathrm{USLE}}\cdot LS_{\mathrm{USLE}} \tag{8-36}$$

式中：$Y$ 为土壤侵蚀量，t；$Q$ 为地表径流，mm；$pr$ 为洪峰径流，$\mathrm{m^3/s}$；$K_{\mathrm{USLE}}$为土壤侵蚀因子；$C_{\mathrm{USLE}}$为植被覆盖和管理因子；$P_{\mathrm{USLE}}$为保持措施因子；$LS_{\mathrm{USLE}}$为地形因子。

### （一）土壤侵蚀因子 $K_{\mathrm{USLE}}$

当其他影响侵蚀的因子不变时，$K_{\mathrm{USLE}}$反映不同类型土壤抵抗侵蚀力的高低。它与土壤物理性质，如有机质含量、土壤结构、土壤渗透性等有关。当土壤颗粒粗、渗透性大时，$K_{\mathrm{USLE}}$值就低，反之则高。一般情况下 $K_{\mathrm{USLE}}$值的变幅为 0.02～0.75。

传统的 $K_{\mathrm{USLE}}$值直接测定方法是：在标准小区（坡长 22.1 m，宽 1.83 m，坡度 9%）上没有任何植被、完全休闲、无水土保持措施的情况下，降水后收集由于坡面径流而冲蚀到集流槽内的土壤，烘干、称重，由公式计算得到 $K_{\mathrm{USLE}}$值。

试验测算 $K_{\mathrm{USLE}}$值既费时又费力，1971 年 Wischmeier 等发展了一个通用方程来计算土壤侵蚀因子 $K_{\mathrm{USLE}}$值，该方程在土壤中黏土和壤土组成少于 70%时适用。

$$K_{\mathrm{USLE}}=\frac{0.000\,21M^{1.14}\cdot(12-OM)+3.25(C_{\mathrm{soilstr}}-2)+2.5(C_{\mathrm{perm}}-3)}{100} \tag{8-37}$$

式中：$M$ 为土壤粒径参数；$OM$ 为有机物含量百分比；$C_{\mathrm{soilstr}}$为土壤分类中的土壤结构代码；$C_{\mathrm{perm}}$为土壤渗透性等级。

1995 年 Williams 提出了另一个替换方程：

$$K_{\mathrm{USLE}}=f_{\mathrm{csand}}\cdot f_{\mathrm{cl-si}}\cdot f_{\mathrm{orgc}}\cdot f_{\mathrm{hisand}} \tag{8-38}$$

式中：$f_{\mathrm{csand}}$为粗糙沙土质地土壤侵蚀因子；$f_{\mathrm{cl-si}}$为黏壤土土壤侵蚀因子；$f_{\mathrm{orgc}}$为土壤有机质因子；$f_{\mathrm{hisand}}$为高沙质地土壤侵蚀因子。

各因子计算公式如下：

$$f_{\mathrm{csand}}=0.2+0.3\exp\left[-0.256m_s\left(1-\frac{m_{\mathrm{silt}}}{100}\right)\right] \tag{8-39}$$

$$f_{\mathrm{cl-si}}=\left(\frac{m_{\mathrm{silt}}}{m_c+m_{\mathrm{silt}}}\right)^{0.3} \tag{8-40}$$

$$f_{orgc} = 1 - \frac{0.25orgC}{orgC + \exp(3.72 - 2.95 \cdot orgC)} \tag{8-41}$$

$$f_{hisand} = 1 - \frac{0.7\left(1 - \frac{m_s}{100}\right)}{\left(1 - \frac{m_s}{100}\right) + \exp\left[-5.51 + 22.9\left(1 - \frac{m_s}{100}\right)\right]} \tag{8-42}$$

式中：$m_s$ 为粒径为 0.05～2.00 mm 沙粒的百分含量；$m_{silt}$ 为粒径为 0.002～0.05 mm 的淤泥、细沙百分含量；$m_c$ 为粒径小于 0.002 mm 的黏土百分含量；$orgC$ 为各土层中有机碳含量（%）。

**（二）植被覆盖和管理因子 $C_{USLE}$**

植被覆盖和管理因子 $C_{USLE}$ 表示植物覆盖和作物栽培措施对防止土壤侵蚀的综合效益（Wischmeier and Smith，1978），其含义是在地形、土壤、降水条件相同的情况下，种植作物或林草地的土地与连续休闲地土壤流失量的比值，最大取值为 1.0。由于植被覆盖受植物生长期的影响，SWAT 模型通过下面的方程调整植被覆盖和管理因子 $C_{USLE}$：

$$C_{USLE} = \exp[(\ln 0.8 - \ln C_{USLE,min}) \cdot \exp(-0.001\ 15 \cdot rsd_{surf}) + \ln C_{USLE,min}] \tag{8-43}$$

式中：$C_{USLE,min}$ 为最小植被覆盖和管理因子值；$rsd_{surf}$ 为地表植物残留量，$kg/hm^2$。

最小 $C_{USLE,min}$ 可以由已知年平均 $C_{USLE,aa}$ 值，通过以下方程（Arnold et al.，1995）计算：

$$C_{USLE,min} = 1.463\ln(C_{USLE,aa}) + 0.103\ 4 \tag{8-44}$$

**（三）保持措施因子 $P_{USLE}$**

保持措施因子 $P_{USLE}$ 是指有保持措施的地表土壤流失与不采取任何措施的地表土壤流失的比值，这里的保持措施包括等高耕作、带状种植和梯田。等高耕作对于中低强度的降水侵蚀具有保护水土流失的作用，但对于高强度的降水保护作用则很小，等高耕作对坡度为 3%～8% 之间的土地非常有效。不同坡度等高耕作的 $P_{USLE}$ 值见表 8-1。带状种植是指中耕作物和小粒谷类作物的等距带状种植，建议 $P_{USLE}$ 取值见表 8-2。

**表 8-1　等高耕作 $P_{USLE}$ 值**

| 坡度（%） | $P_{USLE}$ 值 | 最大坡长（m） |
|---|---|---|
| 1～2 | 0.60 | 122 |
| 3～5 | 0.50 | 91 |
| 6～8 | 0.50 | 61 |
| 9～12 | 0.60 | 37 |
| 13～16 | 0.70 | 24 |
| 17～20 | 0.80 | 18 |
| 21～25 | 0.90 | 15 |

**注**：由 Wischmeier 和 Smith（1978）得出。

**表 8-2　等高带状种植 $P_{USLE}$ 值**

| 坡度(%) | $P_{USLE}$ 值 | | | 间距(m) | 最大坡长(m) |
|---|---|---|---|---|---|
| | A | B | C | | |
| 1~2 | 0.30 | 0.45 | 0.60 | 40 | 244 |
| 3~5 | 0.25 | 0.38 | 0.50 | 30 | 183 |
| 6~8 | 0.25 | 0.38 | 0.50 | 30 | 122 |
| 9~12 | 0.30 | 0.45 | 0.60 | 24 | 73 |
| 13~16 | 0.35 | 0.52 | 0.70 | 24 | 49 |
| 17~20 | 0.40 | 0.60 | 0.80 | 18 | 37 |
| 21~25 | 0.45 | 0.68 | 0.90 | 15 | 30 |

注:由 Wischmeier 和 Smith 于 1978 年得出。A:中耕作物、小粒谷类作物、草地(2 年)4 年轮作;B:2 年中耕作物、冬谷类作物、草地(1 年)4 年轮作;C:中耕作物和冬谷类作物间种。

### (四)地形因子 $LS_{USLE}$

地形因子 $LS_{USLE}$的计算公式如下:

$$LS_{USLE} = \left(\frac{L_{hill}}{22.1}\right)^m \cdot (65.41\sin^2\alpha_{hill} + 4.56\ \sin\alpha_{hill} + 0.065) \tag{8-45}$$

式中:$L_{hill}$为坡长;$m$ 为坡长指数;$\alpha_{hill}$为坡度(角度)。

坡长指数 $m$ 的计算公式如下:

$$m = 0.6[1 - \exp(-35.835slp)] \tag{8-46}$$

式中:$slp$ 为 HRU 的坡度,$slp = \tan\alpha_{hill}$。

## 三、污染负荷模型

### (一)溶解态氮污染负荷模型

硝态氮主要随地表径流、侧向流或渗流在水体中迁移,用自由水中的硝态氮浓度乘以各流向径流总量,即可得到土壤中流失的硝态氮总量。自由水中硝态氮浓度计算公式为:

$$conc_{NO_3,mobile} = \frac{NO_{3ly} \cdot \exp\left[\frac{-W_{mobile}}{(1-\theta_e)\cdot SAT_{ly}}\right]}{W_{mobile}} \tag{8-47}$$

式中:$conc_{NO_3,mobile}$为自由水中硝态氮浓度,kg / mm;$NO_{3ly}$为土壤中硝态氮量,kg /hm$^2$;$W_{mobile}$为土壤中自由水的量, mm;$\theta_e$ 为孔隙度;$SAT_{ly}$为土壤饱和含水量。

地表径流流失的溶解态氮负荷计算公式为:

$$NO_{3surf} = \beta_{NO_3} \cdot conc_{NO_3,mobile} \cdot Q_{surf} \tag{8-48}$$

式中:$NO_{3surf}$为通过地表径流流失的硝态氮,kg/hm$^2$;$\beta_{NO_3}$为硝态氮渗流系数;$Q_{surf}$为地表径流, mm。

侧向流流失的溶解态氮负荷计算公式:

对于地表 10 mm 土层

$$NO_{3lat,ly} = \beta_{NO_3} \cdot conc_{NO_3,mobile} \cdot Q_{lat,ly} \tag{8-49}$$

对于 10 mm 以下的土层

$$NO_{3lat,ly} = conc_{NO_3,mobile} \cdot Q_{lat,ly} \tag{8-50}$$

式中：$NO_{3lat,ly}$为通过侧向流流失的硝态氮，kg /hm²；$\beta_{NO_3}$为硝态氮渗流系数；$Q_{lat,ly}$为侧向流，mm。

渗流流失的溶解态氮负荷计算公式：

$$NO_{3perc,ly} = conc_{NO_3,mobile} \cdot W_{perc,ly} \tag{8-51}$$

式中：$NO_{3perc,ly}$为通过渗流流失的硝态氮，kg/hm²；$conc_{NO_3,mobile}$为自由水的硝态氮浓度，kg / mm；$W_{perc,ly}$为渗流，mm。

**（二）吸附态氮污染负荷模型**

有机氮通常吸附在土壤颗粒上并通过径流迁移，这种形式的氮负荷与土壤流失量密切相关，土壤流失量直接反映了有机氮负荷，1976 年 McElroy 等发展了有机氮随土壤流失的输移负荷函数，1978 年 Williams 和 Hann 对其进行了修正。

$$orgN_{surf} = 0.001 conc_{orgN} \cdot \frac{sed}{area_{hru}} \cdot \varepsilon_{N:sed} \tag{8-52}$$

式中：$orgN_{surf}$为有机氮流失量，kg /hm²；$conc_{orgN}$为有机氮在表层（10 mm）土壤中的浓度，kg /t；$sed$ 为土壤流失量，t；$area_{hru}$为水文响应单元的面积，hm²；$\varepsilon_{N:sed}$为氮富集系数，为随土壤流失的有机氮浓度和土壤表层有机氮浓度的比值。

富集系数的计算如下（Menzel，1980）：

$$\varepsilon_{N:sed} = 0.78(conc_{sed,surq})^{-0.2468} \tag{8-53}$$

式中：$conc_{sed,surq}$为地表径流中泥沙含量。

$$conc_{sed,surq} = \frac{sed}{10 \cdot area_{hru} \cdot Q_{surf}} \tag{8-54}$$

**（三）溶解态磷污染负荷模型**

溶解态磷在土壤中的迁移主要是通过扩散作用实现的，扩散是指离子在微小尺度下（1～2 mm）由于浓度梯度而引起的溶质迁移，由于溶解态磷不很活跃，所以由地表径流以溶解态形式带走的土壤表层（10 mm）的磷很少。地表径流输移的溶解态磷计算公式为：

$$P_{surf} = \frac{P_{solution,surf} \cdot Q_{surf}}{\rho_b \cdot depth_{surf} \cdot k_{d,surf}} \tag{8-55}$$

式中：$P_{surf}$为通过地表径流流失的溶解态磷，kg /hm²；$P_{solution,surf}$为土壤中（表层 10 mm）溶解态磷，kg /hm²；$\rho_b$ 为土壤溶质密度，t/m³；$depth_{surf}$为表层土壤深度，mm；$k_{d,surf}$为土壤磷分配系数，即表层土壤（10 mm）中溶解态磷的浓度与地表径流中溶解态磷的浓度的比值。

**（四）吸附态磷污染负荷模型**

有机磷和矿物质磷通常吸附在土壤颗粒上并通过径流迁移，这种形式的磷负荷与土壤流失量密切相关，土壤流失量直接反映了有机磷和矿物质磷负荷。1976 年 McElroy 等发展了有机磷和矿物质磷随土壤流失输移的负荷函数，1978 年 Williams 和 Hann 对其进行了修正。

$$sedP_{surf}=0.001 conc_{sedP}\cdot\frac{sed}{area_{hru}}\cdot\varepsilon_{P:sed} \tag{8-56}$$

式中：$sedP_{surf}$为有机磷流失量，kg /hm$^2$；$conc_{sedP}$为有机磷在表层（10 mm）土壤中的浓度，kg /t；$sed$ 为土壤流失量，t；$area_{hru}$为水文响应单元的面积，hm$^2$；$\varepsilon_{P:sed}$为磷富集系数。

**（五）河道中各种形态氮的转化**

SWAT 模型中河道水质模拟采用 QUAL2E 模型（Brown and Barnwell，1987）。在有氧的水环境中，氮的存在形式可以从有机氮转化到氨，然后到亚硝酸盐、硝酸盐。藻类生物量中的氮可以转化为有机氮，使河道中的有机氮数量增加；当有机氮随泥沙沉淀时或有机氮转化成了氨就会使河道中的有机氮数量减少。一天内有机氮的变化可描述为：

$$\Delta orgN_{str}=(\alpha_1\cdot\rho_a\cdot algae-\beta_{N,3}\cdot orgN_{str}-\sigma_4\cdot orgN_{str})\cdot TT \tag{8-57}$$

式中：$\Delta orgN_{str}$为有机氮浓度的变化量，mg /L；$\alpha_1$ 为藻类生物量中的氮含量，mg /mg；$\rho_a$ 为当地藻类的死亡速度，d$^{-1}$；$algae$ 为一天开始时藻类生物的含量，mg/L；$\beta_{N,3}$为有机氮转化为氨的速度常数，d$^{-1}$；$orgN_{str}$为一天开始时有机氮的含量，mg /L；$\sigma_4$ 为有机氮的沉淀系数，d$^{-1}$；$TT$ 为在河段中的运动时间，d。

1. 氨氮

河道中有机氮的矿化和河床泥沙中氨的扩散都会使氨的数量增加，当 $NH_4^+$ 转化为 $NO_2^-$ 或被藻类吸收时氨的含量就会降低。一天内氨氮的变化可描述为：

$$\Delta NH_{4str}=\left(\beta_{N,3}\cdot orgN_{str}-\beta_{N,1}\cdot NH_{4str}+\frac{\sigma_3}{(1\,000\cdot depth)}-fr_{NH_4}\cdot\alpha_1\cdot\mu_a\cdot algae\right)\cdot TT \tag{8-58}$$

式中：$\Delta NH_{4str}$为氨氮的变化量，mg /L；$\beta_{N,3}$为有机氮转化为氨氮的速度常数，d$^{-1}$；$orgN_{str}$为一天中开始时有机氮的含量，mg /L；$\beta_{N,1}$为氨氮的氧化速度常数，d$^{-1}$；$NH_{4str}$为一天开始时氨氮的含量，mg /L；$\sigma_3$ 为沉淀物的氨氮释放速度，mg /m$^2$·d；$depth$ 为河道中的水深，m；$fr_{NH_4}$为藻类的氨氮吸收系数；$\alpha_1$ 为藻类生物量中氮含量，mg /mg；$\mu_a$ 为藻类的生长速度，d$^{-1}$；$algae$ 为一天开始时藻类生物量的含量，mg /L；$TT$ 为在河段中的运动时间，d。

2. 亚硝酸盐

当 $NH_4^+$ 转化为 $NO_2^-$ 时，$NO_2^-$ 的数量增加；而 $NO_2^-$ 被转化为 $NO_3^-$ 时，$NO_2^-$ 的数量减少。$NO_2^-$ 被转化为 $NO_3^-$ 的速度远比 $NH_4^+$ 转化为 $NO_2^-$ 的速度要快得多，所以水中的亚硝酸盐的数量是很少的。一天内亚硝酸盐的变化可描述为：

$$\Delta NO_{2str}=(\beta_{N,1}\cdot NH_{4str}-\beta_{N,2}\cdot NO_{2str})\cdot TT \tag{8-59}$$

式中：$\Delta NO_{2str}$为亚硝酸盐的变化量，mg/L；$\beta_{N,1}$为氨氮的生物氧化速度常数，d$^{-1}$；$NH_{4str}$为一天中开始时的氨氮含量，mg /L；$\beta_{N,2}$为由亚硝酸盐到硝酸盐的氧化速度常数，d$^{-1}$；$NO_{2str}$为一天开始时亚硝酸盐的含量，mg /L；$TT$ 为在河段中的运动时间，d。

3. 硝酸盐

河道里的 $NO_2^-$ 被转化为 $NO_3^-$ 时，$NO_3^-$ 的含量增加，而由于藻类的吸收，$NO_3^-$ 的含量会降低。一天内硝酸盐的变化量为：

$$\Delta NO_{3str} = (\beta_{N,2} \cdot NO_{2str} - (1 - fr_{NH_4}) \cdot \alpha_1 \cdot \mu_a \cdot algae) \cdot TT \qquad (8\text{-}60)$$

式中：$\Delta NO_{3str}$为硝酸盐的变化量，mg/L；$\beta_{N,2}$为由亚硝酸盐转化为硝酸盐的速度常数，$d^{-1}$；$NO_{2str}$为一天开始时亚硝酸盐的含量，mg/L；$fr_{NH_4}$为藻类的氨氮吸收系数；$\alpha_1$为藻类生物量的氮含量，mg/mg；$\mu_a$为藻类的生长速度，$d^{-1}$；$algae$为一天开始时藻类的生物量，mg/L；$TT$为在河段中的运动时间，d。

## 第四节　SWAT 模型的应用研究

SWAT 具有很强的模拟功能，在对其原理、结构和功能剖析的基础上，本节结合黄河典型流域（卢氏以上流域）进行应用研究，探讨 SWAT 在分布式水文模拟及非点源（面源）污染等方面的具体应用，为国内分布式水文模型的研制提供了重要的借鉴。

### 一、研究区的概况

本节涉及的研究区为黄河流域小浪底水库以下的最大支流——洛河上游卢氏水文站以上流域（见附图 13），位于北纬 33°45′～34°30′、东经 109°40′～110°10′之间，流域面积 4 623 km²，河长 196.3 km。该区为土石山区，植被较好，并有大片森林覆盖，水源涵养条件较好。

#### （一）地质地貌

地质和地貌条件是决定流域非点源污染分布规律和污染物迁移过程的基本因素。研究区地处华北地台南缘和昆仑—秦岭纬向构造带交接的陕东南和豫西山区，境内山丘连绵，地质构造复杂。以卢氏—栾川大断裂带为界，划分成两个构造单元：一是华北地台区，包括卢栾断裂带以北的华熊沉降带至华北地台区南缘的崤山及熊耳山地；二是秦岭地槽区，指卢栾断裂带以南地区。从地质图上看，岩石的分布情况如下：伏牛山地出露的岩层主要有太古界砂岩、云母片麻岩；熊耳山地主要由安山岩、石英岩及部分大理岩构成；崤山山地主要由白云质灰岩、石英砂岩和花岗岩构成；崤山周围的低山丘陵区多为黄土覆盖，但亦有泥灰岩、砾岩和紫色砂页岩出露；沿河阶地区，多为全新统最新沉积覆盖层，成因类型较多，但以冲积—洪积物红色土层及坡洪积物为主。

研究区自北向南，有东西走向的华山、崤山、熊耳山、伏牛山、秦岭山脉和西东流向的洛河、老鹳河、淇河三条较大河流，构成了该区西高东低、北陡南缓的地势，海拔高度自草链山岭 2 645 m（黄海高程，以下不注明的均同此）下降到卢氏水文站的 572.5 m，相差 2 072.5 m。该区地形复杂，素有“六山三丘一分田”之称。按其不同特点，大致可分为三类：一是土石山区，主要分布在西北部，高程一般在 1 200～2 000 m 之间，这里山高坡陡，土薄石多，且峡谷多，占研究区总面积的 61.0%；二是低山丘陵区，主要分布在中部和北部，高程一般在海拔 800～1 200 m 之间，这里地面起伏，沟壑纵横，山丘相间，地貌类型以黄土阶地和黄土丘陵为主,占研究区总面积的28.4%;三是河谷平地区,海拔600～800 m,主要分布在洛河河南村段以下的沿河两岸(即卢氏盆地),主要由1～2级阶地和漫滩构成,地势平坦,土层较厚,占总面积的11.4%。

**(二)气候**

研究区属暖温带山地季风气候,低空盛行风向及相应的盛行气团随季节变化,造成流域内冬季寒冷干燥,夏季炎热多雨。因东西海拔相差悬殊,地形又多变化,气候具有明显的垂直变化。研究区年平均气温11.1～12.7 ℃,极端最低温度为-19.1 ℃(1955年1月10日),极端最高温度为42.1 ℃(1966年6月21日);7月平均气温23.1～25.6 ℃,1月平均气温-1.9～1.5 ℃,5 ℃以上活动积温为4 534 ℃。年均日照时数2 183 h,年日照率49%,年辐射总量115.9 kcal/cm$^2$。在大于和等于10 ℃的作物生长活跃期内,光合有效辐射量为73 kcal/cm$^2$,占全年总辐射的63%;在小麦生育期的10月份至次年5月份,光合有效辐射量为39.4 kcal/cm$^2$,光热条件比较充裕,年均蒸发量480 mm,气候条件基本满足农业生产需要。

据1951～1997年22个雨量站降水资料统计,该区多年平均降水量为712.0 mm,最大年降水量1 011.7 mm(1964年),最小年降水量447.7 mm(1978年),年际差异较大。少雨年份(年降水量在500 mm以下)有6年,占12.8%,多雨年份(年降水量在500 mm以上)有41年,占87.2%;年均降水日数最多109天,日最大降水量79.6 mm。由于受暖温带大陆季风气候和海拔垂直高度的影响,降水量年内分布不均,一般集中在汛期6～9月,占全年降水量的55%～65%,冬春季雨雪较少,仅占15%～20%。降水量的地域分布亦极不均衡,大抵是南部多于北部,西部多于东部,深山多于河川,在海拔1 000 m以下的地带降水量偏少。由于降水时空不均和年际变化较大,该区冬春干旱,夏季炎热、多水灾,造成较严重的水土流失。

**(三)水文**

水文特征包括径流、地下水、水资源、泥沙量、暴雨和洪水等。研究区多年平均径流深189.5 mm,径流总量为8.7亿m$^3$,丰水年($P=20\%$)为11.9亿m$^3$,平水年($P=50\%$)为7.8亿m$^3$,枯水年($P=75\%$)为5.7亿m$^3$;径流年内分配不均,汛期径流量占全年径流量的30%～60%。沿河多为山区丘陵,山高坡陡,河网密布,汛期洪水暴发,冲垮河坝,淹没村镇良田,造成水灾和严重的水土流失。

该区水资源比较丰富,地表水资源均值量8.4亿m$^3$,地下水资源均值量0.514 1亿m$^3$,扣除重复量0.456 4亿m$^3$,水资源总量8.46亿m$^3$。中山和低山丘陵的部分区域,由于植被条件差,储水条件不佳,降水入渗补给量有限,浅层地下水贫乏,一般埋深10 m以上;卢氏盆地一级阶地有一个浅水层,是地下水富裕区,埋深一般为3～6 m,开发利用条件良好。该区暴雨具有集中、量大、面广和历时长的特点,一般出现在5～10月之间,7～8月占总数的60%～80%,较大暴雨(如日降水大于150 mm)多出现在7月中旬至8月上旬,存在着明显的暴雨中心,面雨量离差系数$C_v$值一般为0.4～0.7,流域降水不均匀系数$\eta$一般为0.4～0.7,流域最大点与最小点降水量的比值系数$\alpha$平均值为16.06。该地区地势陡峻,土薄,植被较好,是洛河流域的主要产流区之一。该区产流机制主要随着降水强度和降水历时发生转化,历时较短的小暴雨,可能产生壤中流或地下径流,可能不产流;而历时较长的小暴雨,则可能产生饱和地面径流。该地区历时短、强度高的暴雨将形成以超渗地面径流为主的洪水过程,而历时长、强度低的暴雨将形成以壤中流和地下径流为主的洪水过程,兼有传统意义的蓄满和超渗的特征。

该区干流河段地势高,落差大,河床窄深,弯曲度大,流向多变。在洛南县境内河谷形态可分为四类:发源地至保安为上游峡谷段,山高坡陡,水流湍急,海拔由 1 600 m 降至 1 100 m,流程 28.8 km,平均比降 17‰~9‰;保安至庙湾,为较开阔的中游川原段,间有滩湾,流程 75 km,海拔由 1 100 m 降至 750 m,平均比降 4.7‰;庙湾至兰草河口为下游峡谷段,流程 26 km,海拔由 750 m 降至 679 m,平均比降 3‰,夹岸有石质山地,谷坡陡峻,悬崖壁立,沟深水急;兰草河口至卢氏水文站为卢氏盆地,流程 62.2 km,海拔由 679 m 降至 546.5 m,平均比降 2.1‰,从河源到卢氏洪峰传播时间为 16~17 h。由于是山区性河流,水流急,泥沙基本不淤积,洛南县多年平均输沙量为 149 万 t。

### (四)土壤

研究区土壤共分 11 土类,14 亚类,26 土属,37 土种。主要为黄棕壤、棕壤、褐土、淤土、立黄土、紫色土、石质土、白缮土、两合土、潮土、山地草甸土,其余是黏土、沙土、红垆土、红白死板土等。土壤类型分布比例见表 8-3。

**表 8-3　卢氏以上洛河流域土壤类型统计**

| 类型 | 黄棕壤 | 棕 壤 | 褐土 | 淤土 | 立黄土 | 紫色土 | 石质土 | 白缮土 | 两合土 | 潮土 | 山地草甸土 | 其他 |
|---|---|---|---|---|---|---|---|---|---|---|---|---|
| 所占百分比 | 33.8 | 31.9 | 12.8 | 7.1 | 3.7 | 3.3 | 1.6 | 1.4 | 0.9 | 0.7 | 0.3 | 2.4 |

洛南县土壤呈三维分布,其中以垂直分布为主,兼有平面和地域分布。海拔在 1 300 m 以上多是棕壤土;1 300 m 以下受人类活动影响,多呈粗骨性棕壤。1 000~1 300 m 之间,以褐土性和粗骨性褐土为主;1 000 m 以下的丘林塬坡地带,以淋溶性褐土为主;河谷沿岸以淤土为主并有潮土和水稻土零星分布。土壤的分布随纬度和温度的不同而出现有规律的变化:黄褐土集中分布在北部洛河沿岸的梁头塬、李河、柏峪寺等丘陵坡塬地上;黄棕壤则分布在南部蟒岭 1 200 m 左右的山地上。由于成土母质和岩性的影响,永丰、景村、三要一带是黄土母质发育成的褐土;石门、景村等地是紫红色砂岩发育的紫色土;巡检、石坡一带以是灰岩、片岩为主的地区,形成以泥质或粗骨性泥质土壤为主;三要、景村南部以花岗岩为主的地区,沙土或粗骨性沙质土,地下水位高的中、东沙河两岸的低洼地区形成潮土和湿潮土,1 300 m 以上受地形和植被影响,形成山地草甸土。

卢氏县以立黄土为主要土类,占全县总耕地面积的 36.7%,主要分布于城郊、范里、文峪、横涧、沙河、杜关、官道口等浅山丘陵区,土层上虚下实,质地黏重,保水、保肥能力强,通透性能差,生产性能好,耕地性能差;石质土占总耕地面积的 16.2%,主要分布于范里、文峪、横涧、磨沟口、汤河、朱阳关、狮子坪、官坡、徐家湾、潘河、木桐、五里川、瓦窑沟等山区河滩两岸,土层仅有 16~30 cm,石渣比例大,中下层全是石头,漏水漏肥,生产性能差,肥力低;白缮土占总耕地面积的 13.7%,主要分布于城郊、范里、文峪、横涧、沙河、潘河等丘陵坡地,土层较厚,上松下实,质地松散,耕种方便,通透性能好,保水、保肥性能差;

两合土占总耕地面积的9.3%，主要分布于城郊、范里、文峪、横涧、磨沟口、汤河、五里川、朱阳关、官坡、杜关等河槽两岸，土壤质地中等，适耕期长，土体疏松，通透性能良好，保水、保肥能力中等。

**（五）植被**

由于地势高低悬殊，气候错综复杂，形成了多样的植被类型，西北部秦岭、南部蟒林山地，海拔较高，气候寒冷，植被生长茂密，植被覆盖率均在61%以上；中部河谷川原地区环境条件不同，加之人类长期生产活动的影响，植被与南、北部大不相同，除有部分油松林外，大部分是草本植物、灌木及新中国成立后营造的松栎林，森林覆盖率仅有25.7%；近年来增大植树造林面积，整个地区森林和草地覆盖率已达到70%以上。根据流域所处的地理位置和地形地貌，在中国植被区划中，归属于暖温带植被垂直带。

栓皮栎林带：主要分布于海拔600～1 100 m之间的低山丘陵地带，既是秦岭暖温带的典型垂直地带性植被基地，也是关中盆地水平地带性植被——落叶阔叶带向南延伸的地带。在海拔600～900 m河谷川原常有片状旱生侧柏疏林，夹有少数桧柏、山刺柏等乔木；灌木草本植物有白羊草、白茅、铁杆蒿、远志、胡柴等。

华山松尖齿栎林带：分布于海拔1 100～1 800 m的中、高山地带。主要建群树种是华山松、尖齿栎，其中以油松、槲栎、山杨为优势树种。

桦木林带：分布于海拔1 800～2 100 m的高山地带，以桦木科的桦属植物为建群树种，其中红桦、牛皮桦、白桦也常可见到。草本植物有披针苔、桑椹苔等。

冷杉林带及高山草甸：分布于海拔2 300～2 600 m之间的亚高山地带，以草链岭、八套崂为典型林带，多属冷杉纯林，主要有太白冷杉、秦岭冷杉等。林木灌木以杜鹃类最多，其他有秦岭蔷薇、忍冬类。草本植物有苔藓、蒿草和梅花草。

**（六）社会经济概况**

研究区包括蓝田县、洛南县、丹凤县、华县、商州市和卢氏县，各县(市)人口及经济概况如表8-4所示。据1999年统计，该区农业人口占总人口的88.9%以上，是典型的农业区。

**表8-4　研究区域社会经济状况统计**

| 县(市) | 人口(万人) | | | 土地面积(万 $hm^2$) | 工业产值(万元) | 粮食产量(万 t) | 耕地面积(万 $hm^2$) |
|---|---|---|---|---|---|---|---|
| | 总人口 | 城镇人口 | 农村人口 | | | | |
| 蓝田县 | 58.49 | 5.03 | 53.46 | 16.96 | 12 502.0 | 12.52 | 5.20 |
| 洛南县 | 43.09 | 3.47 | 39.62 | 27.91 | 17 082.1 | 12.85 | 3.31 |
| 丹凤县 | 27.81 | 1.51 | 26.30 | 24.38 | 6 820.1 | 12.76 | 5.30 |
| 华 县 | 32.71 | 5.88 | 26.83 | 11.27 | 27 962.3 | 11.25 | 2.80 |
| 商州市 | 51.40 | 6.17 | 45.23 | 26.72 | 7 484.2 | 11.53 | 4.79 |
| 卢氏县 | 33.60 | 5.38 | 28.22 | 36.65 | 12 471.5 | 2.32 | 2.78 |
| 合 计 | 247.10 | 27.44 | 219.66 | 143.89 | 84 322.2 | 63.22 | 24.19 |

研究区域种植的主要粮食作物有小麦、玉米、薯类、豆类;经济作物有棉花、花生、芝麻、油葵、烟叶、林果、食用菌、中药材等;经济林以核桃、干鲜果为主。农作物以一年两熟和两年三熟为主,采用轮作、复种和间作套种三种耕作制度,其中复种指数为1.4。研究区农业种植情况如表8-5所示。

**表8-5 卢氏以上洛河流域农业种植情况**(1999年)

| 农作物名称 | 种植面积($hm^2$) | 单产($t/hm^2$) | 总产(t) |
|---|---|---|---|
| 一、夏粮 | 44 376 | 1.74 | 77 251 |
| 1.小麦 | 38 957 | 1.83 | 71 489 |
| 2.夏交粮 | 410 | 0.61 | 249 |
| 3.夏洋芋 | 5 009 | 1.10 | 5 513 |
| 二、秋粮 | 46 798 | 2.06 | 96 374 |
| 1.水稻 | 12 | 2.42 | 29 |
| 2.玉米 | 35 580 | 2.53 | 90 129 |
| 3.谷子 | 165 | 0.96 | 158 |
| 4.糜子 | 307 | 0.79 | 244 |
| 5.高粱 | 22 | 1.18 | 26 |
| 6.红薯 | 1 482 | 1.03 | 1 527 |
| 7.秋洋芋 | 1 132 | 0.62 | 700 |
| 8.秋杂粮 | 8 098 | 0.44 | 3 563 |
| 三、油料作物 | 20 419 | 0.53 | 10 799 |
| 1.大豆 | 14 686 | 0.59 | 8 679 |
| 2.油菜 | 4 860 | 0.35 | 1 720 |
| 3.蓖麻 | 117 | 0.41 | 48 |
| 4.花生 | 756 | 0.47 | 352 |
| 四、经济作物 | 10 926 | 1.45 | 15 839 |
| 1.大麻 | 297 | 0.84 | 250 |
| 2.药材 | 5 186 | 0.19 | 1 004 |
| 3.烤烟 | 2 287 | 1.49 | 3 398 |
| 4.蔬菜 | 3 156 | 3.54 | 11 187 |
| 五、经济林 | 34 534 | | |

## 二、数据收集与整理

### (一)原始空间数据

1.数字高程模型(DEM)

DEM是地表单元上的高程集合,是模型进行流域划分、水系生成和水文过程模拟的基础。在研究区的模拟中,使用国家基础地理信息中心提供的全国1∶25万DEM影像图,其网格大小为3″×3″,每幅图行列数为1 201×1 801,所有图幅范围都为大小相等的矩形,整个流域包含在东经 109°30′～111°30′、北纬 33°40′～34°30′的范围之内。在 Arc/Info 中,经过投影变换、网格重分和流域界限划分等几个步骤,生成模拟需要的 GIS 地图。研究区 DEM 影像图见附图 14。

2. 土地利用数据

根据研究区土地利用类型图,统计得到各土地利用类型面积百分比(见附图 15)。研究区的总土地面积为 46.23 万 $hm^2$,其中林地面积最大,占总面积的 45.81%;草地占总面积的 27.26%;耕地占总面积的 25.22%,见表 8-6。

**表 8-6　研究区土地利用类型面积**

| 编码 | 名称 | 面积($hm^2$) | 占总面积百分比(%) |
|---|---|---|---|
| 1 | 耕地 | 111 543 | 25.22 |
| 2 | 林地 | 202 599 | 45.81 |
| 3 | 草地 | 120 568 | 27.26 |
| 4 | 水域 | 4 841 | 1.09 |
| 5 | 农村居民点 | 1 701 | 0.39 |
| 6 | 城镇居民与工业用地 | 514 | 0.12 |
| 7 | 裸地 | 478 | 0.11 |

3. 土壤类型数据

土壤类型数据来自中国科学院南京土壤研究所完成的 1:100 万土壤数据。该数据根据全国土壤普查办公室 1995 年编制、西安出版社出版发行的《1:100 万中华人民共和国土壤图》数字化;地理参照系投影方式:等积圆锥投影;第一标准纬线:北纬 25°纬线;第二标准纬线:北纬 47°纬线;中央经线:东经 110°经线。应用 GIS 技术将其数据格式进行转换,并将其投影进行转化,对应流域界线进行切割,最后得到研究区土壤类型图(见附图 16)。将土壤类型概化为 12 类,土壤类型和代码见表 8-7。

**表 8-7　土壤类型和代码**

| 土壤种类 | 土纲 | 土类 | 亚类 | 代码 |
|---|---|---|---|---|
| 1 | 淋溶土 | 棕壤 | 棕壤 | 1115102 |
| 2 | 淋溶土 | 棕壤 | 白浆化棕壤 | 1115202 |
| 3 | 淋溶土 | 棕壤 | 棕壤性土 | 1115408 |
| 4 | 半淋溶土 | 褐土 | 褐土 | 1211102 |
| 5 | 半淋溶土 | 褐土 | 石灰性褐土 | 1211205 |
| 6 | 半淋溶土 | 褐土 | 淋溶褐土 | 1211301 |
| 7 | 半淋溶土 | 褐土 | 褐土性土 | 1211708 |
| 8 | 初育土 | 新积土 | 新积土 | 1612102 |
| 9 | 初育土 | 新积土 | 冲积土 | 1612201 |
| 10 | 初育土 | 紫色土 | 石灰性紫色土 | 1617401 |
| 11 | 初育土 | 粗骨土 | 中性粗骨土 | 1620301 |
| 12 | 初育土 | 粗骨土 | 钙质粗骨土 | 1620401 |

### (二)空间属性数据处理

SWAT 使用 5 个数据库来存储有关植被生长、土地利用、耕作、肥料组分和农药的信息,并对这五个数据库以及自定义土壤类型和气象站参数的附加数据库进行编辑和修改。

1. 土壤属性数据库

SWAT 用到的土壤数据主要包括两大类:物理属性数据和化学属性数据。土壤的物理属性决定土壤剖面中水和气的运动状况,并对水文响应单元 HRU 中的水循环起着重要作用。物理属性主要包括土层厚度、密度、有机碳、有效可利用水量和土壤饱和水力传导度等。土壤的化学属性主要表征土壤中氮、磷的初始浓度。

美国国家自然资源保护局(NRCS)根据土壤的渗透属性,将土壤分为 4 类。1996 年,NRCS 土壤调查小组将在相同的降雨和地表条件下、具有相似的产流能力的土壤归为一个水文组。影响土壤产流能力的属性是指那些影响土壤在完全湿润并且不冻的条件下的最小下渗率属性,主要包括季节性土壤含水量、土壤饱和水力传导度和土壤下渗速率。土壤的水文学分组定义如表 8-8 所示。

**表 8-8　SCS 模型中土壤水文组**

| 土壤分类 | 土壤水文性质 | 最小下渗率(mm/h) |
|---|---|---|
| A | 在完全湿润的条件下具有较高渗透率的土壤。这类土壤主要由砂砾石组成,排水、导水能力强(产流低)。如:厚层沙,厚层黄土,团粒化粉砂土 | 7.26～11.43 |
| B | 在完全湿润的条件下具有中等渗透率的土壤。这类土壤排水、导水能力和结构都属于中等。如:薄层黄土,沙壤土 | 3.81～7.26 |
| C | 在完全湿润的条件下具有较低渗透率的土壤。这类土壤大多有一个阻碍水流向下运动的层,下渗率和导水能力较低。如:黏壤土,薄层沙壤土,有机质含量低的土壤,黏质含量高的土壤 | 1.27～3.81 |
| D | 在完全湿润的条件下具有很低渗透率的土壤。这类土壤主要由黏土组成,有很高的涨水能力,大多有一个永久的水位线,黏土层接近地表,其深层土几乎不影响产流,具有很低的导水能力。如:吸水后显著膨胀的土壤,塑性的黏土,某些盐渍土 | 0～1.27 |

模型中涉及的土壤物理化学属性参数较多,根据我国土壤分类系统和研究区域土壤类型的具体情况,参考相关材料,确定模型中土壤参数值。模型所需要的土壤参数数据主要由南京土壤所提供,同时参阅《中国土壤》、《河南土壤》和《陕西土壤》进行补充确定。

2. 土地利用属性数据库

模型中有关土地利用和植被覆盖的数据通过 DBF 文件进行存储和计算,根据土地利用输入文件,建立研究区土地利用输入参数表(见表 8-9)。

表 8-9 土地利用/植被覆盖模型输入参数

| 变量 | 土地利用类型 | | | | |
|---|---|---|---|---|---|
| | 耕地 | 林地 | 草地 | 水域 | 裸地 |
| ICNUM | 1 | 6 | 12 | 18 | 98 |
| CPNM | AGRL | FRST | PAST | WATR | BARE |
| IDC | 4 | 7 | 6 | 6 | 5 |
| CROPNAME | Agricultural | Forest-Mixed | Pasture | Water | Bare area |
| BIO_E | 33.50 | 15.00 | 35.00 | 0 | 29.16 |
| HVSTI | 0.45 | 0.76 | 0.90 | 0 | 0.67 |
| BLAI | 3.00 | 5.00 | 4.00 | 0 | 3.62 |
| FRGRW1 | 0.15 | 0.05 | 0.05 | 0 | 0.14 |
| LAIMX1 | 0.05 | 0.05 | 0.05 | 0 | 0.07 |
| FRGRW2 | 0.50 | 0.40 | 0.49 | 0 | 0.47 |
| LAIMX2 | 0.95 | 0.95 | 0.95 | 0 | 0.91 |
| DLAI | 0.64 | 0.99 | 0.99 | 0 | 0.74 |
| CHTMX | 1.00 | 6.00 | 0.50 | 0 | 1.61 |
| RDMX | 2.00 | 3.50 | 2.00 | 0 | 1.80 |
| T_OPT | 30.00 | 30.00 | 25.00 | 0 | 23.61 |
| T_BASE | 11.00 | 10.00 | 12.00 | 0 | 8.03 |
| CNYLD | 0.019 9 | 0.001 5 | 0.023 4 | 0 | 0.020 0 |
| CPYLD | 0.003 2 | 0.000 3 | 0.003 3 | 0 | 0 |
| BN1 | 0.044 0 | 0.006 0 | 0.060 0 | 0 | 0.040 0 |
| BN2 | 0.016 4 | 0.002 0 | 0.023 1 | 0 | 0.020 0 |
| BN3 | 0.012 8 | 0.001 5 | 0.013 4 | 0 | 0.010 0 |
| BP1 | 0.006 0 | 0.000 7 | 0.008 4 | 0 | 0 |
| BP2 | 0.002 2 | 0.000 4 | 0.003 2 | 0 | 0 |
| BP3 | 0.001 8 | 0.000 3 | 0.001 9 | 0 | 0 |
| WSYF | 0.250 | 0.010 | 0.900 | 0 | 0.510 |
| USLE_C | 0.200 | 0.001 | 0.003 | 0 | 0.080 |
| GSI | 0.005 | 0.002 | 0.005 | 0 | 0.010 |
| FRGMAX | 0.75 | 0.75 | 0.75 | 0 | 0.74 |
| WAVP | 8.50 | 8.00 | 10.00 | 0 | 7.98 |
| CO2HI | 660.0 | 660.0 | 660.0 | 0 | 653.2 |
| BIOEHI | 36.00 | 16.00 | 36.00 | 0 | 36.05 |
| RSDCO_PL | 0.05 | 0.05 | 0.05 | 0 | 0.05 |

3.气象资料数据库

SWAT 定义一个“天气发生器”,“天气发生器”要求输入多年逐月气象资料,当流域内某些数据难于获得,该“天气发生器”根据事先提供的多年月平均资料来模拟逐日的气象资料,因此该数据库要求的参数比较多,约 160 个。天气发生器各参数计算公式如表8-10 所示。

表 8-10　天气生成器各参数计算公式

| 参数 | 计算公式 |
| --- | --- |
| 月平均最高气温(℃) | $\mu mx_{\mathrm{mon}}=\sum_{d=1}^{N}T_{\mathrm{max,mon}}/N$ |
| 月平均最低气温(℃) | $\mu mn_{\mathrm{mon}}=\sum_{d=1}^{N}T_{\mathrm{min,mon}}/N$ |
| 最高气温标准偏差 | $\sigma mx_{\mathrm{mon}}=\sqrt{\sum_{d=1}^{N}(T_{\mathrm{max,mon}}-\sigma mn_{\mathrm{mon}})^2/(N-1)}$ |
| 最低气温标准偏差 | $\sigma mn_{\mathrm{mon}}=\sqrt{\sum_{d=1}^{N}(T_{\mathrm{min,mon}}-\mu mn_{\mathrm{mon}})^2/(N-1)}$ |
| 月均降雨量(mm) | $\overline{R}_{\mathrm{mon}}=\sum_{d=1}^{N}R_{\mathrm{day,mon}}/yrs$ |
| 降雨量标量准偏差 | $\sigma_{\mathrm{mon}}=\sqrt{\sum_{d=1}^{N}(R_{\mathrm{day,mon}}-\overline{R}_{\mathrm{mon}})^2/(N-1)}$ |
| 降雨的偏度系数 | $g_{\mathrm{mon}}=N\sum_{d=1}^{N}(R_{\mathrm{day,mon}}-\overline{R}_{\mathrm{mon}})^3/(N-1)(n-2)(\sigma_{\mathrm{mon}})^3$ |
| 月内干日日数(d) | $P_i(W/D)=(days_{W/D,i})/(days_{\mathrm{dry},i})$ |
| 月内湿日日数(d) | $P_i(W/W)=(days_{W/W,i})/(days_{\mathrm{wet},i})$ |
| 平均降雨天数(d) | $\overline{d}_{\mathrm{wet},i}=day_{\mathrm{wet},i}/yrs$ |
| 露点温度(℃) | $\mu dew_{\mathrm{mon}}=\sum_{d=1}^{N}T_{\mathrm{dew,mon}}/N$ |
| 月均太阳辐射量[kJ/(m²·d)] | $\mu rad_{\mathrm{mon}}=\sum_{d=1}^{N}H_{\mathrm{day,mon}}/N$ |
| 月均风速(m/s) | $\mu wnd_{\mathrm{mon}}=\sum_{d=1}^{N}T_{\mathrm{wnd,mon}}/N$ |

## (三)基于 DEM 的水文参数提取

研究区的基础 DEM 数据来源于中国科学院资源与环境数据中心,其基础网格大小是 84 m×84 m 的栅格数据。流域水系提取流程如图 8-6 所示。经过图形拼接、投影变换、网格大小变换等预处理工作,计算出研究区坡度、坡向、网格单元水流流向(见附图 17)和流域河网(见附图 18)。

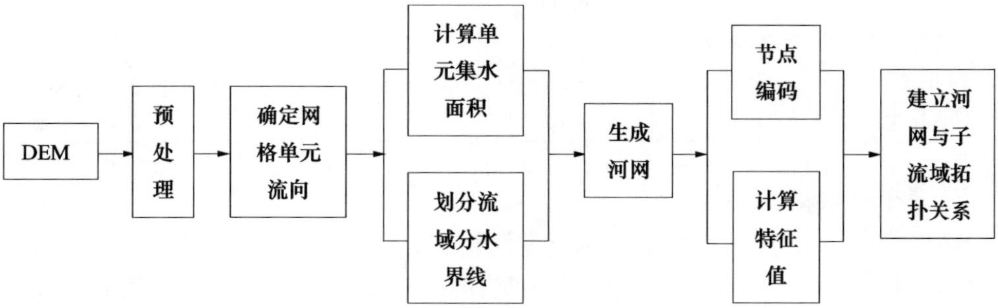


图 8-6　流域水系提取流程

**(四)主要输入数据**

(1)气象数据:研究区资料较全的24个雨量站1990~1999年降水日均值;研究区附近4个温度测站1990~1999年日最高和最低温度值。

(2)农业管理:为了模拟流域农业生产活动对非点源污染产生的影响,需要对流域内的生产活动,如不同种类作物的耕种、施肥、农药施用、收获等进行情景模拟。根据研究区的农产品种植结构和农业施肥的调查资料,选用流域内耕地上的主要耕作方式——冬小麦/夏玉米轮作和冬小麦/大豆轮作来进行模拟,所用的模拟数据见表8-11。

**表8-11 研究区单位面积耕地农药化肥施用量**

| 年份 | 洛南县 | | | 卢氏县 | | |
|---|---|---|---|---|---|---|
| | 农药($kg/hm^2$) | 化肥($kg/hm^2$) | | 农药($kg/hm^2$) | 化肥($kg/hm^2$) | |
| | | 氮肥 | 磷肥 | | 氮肥 | 磷肥 |
| 1998 | 4.25 | 235 | 58 | 3.98 | 158 | 54 |
| 1999 | 4.78 | 246 | 67 | 5.11 | 174 | 64 |

(3)农村生活污水:对农村生活污水的估算依据张大弟等(1997)的研究成果,结合研究区特点,确定农村生活污水总氮排污系数为0.584 kg/(a·人),总磷排放系数为0.146 kg/(a·人)。由此计算得到研究区卢氏县和洛南县的农村生活污水总氨和总磷排放量(见表8-12)。

**表8-12 研究区农村生活污水总氮和总磷排放统计数据**

| 年份 | 卢氏县 | | 洛南县 | |
|---|---|---|---|---|
| | 氮(万kg) | 磷(万kg) | 氮(万kg) | 磷(万kg) |
| 1998 | 16.67 | 4.15 | 23.13 | 2.58 |
| 1999 | 16.74 | 4.16 | 22.84 | 2.55 |

(4)城镇生活污水和工业污水:城镇生活污水和工业污水作为点源数据,通过集中管网处理直接排入河流。表8-13为1998年和1999年卢氏县和洛南县的城镇生活污水和工业污水氨氮排放统计数据。

**表8-13 研究区城镇生活污水和工业污水氨氮排放统计数据**

| 项目 | 1998年 | | 1999年 | |
|---|---|---|---|---|
| | 卢氏县 | 洛南县 | 卢氏县 | 洛南县 |
| 城镇生活污水(氨氮,kg) | 138 700 | 127 800 | 98 700 | 87 800 |
| 工业污水(氨氮,kg) | 1 986 | 6 347 | 2 165 | 6 604 |

## 三、模型参数敏感性分析

目前,对分布式模型的大量参数进行敏感性分析的方法,一是摩尔斯分类筛选法,即

"微扰动"分析方法，考察大量的输入参数与输出结果之间的相关性，对模型大量的参数进行定性的分级筛选，继而计算经验敏感度指标值；二是在筛选分类的基础上运用傅立叶敏感性检验法计算相关性较好的一些参数计算敏感度指标值，分析其对输出结果的影响程度，即模型输出结果对参数的敏感性。本节采用摩尔斯分类筛选法进行 SWAT 模型参数的敏感性分析。根据研究经验，初步筛选出敏感分析的基础参数集(见表 8-14、表 8-15)。以 5%为固定步长，最大运算变幅为 20%，检验输出值为径流、泥沙、吸附态氮和溶解态氮。

**表 8-14　模型部分调节参数对照**

| 参数名称 | 物理意义 |
|---|---|
| 作物管理因子($C_{USLE}$) | 陆地覆盖/植被所使应用的水土流失的 *C* 因子的最小值。指在地形、土壤、降水条件相同的状况下，种植作物(或林、草地)的土地与连续休整地土壤流失量的比值，这个值反映了植被对地表的保护作用 |
| 氮下渗系数(*N PERCO*) | 表明径流中的氮含量和下渗水流中氮含量的比例，该参数对氮负荷具有重要影响 |
| 基流 Alpha 系数($\alpha$) | 又称基流退水系数，对水文过程线有重要影响 |
| 浅层地下水再蒸发系数(*REVAP*) | 浅层地下水再蒸发系数主要决定含水层中的水向相对非饱和地区流动的强度。主要指具有深度根系的植物引起的蒸发导致浅层地下水的变化 |
| 阈值深度系数(*LDP*) | 浅层地下水再蒸发或者渗透至深层地下水发生的阈值深度 |
| 土壤蒸发补偿系数(*ESCO*) | SWAT 模型中调整土壤中因为毛细作用、土壤裂隙等对各土层蒸发量的影响的系数 |
| 坡度(*SLP*) | 亚流域中坡度的平均值 |
| 坡长(*SLL*) | 亚流域中坡长的平均值 |
| 河道覆盖系数(*CHCOV*) | 为某种植被覆盖下河道在相同条件时相对于没有植被覆盖的河道水流冲蚀之比 |
| 河道可侵蚀系数(*CHERO*) | 河道中单位降雨侵蚀力在标准小区上所造成的土壤流失量 |
| 径流曲线系数($CN_2$) | 湿润条件Ⅱ下的 SCS 径流曲线系数 |
| 土壤可利用水量(*SOL_AWC*) | 指通过土壤从田间含水量到植物永久凋萎点时释放的水分，该值反映了土壤的蓄水能力 |

表 8-15　12 个重要参数的敏感性分析结果

| 参数 | 流量 | 泥沙量 | 吸附态氮 | 溶解态氮 |
|---|---|---|---|---|
| *SOL-AWC* | −0.938 0 | −0.911 0 | −0.605 0 | −1.00 2 |
| $\alpha$ | 0.004 7 | 0.005 6 | 0.004 8 | 0 |
| *ESCO* | 0.191 0 | 0.216 0 | 0.130 0 | −0.076 0 |
| $C_{USLE}$ | 0 | 0.170 2 | 0.152 6 | 0.028 0 |
| *CHCOV* | 0 | 0.073 3 | 0 | 0 |
| *CHERO* | 0 | 0.097 7 | 0.010 7 | 0.006 7 |
| $CN_2$ | 0.860 0 | 0.843 0 | 0.554 0 | 1.237 0 |
| *NPERCO* | 0 | 0 | 0 | 4.983 0 |
| *LDP* | 0 | 0 | 0 | 0 |
| *REVAP* | −0.002 8 | −0.005 6 | 0.000 6 | 0.000 6 |
| *SLL* | −0.015 0 | 2.240 0 | 0.950 0 | 0 |
| *SLP* | 0.043 0 | 6.472 0 | 2.955 0 | 0 |

由表 8-15 纵向分析看出：①对径流来讲，土壤可利用水量、土壤蒸发补偿系数、SCS 曲线系数的影响是显著的，是最敏感因子，其中土壤可利用水量产生负效应影响；$\alpha$ 系数、浅层地下水再蒸发系数以及坡长与坡度有轻微影响，其他因子没有影响。②对泥沙来说，土壤可利用水量、土壤蒸发补偿系数、SCS 曲线系数、坡长与坡度影响显著，其中土壤可利用水量产生负效应影响，同时最小作物管理因子、河道覆盖系数和河道可侵蚀系数也有一定影响，属于较敏感因子。③对吸附态氮影响最显著的因子是土壤可利用水量、土壤蒸发补偿系数、SCS 曲线系数、坡长和坡度，其中土壤可利用水量产生负影响，最小作物管理因子对吸附态氮也有一定影响。④对溶解态氮讲，土壤可利用水量、土壤蒸发补偿系数、SCS 曲线系数和氮下渗系数为最敏感因子(见图 8-7)。

从表 8-15 横向分析可以看出：①土壤可利用水量对 4 个输出量的影响是显著的，影响均呈负效应，是 4 个输出量的较敏感因子；②土壤蒸发补偿系数对 4 个输出量的影响也比较显著，其中对溶解态氮的影响相对较小，是 4 个输出量的较敏感因子；③最小作物管理因子对径流不产生影响，对泥沙和吸附态氮的影响较显著；④河道覆盖系数与河道可侵蚀系数仅对泥沙量产生一定的影响；⑤氮下渗系数仅对溶解态氮来说是较敏感因子；⑥SCS曲线系数对 4 个输出量影响显著；⑦浅水层再蒸发最小深度对 4 个输出量均无明显影响；⑧浅层地下水再蒸发系数对径流与泥沙负荷有一定负效应影响，对吸附态氮和溶解态氮影响甚微；⑨平均坡长对泥沙量与吸附态氮影响显著，是这两个变量的较敏感因子，对径流有一定影响，对溶解态氮没有影响，而平均坡度对泥沙量和吸附态氮影响显著，是这两个变量的较敏感因子，对径流有一定负效应影响，对溶解态氮没有影响(见图 8-7)。

## 四、模型参数的率定

SWAT 输入参数大多具有物理意义，没有标准的优化步骤以适合所有的资料。一些没有基于物理过程定义的参数，如径流曲线数和通用水土流失方程中的土地覆被和管理

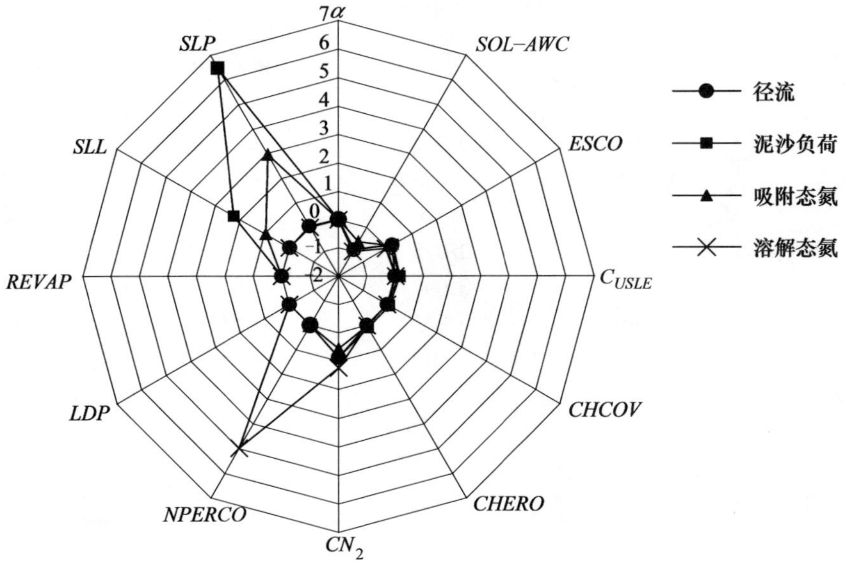


图 8-7　参数敏感性分布玫瑰图

因子可以用来调整,以得到较好的模拟结果。非点源污染负荷模拟的基础是径流和泥沙负荷的率定。因此,首先率定径流和泥沙负荷两个因素,在此基础上进行非点源污染负荷率定。率定参数的方法采用两阶段"Brute Force"法(Allred,Haan,1996):第一阶段,首先估计要调整参数的变化步长,在参数值域范围内按照这一步长对参数值进行调整(增大或减小),在对参数进行调整后,计算评价系数值以确定参数最优值所在的范围;第二阶段,对最初估计的参数调整步长进一步细化,本文采用第一次步长的 1/10,然后按照第一阶段的步骤确定参数的最终值。

根据数据的完整性,选用 1992～1997 年卢氏水文站的径流和泥沙数据进行参数率定,最终率定结果见表 8-16,具体步骤见图 8-8。

表 8-16　模型参数率定最终值

| 参数 | 模拟过程 | 值域/变化范围 | 参数最终值 |
|---|---|---|---|
| 径流曲线数 $CN_2$ | 径流 | ±8 | +2 |
| 浅层地下水再蒸发系数 *REVAP* | 径流 | 0～1.00 | 0.10 |
| 土壤蒸发补偿系数 *ESCO* | 径流 | 0～1.00 | 0.2 |
| 植物吸收补偿系数 *EPCO* | 径流 | 0～1.00 | 0.10 |
| 土地覆被和管理因子 *C* | 泥沙 | 0.003～0.45 | 草地:0.006<br>林地:0.010<br>耕地:0.20 |
| 泥沙输移线性系数 *SPCON* | 泥沙 | 0.000 1～0.01 | 0.000 8 |
| 泥沙输移指数系数 *SPEXP* | 泥沙 | 1.0～1.5 | 1.0 |
| 氮下渗系数 *NPERCO* | 氮 | 0.2～0.6 | 0.5 |
| 磷下渗系数 *PPERCO* | 磷 | 5～10 | 10 |
| 磷土壤分离系数 *PHOSKD* | 磷 | 80～100 | 100 |
| 生物混合效率系数 *BIOMIX* | 泥沙、氮磷 | 0.2～0.5 | 0.40 |
| 残留物降解系数 *RSDCO* | 泥沙、氮磷 | 0.01～0.05 | 0.05 |

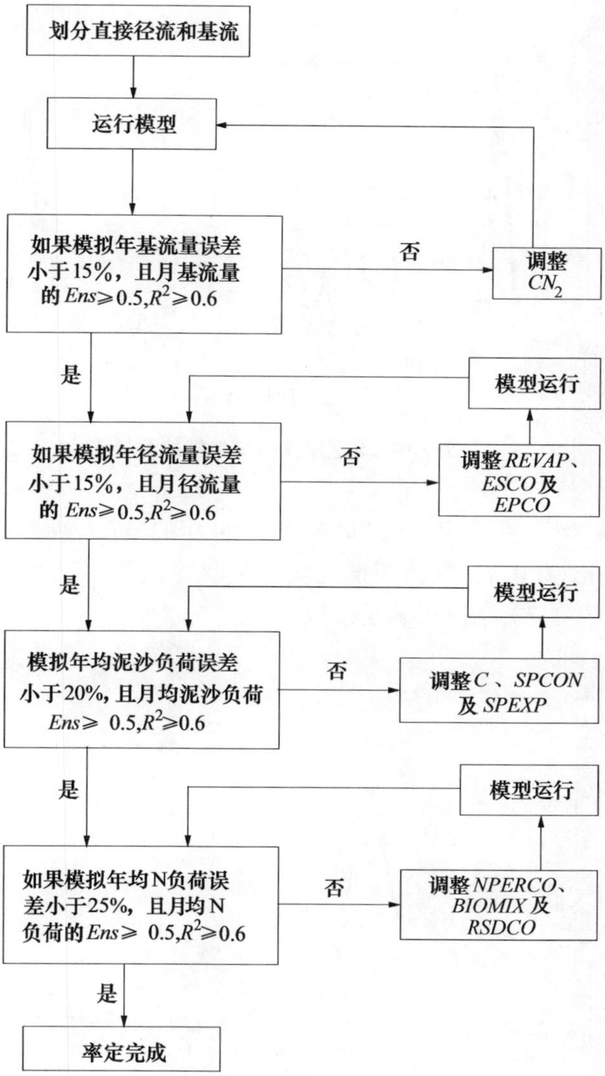


**图 8-8　径流和泥沙负荷率定步骤**

## 五、模拟结果验证

根据率定的参数，应用 1998 年和 1999 年的实测数据对 SWAT 在径流、泥沙负荷和非点源污染负荷等过程的模拟结果进行验证。

### （一）径流模拟

1. 基流

输入 1992～1999 年日流量资料，利用滤波技术计算逐日基流量以及基流参数。把 1992～1997 年作为率定期，通过调整参数使径流模拟值与实测值吻合（见图 8-9），相关系数 $R^2$ 为 0.78，Nash－Suttcliffe 系数 $Ens$ 为 0.76，其模拟值与实测值年均误差应小于实测值的 15%，月均值的评价系数 $R^2>0.6$ 且 $Ens>0.5$，精度可满足模拟要求。

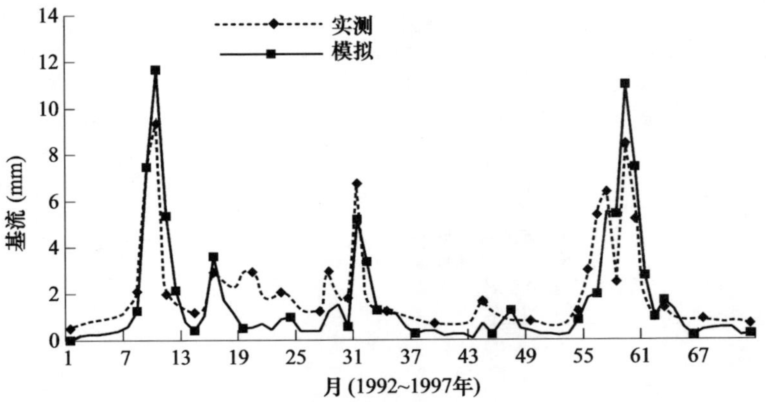


图 8-9　率定期实测与模拟的月基流

将率定的参数带入模型,得到 1998 年和 1999 年的模拟结果(见图 8-10),与实测值比较,$R^2$ 为 0.84,*Ens* 为 0.75,其模拟值与实测值年均误差小于 15%,月均值的评价系数 $R^2$ 为 0.74,*Ens* 为 0.73,精度可满足模拟要求。

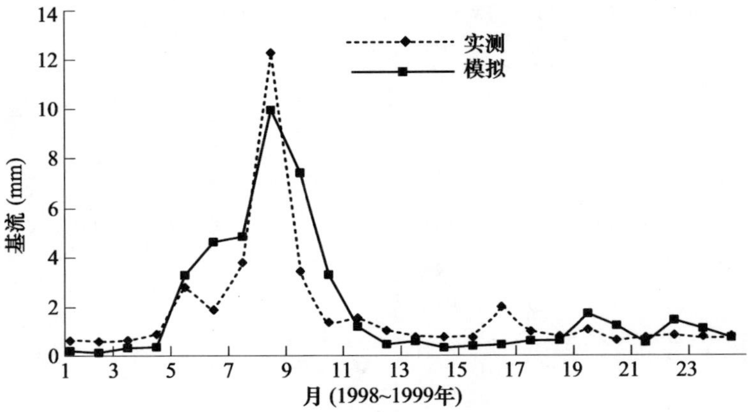


图 8-10　验证期实测与模拟的月基流

2. 直接径流

率定过程见图 8-11,验证结果(见图 8-12)$R^2$ 为 0.87,*Ens* 为 0.79,其模拟值与实测值年均误差小于 15%,月均值的评价系数 $R^2>0.6$ 且 $Ens>0.5$,精度可满足模拟要求。

3. 总径流

率定过程见图 8-13,验证结果见图 8-14。由实测数据,采用数字滤波技术所得到的基流系数为0.26,由模拟值计算得到的基流系数为 0.27。模拟与实测径流的均值相差 2.26 $m^3/s$,相对误差 *Re* 为 14.6%,评价系数 $R^2$ 和 *Ens* 值均大于 0.80,如表 8-17 所示,表明模型在研究区对流域产流模拟的适用性较好。

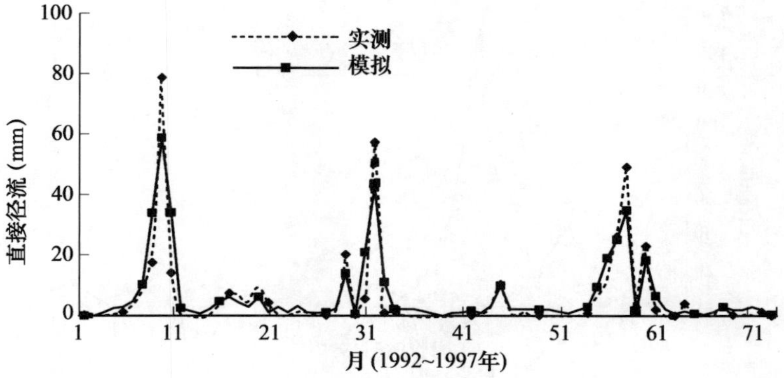


图 8-11　率定期实测与模拟的月直接径流

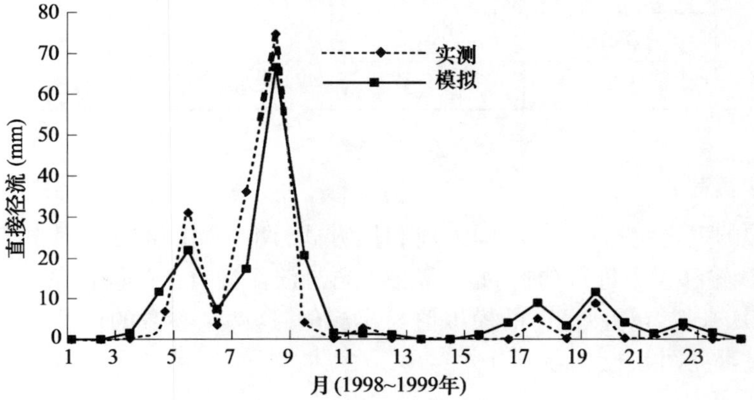


图 8-12　验证期实测与模拟的月直接径流

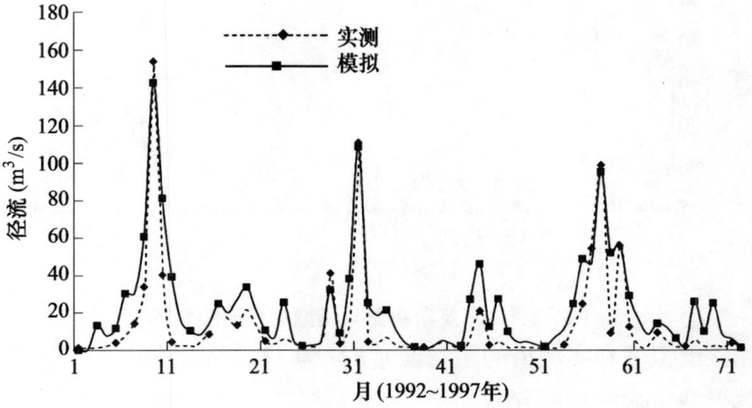


图 8-13　率定期实测与模拟的月径流

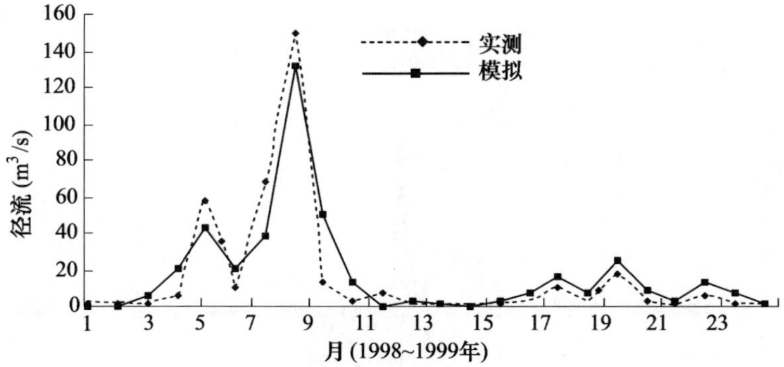


图 8-14　验证期实测与模拟的月径流

表 8-17　总径流验证结果

| 变量 | 月均值 | | Re | $R^2$ | Ens |
|---|---|---|---|---|---|
| | 实测值 | 模拟值 | | | |
| 径流($m^3/s$) | 15.45 | 17.7 | 14.6% | 0.85 | 0.83 |

**(二)泥沙负荷**

泥沙模拟的率定包括:针对不同土地利用方式,调整 MUSLE 方程中土地覆盖因子 *C*,对河道泥沙输移参数进行调整,如计算最大再悬浮泥沙负荷的线性系数 *SPCON* 和指数系数 *SPEXP* 来拟合泥沙负荷的模拟值与实测值,这两个参数的调整表征河道性质的改变。率定过程见图 8-15。

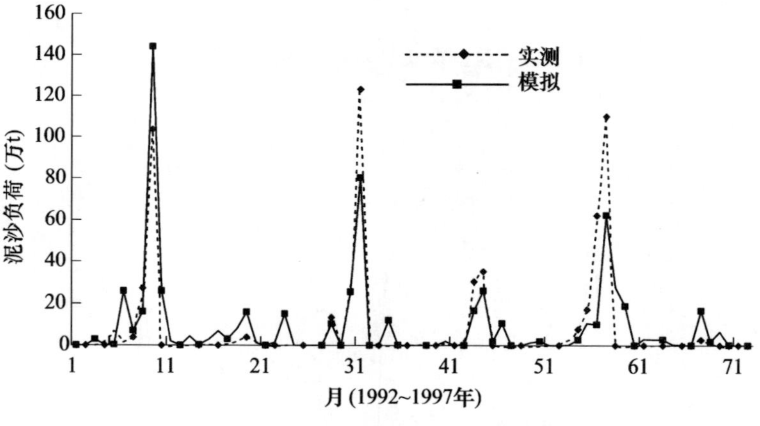


图 8-15　率定期实测与模拟的月泥沙负荷

验证期泥沙模拟值和实测值的相对误差 *Re* 为 14.6%,$R^2$ 和 *Ens* 值均大于 0.90,说明模型对流域泥沙负荷的预测较为准确(见图 8-16)。1998 年泥沙负荷较高且拟合较好,$R^2$ 和 *Ens* 值分别为 0.989 和 0.944,尽管 1999 年泥沙负荷拟合不是很理想,$R^2$ 和 *Ens* 值分别为 0.51 和 0.49,但由于 1998 年的产沙量占到了 1998 年和 1999 年总泥沙负荷的 88.9%,这在一定程度上说明 SWAT 模型适合模拟降水较丰富,产流、产沙较多的情景,而对降水量较小，产流、产沙较少的情景不太适合。

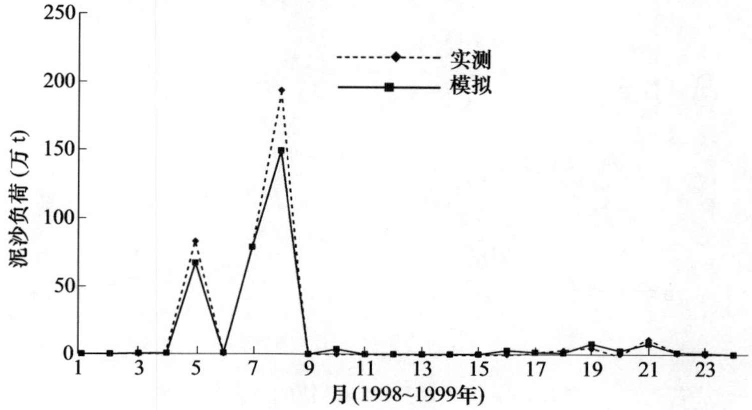


图 8-16　验证期实测与模拟的月泥沙负荷

**(三)非点源磷污染负荷**

本文有关磷污染负荷的参数选取由研究区相似的流域特征参数来确定，美国 Bosque River 流域在流域面积及土地利用方面均与本研究区的特征相似，因此确定本研究区的非点源磷负荷特征参数分别为：*PPERCO* 为 10，*PHOSKD* 为 100，其他与非点源磷负荷相关的参数还有 *BIOMIX* 和 *RSDCO*，采用前面非点源氮率定过的参数值。

**(四)非点源氮污染负荷**

本文主要通过调整氮下渗系数(*NPERCO*)来拟合流域的实际氮负荷状况，同时对残留物降解系数(*RSDCO*)和生物混合效率系数(*BIOMIX*)也进行了调整。SWAT 模型为这些变量进行了初始赋值，在参数率定过程中，通过调整变量以适应流域的实际。率定过程见图 8-17。

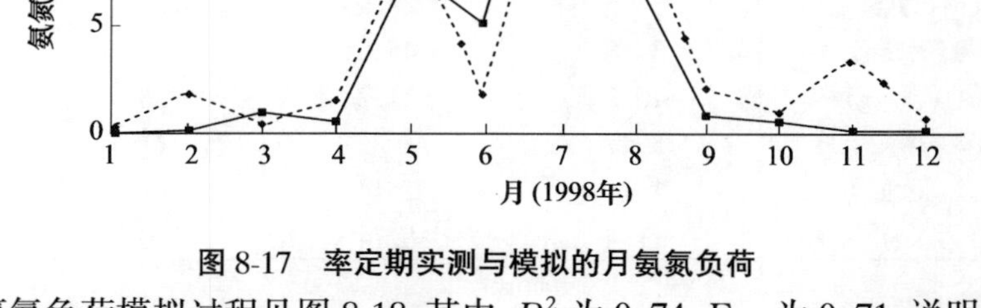


图 8-17　率定期实测与模拟的月氨氮负荷

验证期氨氮负荷模拟过程见图 8-18，其中，$R^2$ 为 0.74，*Ens* 为 0.71，说明氨氮负荷的模拟结果是可以接受的。

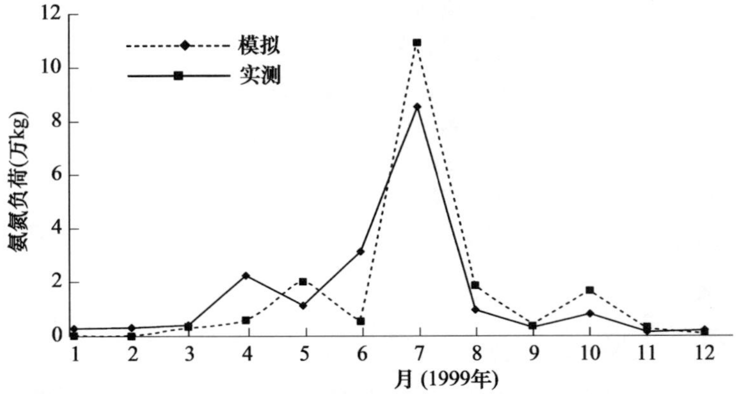


图 8-18 验证期实测与模拟的月氨氮负荷

## 六、不同水文年非点源污染负荷预测

应用已率定参数的模型估算不同水文年的非点源污染负荷,并以 1999 年为基准年,分别模拟估算 10%、50%、75%和 90%降水保证率下的非点源污染负荷。根据流域 24 个测站 1970~2000 年 31 年的流域降水量资料,选用皮尔逊-Ⅲ型曲线(P-Ⅲ型曲线),采用适线法求得年降水量的经验累计频率,计算曲线的算术平均值 $E_x$、离差系数 $C_v$、偏差系数 $C_s$ 分别为 689.4 mm、21 和 63;得到流域降水理论频率曲线,由理论频率曲线可得到在 10%、50%、75%和 90%降水保证率下的年降水量分别为 860 mm、680 mm、600 mm 和 520 mm。

选取与不同保证率下降水量相近的特征水文年的降水资料作为模型降水量输入数据,研究非点源污染负荷与降水量之间的相关关系。其中,90%降水保证率选用 1995 年的降水数据(524 mm),75%降水保证率选用 1999 年的降水数据(602 mm),50%降水保证率选用 1994 年的降水数据(689 mm),10%降水保证率选用 1998 年的降水数据(877 mm)。各降水保证率下的泥沙和氮磷污染负荷估算见表 8-18。

表 8-18 不同水文年非点源污染负荷估算

| 降水保证率 | 90% | 75% | 50% | 10% |
|---|---|---|---|---|
| 降水量(mm) | 509 | 602 | 689 | 881 |
| 径流($m^3/s$) | 6.15 | 7.4 | 14.19 | 27.65 |
| 泥沙负荷(万 t) | 34.5 | 23.9 | 128.75 | 306.92 |
| 吸附态氮(万 kg) | 37.8 | 45.6 | 81.03 | 134.6 |
| 溶解态氮 (万 kg) | 40.2 | 41.2 | 66.4 | 109.4 |
| 吸附态磷(万 kg) | 5.47 | 6.2 | 11.1 | 25.6 |
| 溶解态磷(万 kg) | 1.24 | 1.14 | 2.1 | 3.46 |
| 氨氮(万 kg) | 11.4 | 6.74 | 10.7 | 20.6 |

年降水量与非点源污染负荷的相关关系如图 8-19 所示。泥沙负荷与降水量的相关性最好,相关系数为 0.92;而氨氮与降水量的相关性较小,相关系数为 0.64。需要指出的是,由于所选用的水文年系列较短,可能使估算结果偏高。

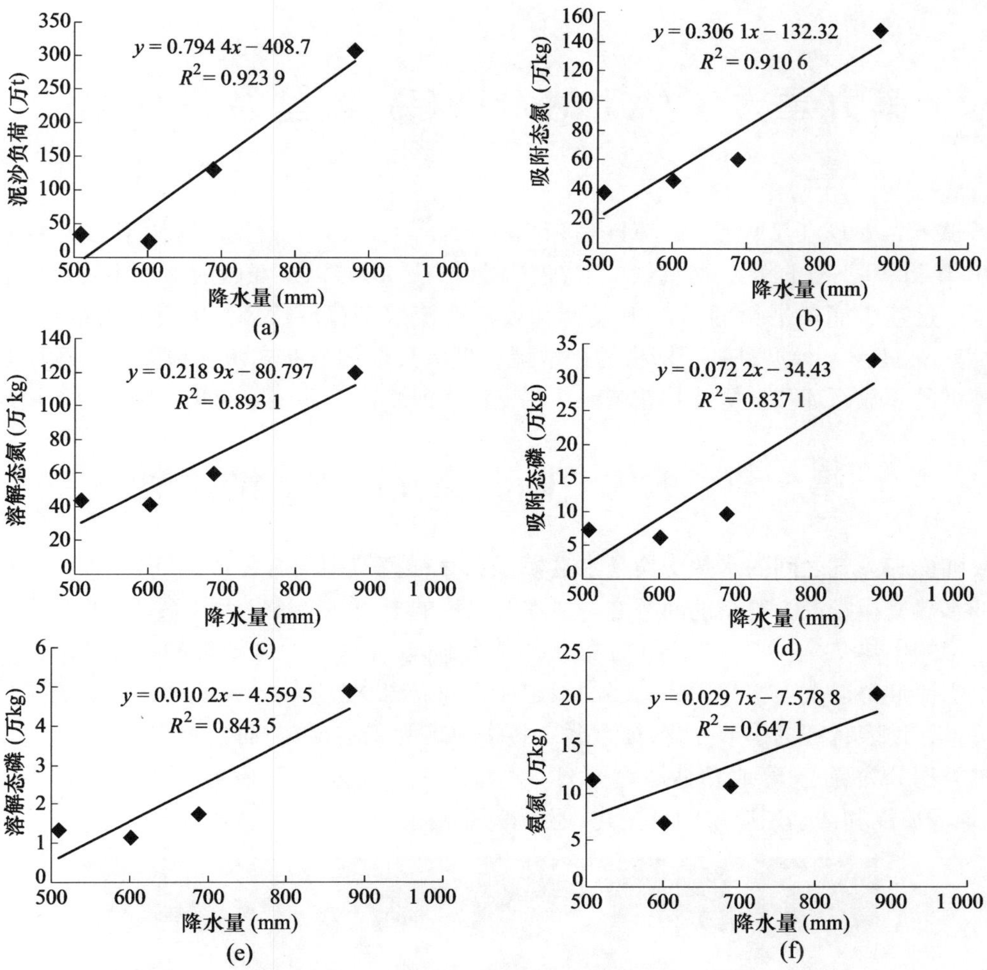


**图 8-19 年降水量与非点源污染负荷相关关系**

## 七、非点源污染负荷空间分布特征

1999 年降水量最大的地区为麻坪和石门屿附近(见附图 19),由泥沙、吸附态氮、溶解态氮、吸附态磷和溶解态磷污染负荷的空间分布可知(见附图 20～附图 24),其中泥沙、吸附态氮、吸附态磷和溶解态磷最大负荷均在麻坪和石门屿附近,与降水的空间分布基本一致,但溶解态氮例外,其最大负荷出现在洞北和横洞附近。

综上所述,非点源污染负荷的空间分布特征主要受降水空间分布的影响,同时还与土地利用方式和土壤类型的分布特征有关,这三种因素的分布特征共同决定了非点源污染负荷的空间分布特征。

# 第九章　SVAT & HYCY 模型及其应用

SVAT & HYCY 模型是由 Ma 和 Fukushima 等人提出的，模型已应用于 Lena 河流域(240 万 $km^2$)、SELENGE 河流域(蒙古色楞格 28 万 $km^2$)以及江西的九莲山等流域。它的核心是基于能量平衡的 SVAT 模型和坡面产流模型(HYCY)。从模型的结构上看，SVAT & HYCY 模型是基于网格的松散耦合型大尺度的分布式水文模型。本章简要介绍模型的一般原理和结构及其在黄河主要支流洛河卢氏以上流域的实例研究中的应用。

## 第一节　大气—陆面交互作用一维模型

陆面和大气之间的水热交换是水文模拟和气候模拟中非常关键的问题。其中，冻土层的水热交换是最为复杂的问题之一。本章讨论的土壤—植被—大气系统中特别考虑了冻土层的水热交换。森林冻土区分布在高纬度地区，在这一地区植被的生长、大气通量、地下水流形势以及土壤都受活动层的限制和影响。图 9-1 是这一系统的概化。为了反映寒冷地区地表特征的季节变化，模型假定冬季地表为积雪覆盖，而当积雪融化以后，土地覆被类型分为裸土、草地和林地等类型。模型应用日气象数据不仅模拟热通量、积雪厚度、地表温度和活动层厚度的日变化，还模拟其年内变化。

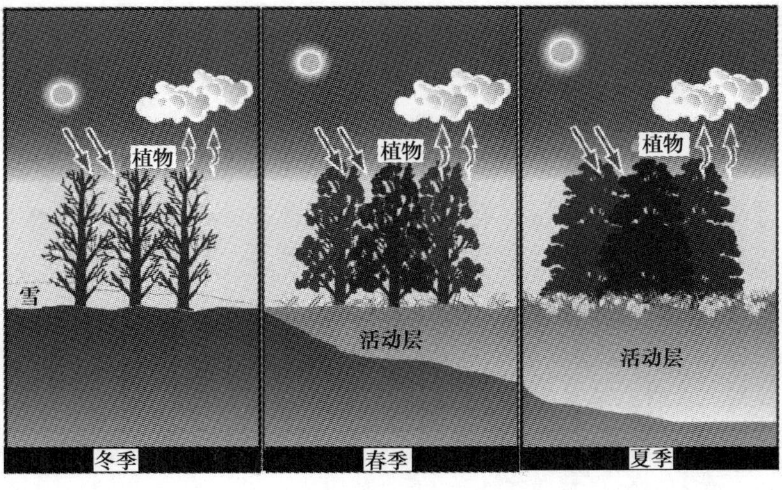


图 9-1　寒冷区地表的季节变化

### 一、日气象数据

模型需要日气象数据计算辐射和热平衡。表 9-1 给出了模型计算需要的气象要素。其中气温、降水和风速的观测值认为是在地面以上 2 m 的高度获得的。

**表 9-1　SVAT 模型的输入**

| 气象要素 | 英文名称 | 单位 |
|---|---|---|
| 平均气温 | Mean air temperature | ℃ |
| 最高气温 | Maximum air temperature | ℃ |
| 最低气温 | Minimum air temperature | ℃ |
| 降水量 | Precipitation amount | mm |
| 最小相对湿度 | Minimum relative air humidity | % |
| 水汽压 | Water vapor pressure | hPa |
| 饱和差 | Saturation deficit value | hPa |
| 最大风速 | Maximum wind speed | m/s |
| 大气压 | Sea level atmospheric pressure | hPa |
| 日照时数 | Sunshine duration | h |
| 最小地表温度 | Minimum land surface temperature | ℃ |
| 积雪深度 | Snow depth | cm |

## 二、地球太阳辐射

日宇宙辐射 $S_{od}\downarrow$ 可以根据式(9-1)计算：

$$S_{od}\downarrow=\frac{I_{oo}}{\pi}\left(\frac{d_{so}}{d_s}\right)^2(H_a\sin\varphi\sin\delta+\cos\varphi\cos\delta\sin H_a)\tag{9-1}$$

式中：$I_{oo}$ 为太阳常数；$d_s$ 和 $d_{so}$ 为地球到太阳的距离和平均距离；$H_a$ 为太阳高度角；$\varphi$ 为纬度；$\delta$ 为太阳赤纬(declination)。

可能的日照时数 $N_0$ 为：

$$N_0=2H_a/0.261\,8\tag{9-2}$$

根据式 (9-2)，太阳辐射 $S_d\downarrow$ 可由式(9-3)计算：

$$S_d\downarrow=\begin{cases}S_{od}\downarrow\left(a+b\dfrac{N+\Delta N}{N_0}\right) & \left(0\leqslant\dfrac{N}{N_0}\leqslant1\right)\\ c & \left(\dfrac{N}{N_0}=0\right)\end{cases}\tag{9-3}$$

式中：$N$ 和 $\Delta N$ 分别为实测的太阳日照时数及其校正值；$a$、$b$、$c$ 是对应于日照记录仪的常数。根据纬度和一年的天数，$\left(\frac{d_{so}}{d_s}^2\right)$、$H_a$ 以及 $\delta$ 可以计算如下：

$$H_a=\text{arc}\cos(-\tan\varphi\tan\delta)\tag{9-4}$$

$$\left(\frac{d_{so}}{d_s}\right)^2=1.000\,11+0.034\,221\cos\eta+0.001\,28\sin\eta+0.000\,719\cos2\eta+0.000\,077\sin2\eta\tag{9-5}$$

$$\delta=\text{arc}\sin(0.398\sin\alpha_2)\tag{9-6}$$

$$\alpha_2=4.871+\eta+0.033\sin\eta\tag{9-7}$$

$$\eta=(2\pi/365)IDA\tag{9-8}$$

$$IDA = 30.36(M_{onth} - 1) + DAY \tag{9-9}$$

式中：$M_{onth}$是月的序号；$DAY$ 为第 $M_{onth}$ 中某一天的序号。

## 三、日变化

Kondo 等(1990)指出能量平衡的日变化对于融雪过程有很大的影响。而且，在应用 Penman－Monteith 方程估算显热和潜热通量时，我们需要地球太阳辐射、气温以及湿度差的日变化。

向上长波辐射 $L_u{\uparrow}$ 和向下长波辐射 $L_d{\downarrow}$ 的计算可表述如下：

$$L_u{\uparrow} = \varepsilon\sigma T_s^4 \tag{9-10}$$

$$L_d{\downarrow} = \sigma T_a^4 [1 - (1 - \frac{L_{df}{\downarrow}}{\sigma T_a^4})C] \tag{9-11}$$

式中：ε 为传导度(emissivity)；$\sigma$ 为 Stefan－Boltzmann 常数；$T_s$ 为地表温度；$T_a$ 为地表 2 m高度处的气温；$L_{df}{\downarrow}$ 为晴空向下长波辐射；$C$ 为与日照比例相关的系数。

$L_{df}{\downarrow}$ 和 $C$ 可通过如下经验公式计算：

$$L_{df}{\downarrow} = (0.74 + 0.19x + 0.07x^2)\sigma T_a^4 \tag{9-12}$$

$$x = 0.031\ 5T_{DEW} - 0.183\ 6 \tag{9-13}$$

$$T_{DEW} = \frac{237.3 \times \lg(WVP/6.11)}{7.5 - \lg(WVP/6.11)} \tag{9-14}$$

当 $1 \geqslant A > 0$ 时

$$A = N/N_0 \tag{9-15}$$

$$C = 0.826A^3 - 1.23A^2 + 1.135A + 0.298 \tag{9-16}$$

当 $A = 0$ 时

$$C = 0.223\ 5 \tag{9-17}$$

式中：$WVP$ 为水汽压；$T_{DEW}$为露点温度。

## 四、潜热与显热通量

许多 SVAT 模型通过模拟地表热通量来了解大气、植被和土壤之间的相互作用关系(如:Dickinson et al., 1986; Sellers et al., 1986)。模型的结构有单层的也有多层的。本模型采用单层结构(即大叶模型，Big－Leaf Model)计算日能量通量和地表温度。在大叶模型中，根据 Penman－Monteith 方程(Monteith, 1965)，潜热通量 ($\partial E$)和显热通量($H$)可表述如下：

$$\partial E = \frac{\Delta(R_n - G) + \rho_a c_a \delta q / r_a}{\Delta + \gamma(1 + r_s/r_a)} \tag{9-18}$$

$$H = \frac{(R_n - G)\gamma(1 + r_s/r_a) - \rho_a c_a \delta q / r_a}{\Delta + \gamma(1 + r_s/r_a)} \tag{9-19}$$

式中：$R_n$ 为净辐射；$G$ 为土壤或积雪层的热通量；$\Delta$ 是气温为 $T_a$ 时饱和水汽压曲线的斜率；$\gamma$ 为湿度计常数；$c_a$ 为空气比热；$\rho_a$ 为空气密度；$\delta q$ 为湿度差。$R_n, G, \rho_a, c_a, \delta q, \Delta$

和$\gamma$的值可以通过气象观测数据计算，并用于以下积雪和土壤模型的计算中。这里，只用两个参数表现地表和湍流特征，即空气动力学阻抗 $r_a$ 和地表阻抗 $r_s$。

## 五、空气动力学阻抗

空气动力学阻抗 $r_a$ 根据 Monin－Obkuhov 相似性理论，由考虑风速的对数和气温剖面的方程计算：

$$r_a = \frac{1}{ku_*}\left[\ln\left(\frac{z_w - d}{z_{oh}}\right) - \psi_h\left(\frac{z_w - d}{L}\right)\right] \tag{9-20}$$

式中：$z_w$ 为观测高度；$d$ 为零平面位移高度；$z_{oh}$ 为标量变量的粗糙长度（如温度和湿度）；$L$ 为 Obkuhov 长度；$k$ 为 von Karman 常数；$u_*$ 为摩擦速度。$u_*$ 可根据风速和粗糙长度按下式计算：

$$u_* = \frac{ku}{\ln\left(\frac{z_w - d}{z_o}\right) - \psi_m\left(\frac{z_\omega - d}{L}\right)} \tag{9-21}$$

式中：$u$ 为风速；$z_o$ 为动量粗糙长度；$\psi_h$ 和 $\psi_m$ 分别为通量和动量的稳定度校正函数。由于我们模拟所用的是日气象数据，因此假定这两个参数为零（即大气呈中性）。

## 六、地表阻抗

地表阻抗 $r_s$ 是地表环境包括叶面积指数（$LAI$）、光合作用有效辐射（Photosynthetic Active Radiation，PAR）、湿度差、气温、土壤湿度、水汽压差、叶水势（通常用土壤水势代替）以及 $CO_2$浓度的函数。由于获取所有这些变量的值比较困难，只有部分变量可以观测用于地表阻抗的估算。由于 $CO_2$ 浓度的变化对模拟热通量的影响很小（Stewart，1988），因此模型不考虑 $CO_2$ 浓度的影响。Hanan（1997）指出，相对于 PAR、水汽压差和土壤湿度而言，气温在估算地表阻抗中的作用并不大。因此，在估算 $r_{smin}$时可以忽略 $CO_2$浓度和气温。尽管土壤是准确估算地表阻抗中的一个重要因子，但是很难测量得到一个局地的平均值。因此，有必要建立一个简化的 $r_s$ 和主要环境变量之间的关系式。Burrows 和 Milthorpe（1976）、Jarvis（1980）、Lindroth（1985）和 Shuttleworth（1988）指出，PAR 和饱和差是计算 $r_s$ 最重要的两个因子。此前的一些研究（Szeicz et al.，1973；Lindroth，1985；Shuttleworth，1988；Stewart，1988；Kosugi and Fukushima，1994；Blyth and Harding，1995；Hanan and Prince，1997）表明，Jarvis 模型在应用时可以简化。许多已发表的简化模型都包括最小地表阻抗 $r_{smin}$这一参数。

关于叶片最小地表阻抗已有大量的研究，但是在局地尺度上最小阻抗的研究却很少见。一般地，局地尺度上的地表阻抗相当于叶片水平上的地表阻抗除以叶面积指数。Jones（1994）根据 Körener 等人（1979）的研究总结得出了叶片的最小地表阻抗的范围。Jarvis 等（1986）指出植物的呼吸过程在叶片水平和局地水平上并不相同。

Ma 等人（1999）根据他们的计算指出 Blyth 和 Harding（1995）提出的模型相当实用。因此，这里我们用 Blyth 和 Harding（1995）提出的模型估算没有积雪季节的地表阻抗。计算公式如下：

$$r_s = r_{s\min}\exp(\beta\delta q) \tag{9-22}$$

式中：$r_{s\min}$为最小地表阻抗；$\beta$ 为常数。

Ma 等人 (1999)通过进一步的研究发现 $r_{s\min}$和辐射干燥指数 ($RDI$)之间存在线性关系，即：

$$r_{s\min} = \eta \cdot RDI \tag{9-23}$$

这里 $\eta$ 是和当地植被条件有关的系数。

## 七、地表温度

根据地表覆被条件，我们把地表分为两种类型，即冬季的雪盖和其他季节的裸土、草被。Kondo 等(1990)指出，无限深度的雪被的热平衡可表示为：

$$\varepsilon(L_d{}^{\downarrow} - \sigma T_s{}^4) - H - lE - G = 0 \tag{9-24}$$

式(9-24)中的积雪表面温度 $T_s$ 可以通过循环迭代方法计算得到。当 $T_s$ 大于 0 ℃时，积雪开始融化。此时地表温度 $T_s$ 重设为 0 ℃，潜热和显热通量也必须在这个温度下重新计算。因此，消耗于融雪的热能 $M_s$ 可计算如下：

$$M_s = \varepsilon(L_d{}^{\downarrow} - \sigma T_s^4) - H - lE - G \tag{9-25}$$

对于裸土或草地的地表条件，地表温度应用大叶方法计算：

$$T_s = T_a + H\frac{r_a}{\rho_a c_a} \tag{9-26}$$

式中：$T_a$ 为气温。

计算所得的土壤表面温度作为一个新的近似值代入式(9-25)，并重新计算向上长波辐射。则净辐射可计算如下：

$$R_n = (1 - ref)S_d{}^{\downarrow} + L_d{}^{\downarrow} - L_u{}^{\uparrow} \tag{9-27}$$

分别应用式(9-18)和式(9-19)，可以重新计算得出潜热和显热通量。然后土壤表面温度可以再由式(9-26)计算。当相邻两次计算得到的地表温度值差别大于 0.001 ℃时，继续上述迭代过程，当差值小于 0.001 ℃时，停止迭代。

## 八、热传导模型

### (一)积雪层

积雪层的热传导方程如下：

$$c_p\rho_p\frac{\partial T_p}{\partial t} = \frac{\partial}{\partial z}(\lambda_p\frac{\partial T_p}{\partial z}) - \frac{\partial I_n}{\partial z} - \partial_f F \tag{9-28}$$

式中：$c_p$ 为雪的比热；$\rho_p$ 为雪的密度；$T_p$ 为雪层温度；$\lambda_p$ 为积雪的热传导度；$I_n$ 为进入雪层的净太阳辐射通量密度；$\partial_f$为积雪结冰时释放的热量(heat of fusion for ice)；$F$ 为积雪层内的融雪。

太阳辐射通量密度表示如下：

$$\frac{\partial I_n}{\partial z} = -\mu(1-ref)S_d^{\downarrow}\exp(-\mu z) \tag{9-29}$$

式中：$ref$ 为雪层反照率；$\mu$ 为太阳辐射衰减系数，取为常数（Fukami et al.，1985）。

热传导度可取为常数，根据 Bai 和 Ohata（1989），积雪的反照率可按式（9-30）计算：

$$ref = 1.0118\exp(-1.954\rho_p) \tag{9-30}$$

**（二）土壤层**

土壤层的热传导方程如下（Outcalt et al.，1975）：

$$\frac{\partial T_g}{\partial_t} = \frac{\partial}{\partial_z}\left(\frac{\kappa}{c_g\rho_g}\frac{\partial T_g}{\partial_z}\right) \tag{9-31}$$

式中：$T_g$ 为土壤温度；$\kappa$ 为土壤热传导度；$c_g$ 为土壤比热；$\rho_g$ 为土壤密度。

Fukuda 和 Ishizaki（1980）用一个有限的温度变幅 $\Delta T$ 考虑土壤水的冻融相变，则 $A=\frac{\kappa}{c_g\rho_g}$ 可改写成如下形式：

$$A=\begin{cases}\dfrac{\kappa_1}{c_{g1}\rho_g} & T_g \leqslant -\dfrac{\Delta T}{2}\ (\text{冻结}) \\ \dfrac{\kappa_2}{\partial_f M+\dfrac{1}{2}(c_{g2}\rho_g+c_{g1}\rho_g)} & -\dfrac{\Delta T}{2}<T_g<\dfrac{\Delta T}{2}(\text{相变}) \\ \dfrac{\kappa_2}{c_{g2}\rho_g} & T_g \geqslant \dfrac{\Delta T}{2}(\text{解冻})\end{cases} \tag{9-32}$$

式中：$\kappa_1$ 为冻土层的热传导度；$\kappa_2$ 为非冻土层的热传导度；$c_{g1}\rho_g$ 为 冻土层的热容量；$c_{g_2}\rho_g$ 为非冻土层的热容量；$M$ 为土壤湿度。

模型假定土壤层内土壤特性是一致的，其湿度为常数。热传导模型还假定地下 6 m 处的等温层为下边界，其温度相当于地表 2 m 处的气温。式(9-28)和式(9-31)通过显示差分的方式求解。

# 第二节　流域产汇流模型

Fukushima(1988)提出的 HYCYMODEL 是一个概念性模型，主要用于山区面积小于 10 000 km$^2$、无河网结构的流域。模型可以估算蒸散发、下渗、地表径流基流和河川径流。在新的模型中，蒸散发估算部分用前述的 SVAT 模型的输出结果代替。由 SVAT 模型可计算降水量(包括降雨和降雪)与蒸散发的差值，从而得到净雨量。在 HYCYMODEL 中，每一个径流成分用线性或非线性水库表示。饱和地区的有效降水 $R_e(t)$受平均有效土壤层厚度 $D_{50}$(mm)以及土壤层厚度的离差 $D_{sig}$ 控制。$D_{sig}$ 是一个常数，$D_{50}$ 因土壤类型不同而不同。此前的研究表明，$D_{50}$ 的值变化在 25（裸土地区）～120 mm(森林地区)。为了考虑冻土的情况，假定 $D_{50}$ 与活动层深度存在如下关系：

$$D_{50} = bD_{\mathrm{al}} \tag{9-33}$$

式中：$b$ 是和土壤孔隙度相关的常数；$D_{\mathrm{al}}$ 是土壤层深度。

$R_e(t)$根据以下步骤计算：

$$S_u(t)=S_u(t-1)+R_n(t) \tag{9-34}$$

式中：$R_n$ 为 SVAT 模型给出的有效降水；$S_u$ 为上层土壤的蓄水量；$t$ 为时间标识。

定义一正态分布的参数 $x$ 如下：

$$x=\{\lg[S_u'(t)/D_{50}]\}/[\lg(D_{50}/D_{sig})] \tag{9-35}$$

因此，饱和面积比例 $m$ 可以通过计算正态分布参数 $x$ 的累计频率获得：

$$m=\int_{-\infty}^{x}\frac{1}{\sqrt{2\pi}}\exp[-\frac{x^2}{2}]\mathrm{d}x \tag{9-36}$$

最后，$R_e(t)$可根据下式计算得到：

$$R_e(t)=mR_n(t) \tag{9-37}$$

图 9-2 给出了 HYCY 模型由 SVAT 模型输出计算各径流成分的流程。模型中由 4 个水库代表不同的子系统。水库Ⅰ代表上层土壤层，为一线性水库，其蓄水容量 $S_u(t)$根据下式计算：

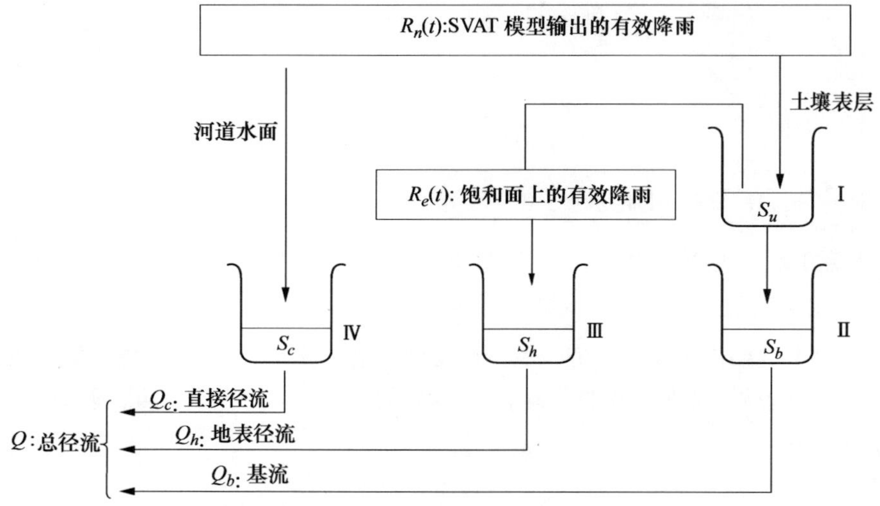


**图 9-2　HYCY 模块的结构框图**

$$S_u(t)=S_u(t-1)+R_n(t)-R_e(t)-Q_u(t) \tag{9-38}$$

式中：$Q_u$ 为下渗量。

水库 Ⅱ 表示地下含水层，其蓄水容量 $S_b$ 由下式计算：

$$S_b(t)=S_b(t-1)+Q_u(t)-Q_b(t) \tag{9-39}$$

式中：$Q_b$ 是基流量。

水库Ⅲ表示饱和地表的产流过程，其蓄水容量 $S_h$ 根据下式转化为地表径流 $Q_h$：

$$S_h(t)=S_h(t-1)+R_e(t)-Q_u(t)\quad R_n(t)\geqslant 0 \tag{9-40}$$

对于不透水的河面，我们用水库Ⅳ表示，其蓄水容量 $S_c$ 按以下关系式转化为河道径流 $Q_c$：

$$S_c(t)=S_c(t-1)+R_e(t)-Q_c(t)\quad R_n(t)\geqslant 0 \tag{9-41}$$

当 $R_n(t)<0$ 时,$R_n(t)$相当于上层土壤的蒸发损失。如果上层土壤的蓄水量不足以抵消 $R_n(t)$值,那么上层土壤蓄水量将为 0,而剩余的部分 $R_n(t)$将从地下水蓄水量中扣除。

各个水库的蓄水量和产流量的关系表示如下:

$$S_c = K_c Q_c^{0.6} \tag{9-42}$$

$$S_h = K_h Q_h^{0.6} \tag{9-43}$$

$$S_u = K_u Q_u \tag{9-44}$$

$$S_b = K_b Q_b^{0.1} \tag{9-45}$$

式中:$K_c$、$K_h$、$K_u$ 和 $K_b$ 为常数。

流域的总径流 $Q_t$ 则可由下式计算得到:

$$Q_t = (1-c)(Q_h + Q_b) + cQ_c \tag{9-46}$$

式中:$c$ 为河道表面不透水面积比。

## 第三节　SVAT & HYCY 模型的应用

### 一、研究区

本文选择洛河上游卢氏水文站以上流域进行实例研究(参见第五章第四节)。研究区地理坐标为 109°40′~110°10′E、33°45′~34°30′N。流域面积 4 623 $km^2$,河道长 196.3 km。该区为典型的石山林区,上游以石山为主,下游有一部分土石山。大部分地区海拔在 1 200~2 000 m 之间,沿河有许多面积较小的河谷平原,宽度 1 000 m 左右,海拔 600~1 000 m。西、南山区及崤山主脉多为砾质石渣土,土薄石厚,土层仅有 16~20 cm,石渣比例大,透水性好。森林草坡以棕壤土、褐土为主。天然植被较好,林木覆盖率为 34.2%,郁闭度为 0.5~0.7,草本植物种类繁多,覆盖度中等。研究区地处亚热带和暖温带的过渡地带,多年平均降水量为 720 mm,多年平均水面蒸发量为 966 mm。从降水的空间分布看,流域西北部较大,南部较小,而以洛河川最小。降水量年内分布不均,一般集中在 6~9 月,占全年降水量的 55%~65%,春秋次之,冬季最少,仅占 3.4%。受江淮切变线的影响,区内夏秋常出现暴雨。

### 二、资料来源

应用 SVAT & HYCY 模型进行分布式水文过程模拟需要的数据包括气温(最高、最低和平均)、降水、气压、相对湿度、风速、水汽压、日照时数等气象数据。此外,还必须有 DEM 和土地利用等资料。调查表明,研究区域内现有 3 个常规气象观测站、33 个雨量站以及 1 个水文测站,即位于出口断面的卢氏水文站。本次研究所用的资料即来源于上述气象水文站点的观测资料(1990~1996 年)。此外,还包括 1:25 万 DEM 数据以及 1:400 万土壤类型、1:100 万土地利用数据。

## 三、单元划分

在传统集总式水文模型中,往往忽略流域下垫面(如地形、土壤、植被覆盖等)的空间变异性,而几乎不考虑气象因素(如降水、气温、辐射等)的空间分布对流域水文循环的影响。在现代分布式水文模型中,对流域下垫面和气象因素的空间变异性的响应,一般是通过将流域离散成若干子单元(子单元也可进一步细分)的方式进行。目前,基于 DEM 的流域离散化主要方法有:网格(grid)、山坡(hillslop)、子流域(subwatershed)、典型单元面积 REA(Representative Elemental Area)、水文响应单元 HRU(Hydrological Response Unit)、分组响应单元 GRU (Grouped Response Unit)、聚集模拟单元 ASA (Aggregated Simulation Area)以及水文相似单元 HSU(Hydrological Similar Unit)等。除上述各种不同的水文单元划分方法外,实际应用中的单元划分方法也可以是不同方法的组合,如子流域和网格相结合等。

SVAT & HYCY 模型是基于网格单元的大尺度分布式模型。在现有的应用中,其网格的大小从 1 km×1 km 到 1°×1°都有。在本文的研究中,我们在 100 m×100 m 的 DEM 基础上,在相应的 GIS 工具的支持下,通过重取样(Regridding)生成 10 km×10 km 大小的网格,研究流域共分成 54 个网格单元。具体如图 9-3 所示。

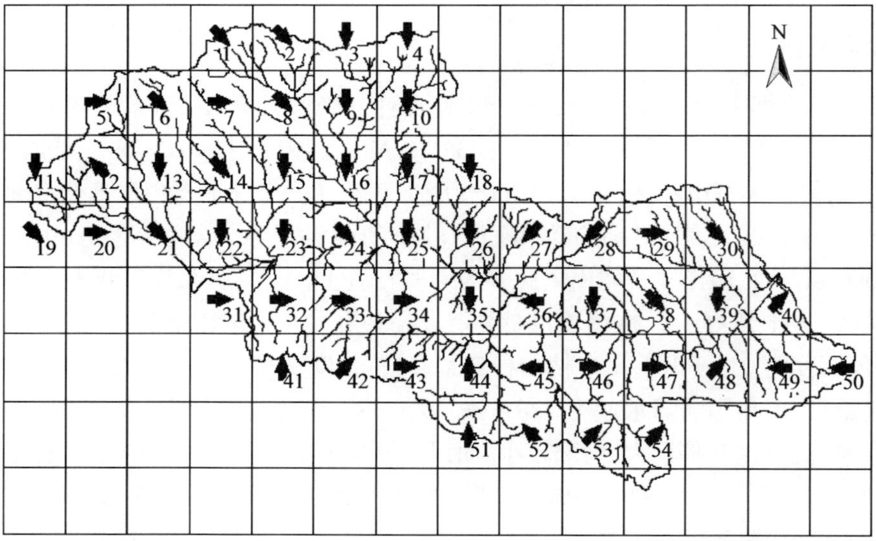


**图 9-3　基于 DEM 单元网格汇流路径的确定**

## 四、空间插值

如前所述,分布式水文模型的重要特点在于考虑了水文参数空间上的差异。然而,在应用这一类模型进行水文过程模拟时,由于观测资料的限制,通常不可能获得每个单元网格上所有的水文参数。因此,利用现有的观测资料,进行空间插值,从而获得空间各单元上所需的模型驱动数据成为分布式水文模型应用的一个重要步骤。目前,降水、气温和辐射等气象要素的空间分布信息主要是通过各种空间插值模型计算获得的。

这里我们应用流域内 3 个气象站点及流域周边气象站的资料,采用泰森多边形的方法,对气温、气压、水汽压、风速、日照时数以及相对湿度等要素进行差值,分别设定各单元网格的参数值。就降水而言,则根据 33 个雨量站的资料用相同的方法进行插值。在模型参数方面,根据土地利用、土壤类型、植被覆盖和暴雨分布等信息,将流域分为林地、草地和暴雨区 3 个单元类型。每个单元类型对应一组不同的参数集。

## 五、汇流路径

应用等流时线的方法进行河网汇流计算,一个重要的步骤就是求各个网格单元到出口断面的汇流路径长度。借助 GIS 的手段,在 100 m×100 m 的 DEM 的基础上,我们可以提取研究流域的河网结构,如图 9-3 所示。在所得到的河网结构图上叠加单元划分的图层,就可以进一步判断每个单元网格的流向,从而获得各个单元网格到出口断面的汇流路径及其长度。进行汇流计算的另一个重要参数是流域的平均流速。在 DEM 的基础上,利用 GIS 手段,我们同样可以求得全流域的平均坡度,从而推求流域的平均流速。

## 六、模型运行

在完成上述前处理工作之后,就可以开始应用 SVAT & HYCY 模型进行流域日水文过程模拟。由于原模型是基于 DOS 的运行程序,为简化模型操作,我们利用 C++ Builder6.0 编写了专门的图形用户界面(GUI),如图 9-4 所示。界面在嵌入 SVAT、HYCY 两个模块的同时,还包括了一个汇流模块 ROUTING,以及输入输出控制等功能。

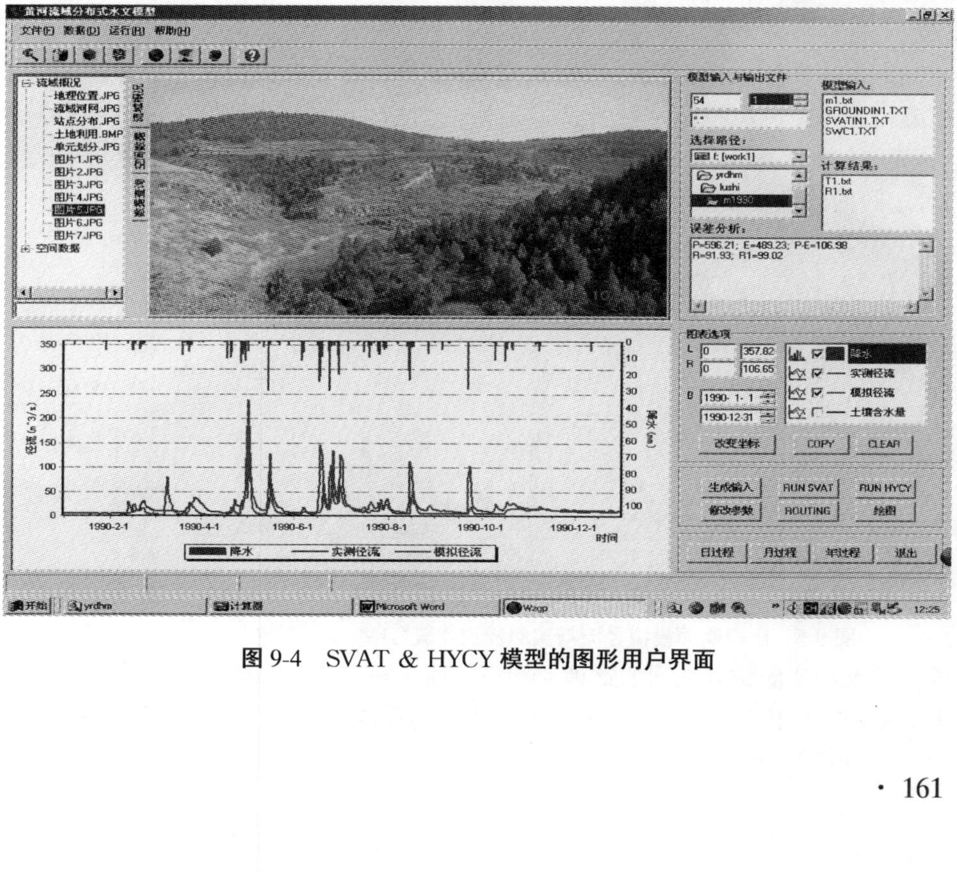


图 9-4　SVAT & HYCY 模型的图形用户界面

## 七、结果讨论

根据现有的资料，应用 SVAT & HYCY 模型，我们对洛河卢氏以上流域 1990～1996 年的水文过程逐年进行了模拟。模型输出结果主要包括蒸散发和各个不同的径流成分。根据流域的下垫面特征（土地利用、土壤等），参考并结合模型调试，给出模型中各参数的值（见表 9-2）。

**表 9-2　模型主要参数及其取值**

| 参数 | 含义 | 参数值 |
|---|---|---|
| $c$ | 水域面积占全流域面积的百分比 | 0.05 |
| $d$ | $r_{s\min}$ 与 $RDI$ 之间的相关系数 | 130（暴雨中心），150（森林），250（草地） |
| $K_b$ | 地下非线性水库出流系数 | 687 $mm^{9/10}h^{1/10}$ |
| $K_c$ | 河道线性水库出流系数 | 2 $mm^{2/5}h^{3/5}$ |
| $K_h$ | 上层土壤饱和区非线性出流系数 | 10 $mm^{2/5}h^{3/5}$ |
| $K_u$ | 上层土壤非线性下渗系数 | 21.7h |

1990～1996 年多年平均降水与蒸散发的空间分布见附图 25。图中表明，流域的蒸散发变化于 200～600 mm 之间。从空间分布上看，表现出从东南向西北减少的趋势。比较降水和蒸散发的空间分布特征，可以看出两者空间上的分布并不完全一致，即降水多的地方蒸散发并不一定特别强烈。这表明，流域蒸散发并不完全取决于降水，还受下垫面如地形、植被、土壤等多种因素的影响。

图 9-5 给出了流域出口断面（卢氏水文站）实测径流和模拟径流的比较。总体上看，模拟径流和实测径流以及降水过程都有较好的对应关系。在一些年份（如 1990、1992、1994、1995、1996 年）模拟径流值与实测径流值较为接近，而在其他年份（如 1991、1993 年）两者之间的差别较大。特别是 1993 年，模拟径流要大于实测径流。

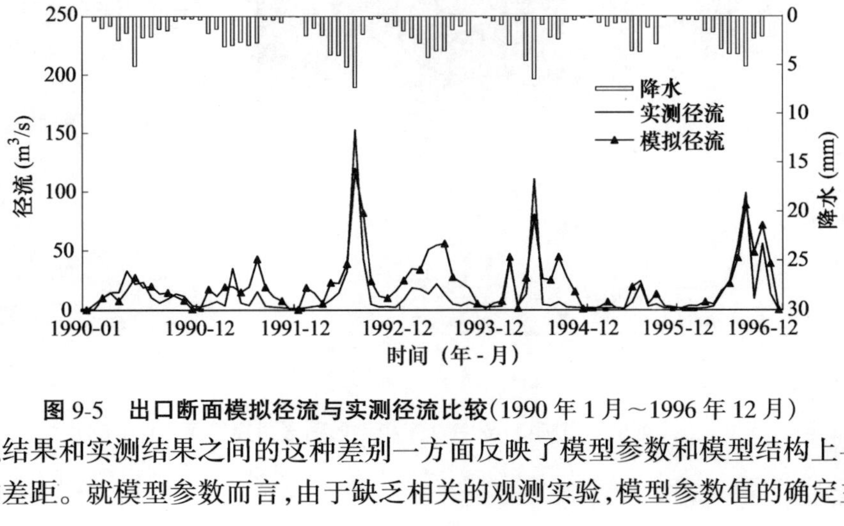


**图 9-5　出口断面模拟径流与实测径流比较**（1990 年 1 月～1996 年 12 月）

模拟结果和实测结果之间的这种差别一方面反映了模型参数和模型结构上与实际水文过程的差距。就模型参数而言，由于缺乏相关的观测实验，模型参数值的确定主要参考国内外的研究经验加以确定，其取值带有一定的主观性。特别地，由于缺乏和水文资料相配套的实时的下垫面资料，模拟时段内所用的参数都取相同的值，这在一定程度上也影响了模拟的精度。因此，进一步分析模型参数与下垫面特征的关系，特别是通过遥感影像资料确定水文模型的参数将是提高模型精度的一个重要手段，也是分布式水文模型发展的一个重要方向。

另一方面，模型输入信息的精度也是影响模拟结果的一个重要因素。在本文的研究中，常规气象站点仅有 3 个，在准确地表征研究区内气象信息的空间分布特征方面有一定的局限性。这在很大程度上是影响水文过程的一个重要方面——蒸散发的计算精度。此外，分布式水文模型对降水资料的要求也较高。输入的降水信息对结果有相当大的影响。因为降水总量是否准确直接关系到模拟的结果是否符合水量平衡的要求，而降水的空间分布则影响径流的过程和结构。因此，如何利用有限的观测站点的信息，通过空间插值的方法获得研究域内各单元网格的信息已经成为当前分布式水文模型研究和应用中的一个重点。而发展雷达测雨技术，直接获取降水的空间分布特征，进行分布式水文模拟则是当前水文模拟领域探讨的一个热点话题。

## 八、小结

SVAT & HYCY 模型包括计算净雨量(Net Rainfall)的 SVAT 模块、坡面产流的 HYCY模块以及流域汇流的 ROUTING 模块。在组成流域模型的三大模块中，SVAT 模块用于模拟单元内土壤—植被—大气(SVAT)系统中水的运动，模型考虑了寒冷地区的水文过程，其输入为日气象资料。其核心是基于能量平衡的单元流域蒸散发计算。其中地表阻抗的估算是基于辐射干燥指数 *RDI*。认为最小地表阻抗 $r_{s\,\min}$ 和 *RDI* 之间存在线性关系，不同的下垫面类型所对应的线性关系的斜率不一。由计算所得的单元网格的蒸散发，则可计算出单元网格上的净雨量 $P_n$。在 SVAT 模块输出的基础上，HYCY 模块用以模拟流域产流过程中不同的径流成分。它将单元流域的径流组成概化为线性或非线性的水库。在 HYCY 模块中，径流分为河道系统的直接径流、饱和区产生的地表径流以及地下基流三部分。ROUTING 模块是流域汇流演算部分，它是在等流时线概念的基础上进行汇流计算的。其过程就是在确定各个单元到出口断面的汇流路径后，在给定流域平均流速的情况下，确定各个单元到出口断面的出流时间，以进行等流时线的分块叠加计算。

应用 SVAT & HYCY 模型在黄河主要支流洛河卢氏以上流域的实例研究中，在 GIS 的支持下，根据 1990～1996 年的资料进行模拟。结果表明，模型可以反映流域蒸散发的空间分布特征以及径流的形成过程。但是在模拟的径流值与实测值之间还有一些差异。这种差别一方面是由于模型参数和模型结构方面的不足；另一方面，模型输入信息(特别是降水)的准确性也将影响模拟精度。

# 第十章 流域分布式水文模型的发展趋势

流域分布式水文模型经过近30年的研究，特别是近10年来取得了很大的进展，并显示出了它的理论意义和具有挑战性的应用价值。分布式水文模型得以发展和推广的一个重要原因是技术手段的革新，尤其是计算机技术和通信技术进步的推动。然而，有物理基础的分布式水文模型的理论、方法和技术远未臻于完善。主要表现在学术界仍存在着一定的分歧(Nikolay Sokrut)，这种分歧所反映的问题恰好是一种挑战，对进一步推动分布式水文模型发展也是一种动力。无论如何，分布式水文模型的研究既是水文学理论深化的要求，也是全球变化中水系统变化(GWSP)的问题。分布式水文模型的研究开发为此而拓宽到多个应用领域。

## 第一节 分布式水文模拟的难题与局限

### 一、模型的不确定性

水文模型的不确定性包括三个方面，即模型结构、模型参数以及观测数据的不确定性。分布式水文模型的发展从某种意义上讲是为了减少水文模拟中的不确定性，包括用更具物理基础的偏微分方程组来描述水文过程，用更丰富的数据来解释水文过程空间上的异质性。但是，模型在消除一些不确定性的同时也引入了新的不确定性。分布式模型更复杂的结构、更多的参数以及更大的数据量，都可能相应增加模型的不确定性。

由于水文现象的复杂性受测量技术的限制，一些水文过程的初始和边界条件经常并不确知。分布式水文模型大都存在很多具有虚假性的假定，导致模型并不能再现真实的水文过程。这也是当前单纯就模拟与预报结果而言，分布式水文模型并不比传统的集总式水文模型有太多优势的重要原因之一。分布式水文模型的不确定性还存在于模型的模拟结果难以检验上。有些水文状态变量因缺乏测量，无法判断其模拟的正确与否。只能通过流量来检验模型的有效性，而流量是各种水文过程综合作用的结果。因此，在分布式水文模拟中，可能通过对众多不确定参数的率定，获得对流量过程较好的模拟，但中间的模拟结果则具有很大的不确定性，甚至可能是完全错误的。

### 二、尺度转换的难题

如本书第一章所述，严格意义上的分布式水文模型应该是基于水文物理过程，用一组偏微分方程表达的方程组。然而，理论上对于水文物理过程的描述是在高度抽象的“质点”上进行的，而水文观测信息则通常是在斑块尺度上而且其观测所覆盖的空间是有限和相对稀疏的。实际的水文模拟则是在流域这一更大的空间尺度上进行的。在水文过程的机制—观测—模拟上对应着不同尺度，如何跨越这些不同尺度，实现原理—信息—应用的有机结合是当前分布式水文模拟进一步研究的重要问题。

值得指出的是，分布式水文模型所选取的单元汇水尺度大小在空间上不能任意地缩放，不仅如此，所给定的汇水单元在物理上代表性也是特定的，并不存在尺度持续的充要条件。为了说明这一点，我们可以用概化图来说明（见图 10-1）。由图可知，小单元尺度的径流（$Q_1$）是完全不闭合的（指地下水的汇入），仅为地表水形成的径流；取中等单元尺度，其 $Q_2$ 接纳了地下水层 1 的汇入；取大单元尺度时，其 $Q_3$ 则可属于闭合汇水的情况，$Q_3$ 可以包含全部地表水和地下水汇入。显然，分布式模型的单元流域的径流来源是异质性（heterogeneity）的。因此，分布式模型的尺度转换必须要有物理上的考虑，是不能仅从数学上就可以完全处理的。因而，本书从实际应用的方便出发，把分布式模型的尺度按大、中、小与月、日、时进行处理来解决上述问题。这种处理的理论基础是考虑了不同时空尺度单元流域汇水的同质性（homogeny）。

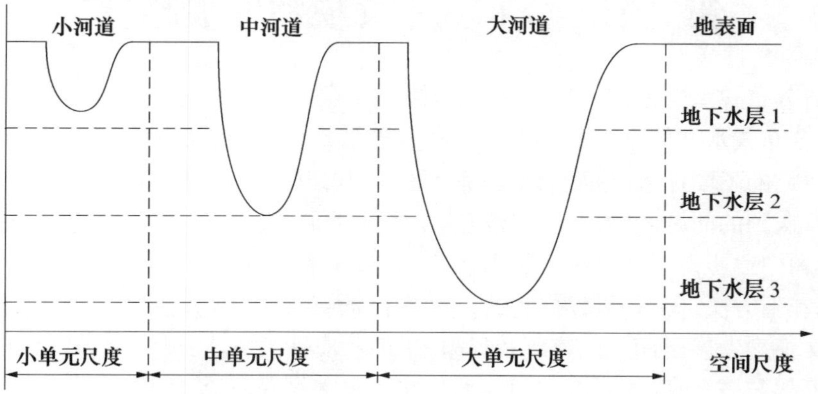


**图 10-1　流域单元尺度与汇水关系**

目前，分布式水文模型很少考虑尺度对参数有效性的影响，更没有明确指出在大尺度上如何确定参数。通常是将小尺度上建立的具有物理基础的水文模型随意应用到大的空间尺度，并不符合实际地假定模型参数在几十米到几公里的空间变化中保持着有效性。分布式水文模拟尺度转化问题的核心是探寻合理的流域空间离散方式以及能具代表性的水文参数化方法，即如何在确保水文过程描述方程有效性的基础上，同时融合可能获取的空间信息，把流域分解成相对独立又相互联系的水文单元。代表单元面积（REA）、水文响应单元（HRU）等概念的提出都是针对分布式水文模型这一核心理论问题的。然而，这些概念对于阐释水文过程空间差异的绝对性以及空间相似的相对性，更多的还只是一种理论上的假设和抽象，尚缺乏实际应用中普遍的指导意义。

## 三、空间分布信息的局限

相对于集总式水文模型而言，分布式水文模型在理论上的深化与应用上的开拓显示了它的优越性。但是，随着理论上的深化却带来了应用上的难度。这是因为分布式水文模型是在更精细的时间和空间尺度上对客观水文过程的定量描述，它往往超出了目前常规水文要素观测的内容与精度，同时大量参数的累计误差通常会降低模拟精度。这是当前分布式水文模型的一个难题。另一方面，分布式水文模拟所需的时空信息和计算量都要比集总式水文模型高出几个数量级，强大的计算能力以及高效的信息获取技术是分布式水文模型实现的关键，也是当前限制分布式水文模型推广应用的一个重要因素。

在现有站点观测的条件下，为获得空间分布式的信息，一般只能通过对水文气象要素空间分布规律的研究，应用空间插值方法获得驱动分布式水文模型所需要的气象水文输入。有些分布式水文模型虽然具有很强的水文物理基础和完善的模型结构，但是由于计算时间过长和（或）数据存储过大，而根本无法在当前条件下进行推广和应用。特别是对于大区域的模拟，所需的运算时间和存储空间的要求就更高。在这种情况下，目前通常以降低模型的空间分辨率以减少存储，缩短运算时间。当然，随着高性能计算机的发展和使用，这一问题可以得到很好的解决，但是如何根据实际的水文模拟需求，合理地设定模型的空间分辨率，选择模型的结构，对于模型的推广应用仍是至关重要的。

## 第二节　分布式水文模型发展趋势

尽管对分布式水文模型我们还存在许多疑问，还有亟待突破的局限，但是经过 30 多年的发展，分布式水文模型已经显现出了许多集总式水文模型所不具备的优势，其生命力也在随着研究的不断深入、模型的不断完善而不断增强。必须指出的是，科学技术的发展只有克服所遇到的问题才能创新。分布式水文模型的研究将在疑问中前行，并在澄清疑问、解决难题中逐步发展和完善。可以想象，分布式水文模型的发展和完善将有赖于新理论、新技术和新方法，同时，其发展也将反过来推动新技术、新方法、新理论的出现。面对分布式水文模型发展所面临的难题和局限，采用适应性的方法，灵活地运用分布式水文模型的理论框架与概念，发展具有实用性的分布式水文水资源模拟是务实之举。

对分布式水文模型的发展趋势做出准确的预测是困难的。未来的可供水文模拟采用的新技术和新方法也尚难预料。根据当前分布式水文模型发展的一些特点，本节探讨分布式水文模型可能发生的一些变化和研究方向。

### 一、分布式遥感水文模型

水文要素的空间分布信息是流域水文分布式模拟最为基本的要求。在当前的观测条件下，水文气象要素如降水、气温等都是在特定的观测点上完成的。因此，基于现实观测数据的分布式水文模拟一个重要的步骤就是依据这些点上的观测通过插值而获得面上的信息。插值技术研究的深入固然能改善分布式水文模拟，但更为重要的是，观测技术的发展将更强有力地推动分布式水文模型的发展和应用。

基于遥感技术获取的信息是地物的栅格影像，可以恰当地反映遥感要素的空间异质性。如本书第三章所述，当前利用遥感技术已经可以探测地表水、土壤及地下水、雪与冰、水质、流域特征（流域面积、坡面汇流长度、表面坡度、地面覆盖类型、土地利用、地面反射率等）、气象水文要素（降水、土壤蒸发与植被蒸腾、水面蒸发等）等。这些信息往往是确定流域产汇流特性和识别水文模型参数的重要信息。可以预测，随着遥感信息技术手段的进一步成熟和发展，更多、更容易获取、更高分辨率的遥感信息将是推动分布式水文模型发展的一个重要推动力量。应用遥感技术获得的资料，把遥感和分布式水文模型相耦合将成为今后发展的一个重要方向。发展直接基于遥感信息的分布式水文模拟系统已经初现端倪。此外，目前应用雷达测雨技术获得面上的雨量资料已逐步发展和成熟起来。如何利用雷达数据进行分布式水文模拟也是一个值得关注的领域。

值得指出的是，我们在执行黄河"973"项目中，还把分布式水文模拟用到黄河流域实际蒸散发的模拟上。通过DEM的信息处理热量平衡在流域中的空间变异，完成了年、月蒸散发量的分布计算，使分布式水文模型深入到水循环各个要素的模拟上（曾燕等，2004）。

## 二、动态虚拟水循环

虚拟现实（Virtual Reality）即利用计算机的高科技手段构造出一个虚拟的世界，使参与者获得与现实一样的感觉，虚拟现实是一个在当今国际上备受关注的课题。近年来，随着信息技术的发展，特别是高性能海量并行处理技术、可视化技术、分布处理技术、多媒体技术和虚拟现实技术的发展，使得建立人机一体化的、分布的、多维信息交互的仿真模型和仿真环境成为可能。仿真因此形成一个新的发展方向，如可视化仿真、多媒体仿真和虚拟现实仿真。

根据DEM以及高分辨率的遥感影像，可以构建流域下垫面形态的虚拟环境。在这一基础上，如果进一步叠加上动态变化的水循环过程，即生成动态的虚拟水循环。由于虚拟现实所需要的是空间上每一个点具体的特征和状态。分布式水文模型输出结果空间上分布性的特点，可以充分满足虚拟现实模型的客观需求。分布式水文模型与虚拟现实技术的融合，可能创建出真正意义上的水文虚拟空间，这对于直观表达流域水文循环过程、开展流域水情的实时监控、进行水资源的动态管理和调度具有重要的应用价值。

## 三、组件式水文模拟系统

从目前的情况看，由于水文循环过程数据采集技术的局限和差异、分布式水文模型本身理论和方法上的缺陷，以及计算机模拟能力的限制，发展并推广统一的普遍适用的分布式水文模型是困难的。水文模型的理论和方法处于不断完善和发展过程中，对于某一个水文循环过程的计算和模拟可能有许多不同的方式和方法。对于特定流域的水文过程的模拟，也可能因为实际的模拟需要和数据情况而采取不同的模拟方式。

因此，构建一个水文模拟系统，在系统中囊括不同的具有代表性的水文模拟方式和方法，并开发出相应的组件，提供更加灵活的模拟能力和更简单的建模方式，在理论上是有意义的，在实践上也是可行的。当前，世界上不少研究单位都在从事这方面的研究工作，如美国的MMS、澳大利亚CSIRO水土研究所（Land & Water）的TIMES都在朝着这个方向努力。本书提到的黄河"973"项目中开发的HIMS系统也正是在这种思想的指导下所做的一个初步的尝试，并已经开发完成了相应的雏形版本。有理由相信，物理方法与水文学方法相结合，理论联系实际使这类系统不断完善，流域分布式水文模拟的应用将会变得更加容易、更为广泛。

## 四、更加广泛的应用

尽管分布式水文模型在应用上存在许多困难，包括物理方法需要更精确的参数和尺度转换等问题，分布式水文模型必须迎接社会经济发展重大需求的挑战。采用物理方法与成熟的水文学方法，理论严格性与应用的灵活组件系统结合必须先进，力求在应用中发展与完善。

分布式水文模型之所以成为当前水文水资源研究的热点，在于它具有更多的时空模拟功能，能够把单一水量变化的模拟推向更加广泛的水文分析与水资源管理(包括生态修复与环境保护)问题的模拟，大大拓宽模拟领域。当前的分布式水文模型已经在许多领域进行了有意义的探索和有价值的应用，如地表水与地下水评价计算、非点源污染、土壤侵蚀与水土流失、洪水预报预警、农业灌溉与城市工业用水以及流域管理。基于网格式的分布式水文模型与全球和区域大气环流模式耦合，计算与预测气候变化对流域水循环过程的影响，已成为全球变化研究的一个重要的组成部分。

从分布式水文模型的发展趋势看，随着未来数据采集技术的进步，分布式水文模型实际应用的数据瓶颈将得以逐步消除，这将使分布式水文模型在更广泛的领域内进行实际应用成为可能。其次，分布式水文模型建模理论的发展、参数化方法的改进以及更为灵活的组件式模拟系统的开发，将为模型使用者提供更为坚实的技术支撑。最后，必须指出的是，在分布式水文模型的基础上，模拟以水文循环过程为介质的物质迁移转化、生态系统演变以及大气环流等物理、化学和生物过程，将成为分布式水文模型十分重要的扩展应用，有利于进一步认识和把握 SPAC 系统内不同界面过程的机制及其相互作用。

# 附录　分布式水文模型:神话还是现实?*

Nikolay Sokrut (2004)

自从 Freeze 和 Harlan 于 1969 年发表了第一个有物理基础的分布式水文模型的框架以来,分布式水文模型发展很快。这一发展过程是在计算机、GIS 以及数字高程模型的发展推动之下进行的。目前有许多模拟系统运用于实际工作之中,如 SHE 的不同版本(Abbott et al., 1986)和 IHDM (Calver and Wood, 1995)。这些模型是具有物理基础的,而且模型的参数至少在理论上是可以测量的。

一、模型参数

自从 20 世纪 60 年代以来,出现了许多文献,其中一些对目前分布式水文模型的形式持批评态度 (Beven, 1993), 而其他一些则大力推广应用分布式模型 (Bathurst et al., 1991)。这意味着在构建一个描述水文过程现实的分布式的机理性模型时存在一个基本的问题。Freeze 和 Harlan 于 1969 年提出的有物理基础的分布式水文模型的原始蓝图是根据在 1969 年时实验条件下认为正确的土壤水分运动、地表径流和河道汇流等过程而构建的。与此同时,很少对野外水文过程的细节进行相应研究的工作。在实验控制条件下设定好的现实以简单的假设推广应用于其他条件之下。这些假设在野外水流的异质性和复杂性条件下不一定能成立(Bhaskar, 1989)。比如根据达西定律和 Richards 方程对非饱和产流中潜水层径流的刻画就是一个很好的例子。在实验土柱的一些局域尺度上,达西定律是否有效还值得讨论,但是,在土柱或地块尺度上,达西定律是肯定无效的(Hornberger et al., 1991), 更不用说在分布式水文模型中的单元网格尺度.这可能要求方程应用于几公里范围内参数和变量都是在一致的空间上(Bhaskar, 1989)。因此,这些作者指出,目前这一代物理基础的模型基于的方程组在描述野外的水文通量上是错误的。况且并不存在模型所需的观测技术,以提供模型在模拟尺度上所需要的参数值。参数必须通过率定或估计才能得到。这通常是通过比较观测值和预测值进行的,与概念性水文模型中所用的方法相同。事实上,当前常见的分布式模型都是集总的概念性模型,尽管它们运行在网格尺度而不是传统的集总式概念模型所用的流域尺度 (Beven, 1995)。期望模型会随着我们对水文过程的进一步理解而改善是合乎逻辑的。Flury 等(1994)指出,目前并不清楚这样一种预期是否合理。水文系统的许多重要的内容还未知.特别是地下水流过程的实质(Dagan, 1986)。理论上,完全的物理描述是可能的。在拥有足够多的关于多孔结构几何特征,以及控制如孔隙表面糙度等因子的参数的信息时,我们也可以求解多孔介质中水流的 Navier - Stokes(Beven, 1993)。即使忽略这类模拟所需的计算机的计算能

---

* 本书翻译编录此文作为当前分布式水文模型研究的一个补充论述。我们并不完全同意本文作者的观点。但是,我们相信,本文的一些观点对于一些将要或正在从事分布式水文模型研究的人员,可能有某种认识上的帮助。

力，这些描述把问题推到了更小的时间和空间尺度上(Beven, 1986)。

对于潜水层的径流过程，可能的最好方式是在小尺度上进行统计抽样观测。根据Dagan(1986)，在特定的尺度上正确使用达西方程，一个更为实用的方案是“代表单元体积(REV)”。但是从代表单元面积(REA)上的统计性描述转化到实际预测模拟需要的网格尺度仍需要一些理论支持。这些尺度化的研究已经成为许多地下水系统研究工作的主题。这些研究工作表明更大尺度上“有效的”参数值，在许多假设条件下，可以从小尺度上不同的达西参数中用统计的模型获得(Binley et al., 1990)。这些结果指出参数是基于尺度的并将产生不确定性。

显然，在不考虑土壤结构类型导致侧向流的情况下，关于不饱和系统以及所谓的达西异质性的研究更少 (Motovilov, 1986)。针对这一类径流过程发展的模型用了许多主观的假设并引入了许多参数，而对于如何在更大的尺度上确定这些参数却没有明确的交待(Steenhuis et al., 1990)。

还有一个问题是水文过程的耦合 (Binley et al., 1989)。一般认为在耦合地表水和浅层地下水时，可能无法找到对于具有空间异质特征的区域普遍适用的有效参数。

然而，许多已发表的研究论文表明，尽管存在以上提到的所有问题，但应用这些物理基础的分布式模型是成功的(Abbott et al., 1986)。这很可能是因为大部分评估模型的方法是针对预测的径流，而径流在流域尺度上对水文系统的响应对于模型而言是相对简单的(尽管遭受了不能正确反映水文响应的批评，单位线方法仍然存在并作为一个工具)。事实上，它反映了流域内复杂的水文过程的综合效应。单一暴雨产生的径流更难预测，这是因为流域特征的非线性关系和空间异质性以及可获得的输入数据有限的精度(Motovilov, 1986)。即便是最简单的模型也必须给出预测的径流过程。在数据分析技术的基础上，应用非分布式的模型可以获得精度相当好的结果(Beven, 1986)。有物理基础的分布式模型同样提供了可以通过率定以使模拟结果与观测值相吻合的参数。分布式模型最大的不同在于它们还给出了网格单元尺度上内在状态变量的预测值，但是几乎没有进行任何实测值与这些结果的比较检验 (Beven, 1985)。事实上，与模型参数一样，这些测量存在相同的问题，因为测量得到的状态变量也是在一个比网格单元小得多的尺度上进行的(Binley et al., 1989)。

换句话说，很难确信分布式模型是基于描述单元网格尺度上水文现实的正确方程，很难(如果可能的话)在单元网格的尺度上估计方程的有效参数值。尽管在估算径流的目的上，它们使用了过多的参数，它们在模拟内部状态变量上还没有得到正确的检验，而这恰恰是它们相对于流域尺度模型的主要优点。这些问题得到了广泛的讨论 (Beven, 1985, 1986, 1993; Beven and Binley, 1992; Bhaskar, 1989; Hornberger,1991)。

## 二、模型验证

最近模型验证已经引起了许多水文研究人员的兴趣，主要是在地下水领域。研究计划、公众咨询以及关于废弃物堆放地点和地下水污染的诉讼，已经把注意力集中到我们模拟地下水运动的能力上来。两位德高望重的地下水水文学家认为地下水模型根本无法验证 (Konikow and Bredehoeft, 1992)，而许多对地下水模拟结果的后验检验显示了原先预测结果的严重偏差(Anderson and Woessner, 1992)。

自 Beven(1985)和 Grayson 等(1993)发起以来,相同的讨论在流域模型领域继续进行,特别强调了现有分布式模型的局限以及借助于率定以使其运作的必要性。对此,有各种不同的反应。Smith 等于 1994 年指出,基于基本的水文动力学原理区分关于可观测的自然行为的数学表达方式是重要的。1974 年,由于受当时计算机运算能力的限制,Stephensson 和 Freeze 运用一个山坡尺度的差分模型做了一些运算,他们发现只能获得径流和水位(内部变量)相对较差的估计,因为山坡上的起始和边界条件以及参数值有很大的不确定性。另一方面,Jensen 等在 1992 年报告了在丹麦一个砂质含水层示踪模拟较为成功的检验结果。他们发现,应用来自一个一维达西非饱和流模型的地下水补给结果可以很好地再现几个月时间内的地下水位。这些例子表明,对于模型验证问题没有明确的答案。它受模型的离散方式、参数估计和率定以及初始和边界条件定义的限制。1987 年 Beck 给出了在模型内在特性之外验证模型的另外两个方面的问题。这就是所执行的预测任务的实质,以及根据模型预测结果做出错误决定的风险大小。当执行的任务与其曾经做过的相一致,而且做出错误决定所承担的风险小时,对模型验证的判断相对简单。但是,当这是一项新任务并且错误决策的代价高昂时,检验就要求更加严格,接受模拟结果的决定就要更为慎重(Beven, 1995)。

## 三、分布式模型预测结果的不确定性评估

基本上有两种不同的方法评价模型结果的不确定性。更传统一点的方法假设不确定性来自参数(有时是边界条件)关于"真值"的不确定性 (Andersson and Woessner, 1992)。这是在经典的统计估计理论中所使用的方法。在给定样本数据的情况下,最大似然法或其他参数估计技术可用以寻找适宜的无偏参数估计。参数被认为是随机变量并假设它们为正态分布(对于线性模型),预测结果的不确定性可以通过在参数的可能变化范围内积分加以估计。1995 年 Beve 指出(上述方法涉及的)所有模型都是线性的并提出适用于非线性模型的方法,方法应用似然值的分布,以其作为限制由可接受参数集得出的预测量变化范围的权重函数,以取得不确定性的百分位值。

## 四、分布式模拟未来展望

随着计算机能力的增强,我们将继续做同种类型的分布式模拟,但是,这将是在更细致的网格尺度上模拟更长的时间和更大的流域。这是一个使模型要素的尺度与模型建立所依据的理论尺度相一致显而易见的途径。然而,必须认识到,这将在不增加数据源的情况下增加模型的参数,并导致过参数化的问题,因为这不是依赖于计算机的计算能力的。

如果我们同意 Beven 于 1985 所说的,所有的分布式模型都是集总的概念模型,那么利用它们进行模拟最中肯的方式是使它们显式地依赖于尺度,直接反映水文响应因尺度变化以及可用于率定模型参数的数据的变化而将发生的改变。

当前有物理基础的分布式水文模拟把小尺度的物理方程应用于大尺度之上,并假设尺度的变化可以通过引入"有效的"参数加以解决。显然,这种方法需要修正,并且可能被更多显式考虑模拟过程约束条件的方法所代替。这里的问题是在好的模拟和差的模拟之

间没有清晰的差别。因此,对于可接受程度的选择是主观的,并且可接受程度也只是相对的。应用分布式模型的经验表明,目前模型对于过程的描述可能是不正确的;使用网格尺度上的有效参数值也不总是可接受的;恰当的有效参数值可能随网格尺度而变化;参数估计的方法通常是在一个不恰当的尺度上;在特定的应用中,模型的结构和空间离散方式有很大的不确定性,模型很难验证。对模型进行区分,需要相应的数据以拒绝一些模型。未来分布式模型的发展看起来将更多地依赖于直接由大尺度观测数据的子网格尺度参数化方法,而不是对小尺度聚合理论和参数值的改善。它将朝着对流域水文模拟更简单、更稳健和更容易率定的方向发展,而不是引入更复杂的结构、定义更多的参数。

# 参考文献


[1] Abbott M B, Bathurst J C, Cunge J A, et al. An introduction to the European Hydrological System Système Hydrologique Européen. "SHE", 2: Structure of a physically-based, distributed modelling system, J. Hydrol., 1986,87: 61～77

[2] Anderson M P, Woessner W W. The role of the post-audit in model validation. Adv. Wat. Resour., 1992(15):167～173

[3] Arnold J G, Williams J R, Srinivasan R, et al. Model theory of SWAT [EB/OL]. USDA, Agricultural Research Service Grassland, Soil and Water Research Laboratory, 1997

[4] Bai Z, Ohata T. Variation of Albedo on the Glacier No. 1 at the Headwater of Urumqi River, Tianshan Mountains, During the Summer Ablation Period. J. of Glaciology and Geocryology, 1989 (11): 311～324

[5] Band L E. Extraction of Channel Networks and Topographic Parameters from Digital Elevation Data, In "Channel Network hydrology"(Beven, K. and M. J. Kirkby, eds.), 1993. 13～ 42, Wiley, Chichester

[6] Bathurst J C. Wicks J M, O'Connell P E. The SHE/SHESED basin scale water flow and sediment transport modeling system, in: V. P. Singh (Ed), Computer Models of Watershed Hydrology, Water Resource Publications, Colorado, 1991. 563～594

[7] Bauer S W. A modified horton equation during intermittent rainfall. Hydrological Sciences Bulletin. 1974, 19(2/6): 219～224

[8] Beck M B. Water quality modelling: a review of the analysis of uncertainty. Water Resource. Res., 1987 (23): 1393～1442

[9] Beven K, Binley A M. The future role of distributed models: model calibration and predictive uncertainty. Hydrological Processes. 1992(6):279～298

[10] Beven K J, Calver A, Morris E. The institute of Hydrology distributed model. Institute of Hydrology Report No. 98, Wallingford, England. 1987

[11] Beven K J. Distributed models. in M. G. Anderson and T. P. Burt (Eds) Hydrological forecasting, Wiley, Chichester. 1985

[12] Beven K J. Linking parameters across scales: sub grid parameterisations and scale dependent hydrological models, Hydrol. Process. 1995(9): 507～525

[13] Beven K J. Prophecy, reality and uncertainty in distributed hydrological modelling. Advances in Water Resources, 1993(16): 41～51

[14] Beven K J. Runoff production and flood frequency in catchments of order n: An alternative approach. In V. K. Gupta et al. (Eds) Scale problems in hydrology, 1986. 107～131. D. Reidel Publishing Company

[15] Beven K J. TOPMODEL. Chapter 18 in Computer Models of Watershed Hydrology, edited by V. P. Singh, Water Resources Publications, Littleton, Co. 1995

[16] Beven K, Wood E F. Flow routing and the hydrological response of channel networks. In "Channel Network Hydrology" (Beven, K. and M. J. Kirkby, eds.), 1993. 99～128, Wiley, Chichester

[17] Binley A M, Beven K J, Elgy J. A physically-based model of heterogeneous hillslopes. 2. Effective hydraulic conductivities, Wat. Resour. Res., 1989, 25(6): 1227～1233

[18] Blyth E M, Harding R J. Application of aggregation models to surface heat flux from the Sahelian tiger

bush. Agric. For. Meteorl., 1995, 72: 213～235

[19] Boike J, Roth K, Overduin P P. Thermal and hydrologic dynamics of the active layer at a continuous permafrost site (Taymyr Peninsula, Siberia), Wat. Resour. Res., 1998, 34: 355～363

[20] Bowling L C, Lettenmaier D P, et al. Simulation of high latitude hydrological processes in the Torne-Kalix basin: PILPS Phase 2(e) 1: Experiment description and summary intercomparisons. Global and Planetary Change, 2003, 38: 1～30

[21] Calver A, Wood W L. The Institute of Hydrology Distributed Model, in V.P. Singh (Ed.), Computer Models of Watershed Hydrology, Water Resource publications, Colorado, 1995. 595～626

[22] Chen Jianyao. The simulation of runoff using a time-area graph derived from DTM. ITC, 1998 (2): 113～117

[23] Chen J Y, Tang C Y, Sakura S, et al. Groundwater flow and geochemistry in the lower reach of the Yellow River: case study in Shandong Province, China. Hydrogeology Journal. 2002 (10): 587～599

[24] Chen J Y, Tang C Y, Sakura S, et al. Nitrate pollution in groundwater in the lower reach of the Yellow River, case study in Shandong Province. In Groundwater Engineering- Recent Advances. 2003 (3): 279～283

[25] Chen J Y, Tang C Y, Sakura Y. et al. Measurement and analysis of the redistribution of soil moisture and solutes in a maize field in the lower reaches of the Yellow River. Hydrological Processes. 2004, 18 (12): 2263～2273

[26] Costa-Cabral M C, Burges S J. Digital elevation model networks. (DEMON); A model of flow over hill slopes for computation contributing and dispersal areas. Water Resources Research. 1994, 30 (6): 1681～1692

[27] Dagan G. Statistical theory of groundwater flow and transport: pore to laboratory, laboratory to formation, and formation to regional scale. Water Resources Research. 1986, 22(9): 120～134

[28] Douglas D H. Experiments to Locate ridges and channels to create a new type of digital elevation models. Cartographica, 1986, 23(4): 29～61

[29] Fairfield J, Leymarie P. Drainage networks from grid digital elevation models. Water Resources Research, 1991, 30(6): 1681～1692

[30] Flury M, Fluchler H, Jury W, et al. Susceptibility of soils to preferential flowof water: a field study. Water Resources Researches. 1994, 30: 1945～1954

[31] Freeze R A, Harlan R L. Blueprint for a physically-based digitally-simulated hydrological response model, Journal of Hydrology. 1969, 9: 237～258

[32] Fu Guobin, Chen Shulin, Liu Changming. Dawn Shepard. Hydro-Climatic Trends of the Yellow River Basin for the Last 50 Years. Climatic Change. 2004, 65: 149～178

[33] Fu Guobin, Liu Changming, Chen Shulin, et al. Investigating the conversion coefficients for free water surface evaporation of different evaporation pans. Hydrological Processes. 2004, 18(12): 2247～2262

[34] Fukuda M, Ishizaki T. A simulation model for frost penetration beneath the ground on the basis of equilibrium surface temperatures. J. Jpn. Soc. Snow and Ice, 1980, 42: 71～80 (in Japanese)

[35] Fukushima Y. A model of river flow forecasting for a small forested mountain catchment. Hydrol. Proc., 1988, 2: 167～185

[36] George M. Hornberger, Elizabeth W. Boyer. Recent advances in watershed modeling . U. S. National Report to IUGG, 1991～1994 Rev. Geophys. 1994. 33

[37] Grayson R B, Bloshl G, Barling R D, et al. Process, scale and constraints to hydrological modelling in

GIS. In Kovar, K. and Nachtebel, H. P. , editors, Application of Geographic Information Systems In Hydrology and Water Resources Management, 1993,211: 83～92. IAHS. Pub
[38] Green, Jonathan I, James Nelson E. Calculation of time of concentration for hydrologic design and analysis using geographic information system vector objects、International Journal of Hydroinformatics, 2002, 1(2)
[39] Guo Shenglian, Wang Jinxing, Xiong Lihua, et al. A macro-scale and semi-distributed monthly water balance model to predict climate change impacts in China . Journal of Hydrology. 2002, 268:1～15
[40] Huang Mingbin, Zhang Lu. Hydrological responses to conservation practices in a catchment of the Loess Plateau, China . Hydrological Processes. 2004, 8(10):1885～1898
[41] Hornberger G, Germann P, Beven K. Through flow and solute transport in an isolated sloping soil block in a forested catchment. Journal of Hydrology, 1991,124: 81～99
[42] Jackson T J, Schmugge J, Engman E T. Remote sensing applications to hydrology: soil moisture. Hydrological Sciences J. 1996, 41(4):517～530
[43] Jain S K, Singh R D, Seth S M. Design flood estimation using GIS supported GIUH approach. Water Resources Management, 2000, 14:369～376
[44] Jarvis P G, McNaughton K G. Stomatal control of transpiration: scaling up from leaf to region, Adv. Ecol. Res. , 1986,15 : 1～49
[45] Jarvis P G. Stomatal response to water stress in conifers. In "Adaptation of Plants to Water and High Temperature Stress" (Turner, N. C. and P. J. Kramer, eds. ), 1980. 105～122, Wiley, New York
[46] Jensen K H, Mantaglou A. Application of stochastic unsaturated flow theory, numerical simulations and comparison to field observations. Water Resources Researches, 1992, 28(1): 269～284
[47] Jones H G. Pants and microclimate. 413pp, Cambridge University Press. 1994
[48] Kanae S, Nishio K ,Oki T, et al. . Hydrograph estimations by flow routing modelling from AGCM output in major basins of the world. Annual Journal of Hydraulic Engineering, JSCE. 1995,39: 97～102 (in Japanese with English abstract)
[49] Keith J Beven. A discussion of distributed hydrological modeling. Michael B. Abbott and Jens Christian Refsgaard. Distributed hydrological modeling. Published by Kluwer Academic Publishers, 1996. 255～278
[50] Keith J. Beven. Rainfall-Runoff Modelling. John Wiley & Sons Ltd, 2001. 136～145
[51] Kite G W, Dalton A, Dion K. Simulation of streamflow in a macroscale watershed using general circulation model data, Wat. Resour. Res. , 1994, 30: 1547～1559
[52] Kite G W. Why use continental-scale hydrological model? Proc. WMO/IAHS Workshop on Continent-scale Hydrological Models: Charting the Future, Institute of Hydrology, Wallingford, 1996. 32～33
[53] Kondo J. Meteorology of water environment. Asakura, Tokyo, 1994, 348. (in Japanese)
[54] Kondo J, Yamazaki T. A prediction model for snowmelt, snow surface temperature and freezing depth using a heat balance method. J. Appl. Meteor. , 1990,29: 375～384
[55] Konikow L F, Bredehoeft J D. Groundwater models cannot be validated. Adv. Wat. Resour. 1992, 15: 75～83
[56] KÖrner C, Scheel J A, Bauer H. Maximum leaf diffusive conductance in vascular plants. Photosynthetica, 1979, 13: 45～82
[57] Kosugi K, Fukushima Y. Estimation of Evapotranspiration at Alfalfa Field on Irrigated Land in Arid District. J. Japan Soc. Hydrol. & Water Resour. 1994 (7): 420～429 (in Japanese)

[58] Kuniyoshi Takeuchi, Tianqi Ao, Hiroshi Ishidaira. Introduction of block-wise use of TOPMODEL and Muskingum-Cunge method for the hydro-environmental simulation of a large ungauged basin. Hydrological Science, August 1999: 633～646
[59] Kustas W P, Norman J M. Use of remote sensing for evapotranspiration monitoring over land surfaces. Hydrological Sciences J. 1996,41(4):495～516
[60] Li Daofeng, Tian Ying, Liu Changming, et al. Impact of Land-cover and climate change on runoff of the source regions of the Yellow River . Journal of Geographical Sciences, 2004, 14(3):330～338
[61] Lindroth A. Canopy conductance of coniferous forests related to climate. Wat. Resour. Res. 1985, 21 (3):297～304
[62] Liston G E, Sud Y C, Wood E F. Evaluating GCM land surface hydrology parameterizations by computing river discharges using a runoff routing model: Application to the Mississippi basin. J. Appl. Meteor., 1994,33: 394～405.
[63] Liu Changming. Water crises and hydrology in north china. Hydrological Processes, 2004, 18(12): 2195～2196
[64] Liu Changming, Xia Jun. Water problems and hydrological research in the Yellow River and the Huai and Hai River basins of China. Hydrological Processes,2004,18(12):2197～2210
[65] Liu Changming, Zheng Hongxin. Changes of Hydrological Cycle Elements of Second Half 20 Century in the Yellow River Basin. Hydrological Processes,2004,18(12):2337～2345
[66] Liu Changming, Zheng Hongxing. Freshwater resources management in China: Case study of the Yellow River Basin . International Review for Environmental Strategies, 2002, 3(2):284～293
[67] Liu Changming, Zheng Hongxing. South-to-north Water Transfer Schemes for China. Water Resources Development. 2002(3):453～471.
[68] Liu S, Mo X, Li H, et al. The spatial variation of soil moisture in China: Geostatistical Characteristics. Journal of the MeteorologicalSociety of Japan,2001,79 (2B):555～574
[69] Mark D M. Automatic detection of drainage networks from digital elevation models. cartographica, 1984,21(2/3):168～178
[70] Martz W. de Jong E. Catch. A FORTRAN program for measuring catchment area from digital elevation models. Computers & Geosciences. 1988, 14(5):627～640
[71] Martz W, Garbrecht J. Numerical definition of drainage network and subcatchment areas from digital elevation models. Computers & Geosciences, 1992, 18(6):747～761
[72] Ma X, Cheng W. A modeling of hydrological processes in a large low plain area including lakes and ponds. J. Japan Soc. Hydrol. & Water Resour, 1996,9 : 320～329
[73] Ma X, Fukushima Y. A numerical model of the river freezing process and its application to the Lena River. Hydrol. Process, 2002, 16: 3131～2140
[74] Ma X, Fukushima Y, Hiyama T, et al. A macro-scale hydrological analysis of the Lena River Basin, Hydrol. Process, 2000, 14: 639～651
[75] Ma X, Fukushima Y, Hashimoto T, et al. Application of a simple SVAT model in a mountain catchment under temperate humid climate. J. Japan Soc. Hydrol. & Water Resour., 1999,12: 285～294
[76] Ma X, Hiyama T, Fukushima Y, et al. A numerical model of the heat transfer for permafrost regions. J. Japan Soc. Hydrol. & Water Resour., 1998,11: 346～359
[77] Ma X, Yasunari T, Ohata T, et al. Hydrological regime of the Selenge River Basin、Mongolia. Hydrol. Process, 2003, 17: 2929～2945

[78] Miller J R, Russell G L, Caliri G. Continental-scale river flow in climate models. J. Climate, 1994(7): 914～928
[79] Moore , McMahon T A. Wat. Resour. Res. , 30:851～854
[80] Naden P S. A routing model for continental-scale hydrology, in: Macroscale Modelling of the hydrospher. Proc. of Yokuhama Symp. , July 1993, IASH Publ. , 1993,214:67～79
[81] Nettsch S L, Arnold J G, Kiniry J R, et al. Soil and water assessment tool theoretical documentation/ version 2000 [R]. http://www.brc.tamus.edu/swat/
[82] Nijssen B, Bowling L C, et al. Simulation of high latitude hydrological processes in the Torne-Kalix Basin: PILPS Phase 2(e) 2: Comparison of model results with observations. Global and Planetary Change, 2003, 38: 31～53
[83] O'Callaghan F, Mark D M. The extraction of drainage networks from digital elevation data. Computer Vision Graphics and Image Processing. 1984, 28:323～344
[84] Oki T, Kanae S, Musiake K. River routing in the global water cycle. GEWEX News, 1996,6(3): 4～5
[85] Oki T, Nishimura T, Dirmeyer P. Assessment of annual runoff from land surface models using Total Runoff Integrating Pathways (TRIP). Journal of the Meteorological Society of Japan, 1999,77:235～255
[86] Osterkamp T E, Romanovsky V E. Freezing of the active layer on the CoastaldArctic. Permafrost and Periglacial Processes, 1997(8): 23～44
[87] Outcalt S I, Goodwin C, Weller G et al. Computer simulation of the snowmelt and soil thermal regime at Barrow. Alaska. Water Resour. Res. , 1975(11):709～715
[88] Qiu Xinfa, Zeng Yan, Liu Changming. A general model for estimating actual evaporation from non-saturated surfaces. . Journal of Geographical Sciences,2002,12(4):479～484
[89] Qiu Xinfa, Zeng Yan, Miao Qilong, et al. Estimation of annual actual evapotranspiration from nonsaturated land surfaces with conventional meteorological data. Science in China. Ser. D Earth Sciences, 2004, 47 (3):239～246
[90] Quinn P, Beven K, Chevalier P, et al. The prediction of hillslope flow paths for distributed hydrological modelling using digital terrain models, Hydrol. Processes, 1991(5):59～79
[91] Rinaldo A, Marani A, Rigon R. Geomophologicaldispersion . WatResourRes, 1991(27):513～525
[92] Romanovsky V E, Osterkamp T E. Thawing of the active layer on the coastal plain of the alaskan arctic. Permafrost and Periglacial Processes, 1997(8): 1～22
[93] Sellers P J, Mintz Y, Sud Y C, et al. A simple biosphere model (SiB) for use within general circulation models. J. Atmos. Sci. , 1986, 43: 505～531
[94] Shuttleworth W J. Evaporation from Amazonian rainforest. Proc. R. Soc. Lond. 1988, B 233: 321～346
[95] Singh V P, Birsoy Y K. Comparisons of the methods of estimation mean areal rainfall. Nordic Hydrology. 1975, 6(4):222～241
[96] Singh V P, Chowdhury P K. Comparing some methods of estimating mean areal rainfall. Water Resources Bulletin, 1986, 22(2):275～282
[97] Singh V P. Computer models of watershed hydrology. Water Resources Publications, USA, 1995
[98] Smemoe, Chris M, James N E, et al. A conceptual modeling approach to CEQUAL-W2 using the watershed modeling system、Proceedings of the Hydroinformatics Conference, Iowa City, Iowa, 2000
[99] Steenhuis T, Parlange J Y, Andreini M S. A numerical model for preferential solute movement in struc-

tured soils、Geoderma, 1990,46: 193～208

[100] Stephensson G, Freeze R. Mathematical simulation of subsurface flow contributions to snowmelt run-off, Reynolds Creek watershed, Idaho, Wat. Resour. Res., 1974,10: 284～298

[101] Stewart J B. Modelling surface conductance of pine forest. Agric. For. Meteorl. 1988,43:19～35

[102] Sugawara M. On the analysis of runoff structure about several Japanese rivers, Japan J. Geophys., 1961,2(4):1～76

[103] Sun R, Gao X, Liu C M ,et al. Evapotranspiration estimation in the Yellow River Basin, China using integerated NDVI data. International Journal of Remote Sensing. 2004, 5(13):2523～2534

[104] Sun Rui. Dynamic Change of Net Primary Production and Fractional Vegetation Cover in the Yellow River Basin Using Multi-temporal AVHRR NDVI Data. Journal of Geographical Sciences. 2002,12(1): 29～34

[105] Szeicz G, Van Bavel C H M, Takami S. Stomatal factor in the water use and dry matter production by sorghum、Agric. Meteorl., 1973, 12: 361～389

[106] Terpstra J, van Mazijk A. Computer aided evaluation of planning scenarios to assess the impact of land-use changes on water balance. Phys. Chem. Earth (B), 2001, 26 (7～8): 523～527

[107] Thompson S A. Hydrology for water management. Rotterdam: A. A. Balkema, 1999. 115～120, 205～240

[108] Tribe A. Automated recognition of valley lines and drainage networks from grid digital elevation models: a review and a new method. Journal of Hydrology, 1992, 139(1～4): 263～293

[109] Turcotte R, Fortin JP, Rousseau A N, Massicotte. S, Villeneuve. J-P . Determination of the drainage structure of a watershed using a digital elevation model and a digital river and lake network. Journal of Hydrology (Amsterdam), 2001,240(3～4):225～242

[110] Vijay P. Singh. 水文系统:降雨径流模拟(Hydrologic Systems: Rainfall-Runoff Modeling) . 赵卫民等译. 郑州: 黄河水利出版社, 1999

[111] Vijay P. Singh . 水文系统:流域模拟(Hydrologic Systems: Watershed Modeling) . 赵卫民等译. 郑州: 黄河水利出版社, 1999

[112] Ward R C, Robinson M. Principles of hydrology. McGraw-Hill, England, 1989,365

[113] Warren Viessman Jr, Lewis G L. Introduction to hydrology. HarperCollins, New York, 1996. 760

[114] Whitemore J S, Vanefden F J, Harvey K J. Assessment of average annual rainfall over large catchment. Inter African Conference on Hydrology, C. C. T. A. Publication 66, 1961. 100～107

[115] WMO. Inter comparison of conceptual models used in operational hydrological forecasting. WMO Operational Hydrology, Rep. No. 7, WMO no. 429, 1975

[116] Wyss J, Williams E R, Bras R L. Hydrologic modelling of New England river basins using radar rainfall data', J. Geophys. Res., 1990, 95:2143～2150

[117] Xia Jun. A system approach to real time hydrological forecasts in watersheds. Water International, 2002, 27(1):87～97

[118] Xia Jun. Real-time rainfall-runoff forecasting by time variant gain models and updating approaches. Research Report of the 6th International Workshop on River Flow Forecasting. UCG, Ireland, 1995

[119] Xia Jun, Wang Zhonggen, Wang Gangsheng, et al. The renewability of water resources and its quantification in the Yellow River Basin. China. Hydrological Processes,2004, 8(12):2327～2336

[120] Xiong Lihua, Guo Shenglian. Effects of the catchment runoff coefficients on the performance of TOPMODEL in rainfall runoff modeling . Hydrological Process,2004, 18(10):1823～1836

[121] Yamazaki T, Sakuraoka T, Nakamura T, et al. A study of snow metamorphism: I Model description. J. Jpn. Soc. Snow and Ice, 1991, 53:115～123 (in Japanese)
[122] Yang Dawen, Li Chong, Hu Heping, et al. Analysis of water resources variability in the Yellow River of China during the last half century using historical data. Water Resources Research, 2004, 40: W06502
[123] Yang Dawen, Srikantha Herath, Katumi Musiake. Comparision of different distributed hydrological models for characterization of catchment spatial variability. Hydrological Progresses, 2000, 14: 403～416
[124] Yang Dawen, Srikantha Herath, Katumi Musiake. Development of a geomorphology-based hydrological model for large catchments. Annual Journal of Hydraulic Engineering, JSCE, VOL. 42, 1998:169～174
[125] Yang Dawen, Srikantha Herath, Katumi Musiake. Spatial resolution sensitivity of catchment geomorphologic properties and the effect on hydrological simulation. Hydrological Processes, 2001 (11): 2085～2099
[126] Yang Shengtian, Liu Changming, Yang Zhifeng, et al. Natural eco-environmental evaluation of the southeastern part of the Tibetan Plateau using RS and GIS . Journal of Geographical Sciences, 2002, 12 (3):283～288
[127] Yao Huaxia , Michio hashino. A completely-formed distributed rainfall-runoff model for the catchment scale. IAHS Publ, 2001(270): 183～190
[128] Yutaka Ichikawa, Yasuto Tachikawa, Michiharu Shiiba. Lumping slope runoff model using digital elevation model and steady state assumption. Water 99 Joint Congress-Brisbane, Australia 6～8 July 1999. 113～118
[129] Zhang L, Dawes W R, Walker G R. Response of mean annual evapotranspiration to vegetation changes at catchment scale. Water Resources Research, 2001, 37(3): 701～708
[130] Zhang Yongqiang, Liu Changming, Yu Qiang. Energy fluxes and the Priestley Taylor parameter overwinter wheat and maize in the North China Plain. Hydrological Processes, 2004, 18(12):2235～2246
[131] Zhao R, Zhuang Y, Fang L, et al. The Xinanjiang Model, Hydrological Forecasting Proceedings Oxford Symposium, IAHS 129, 1980. 351～356
[132] 长江水利委员会.水文预报方法. 北京:水利电力出版社, 1993
[133] 程春田,欧春平,王本德.水库洪水调度系统的集成管理.水利学报,2001,3:77～81
[134] 丁晶,邓育仁. 水文水资源中不确定性分析与计算的耦合途径.水文,1996 (1) :19～21
[135] 冯焱.论变动等流时线. 水利学报, 1981 (4):1～7
[136] 傅国斌,刘昌明. 遥感技术在水文学中的应用与研究进展.水科学进展,2001,12(4):547～559
[137] 郭生练,熊立华,杨井 ,等. 基于 DEM 的分布式流域水文物理模型.武汉水利电力大学学报, 2000,33(6):1～5.
[138] 郝芳华,陈利群,刘昌明.降雨的空间不均匀性对模拟产流量和产沙量不确定的研究.地理科学进展,2003, 22(5):446～453
[139] 郝芳华,陈利群,刘昌明.土地利用变化对产流和产沙的影响分析.水土保持学报,2004, 18(3): 5～8
[140] 郝芳华,杨桂莲,吴险峰,等.黄河小花间石山林区产汇流特征.地理研究,2004, 23(2):165～174
[141] 胡彩虹,郭生练,熊立华,等.干旱半干旱地区流域水文模型分析比较研究.武汉大学学报(工学

版),2003 (5):38～42
[142] 胡建华,李兰,郭生练.数学物理模型在水文预报中的应用.水电能源科学，2001 (2):11～14
[143] 胡著智,等.遥感技术与地学应用. 南京:南京大学出版社，1999
[144] 黄国如，芮孝芳. 基于运动波数值扩散的洪水演算方法. 河海大学学报，2001，29(2):110～113
[145] 黄平,赵吉国. 流域分布型水文数学模型的研究及应用前景展望. 水文，1997(5): 5～10
[146] 蒋晓辉,刘昌明,黄强.黄河上中游天然径流多时间尺度变化及动因分析.自然资源学报,2003，18(2):142～147
[147] 蒋晓辉,刘昌明,王煜,等.用混合回归模型预测黄河三门峡站年径流变化的初步研究.中国科学(E辑),2004,34(增刊):95～102
[148] 康尔泗,等. 西北干旱区内陆河流域出山径流变化趋势对气候变化响应模型. 中国科学(D辑)，1999，29(增刊): 47～54
[149] 李道峰,丁晓雯,刘昌明.GIS平台构建在黄河流域水循环研究中的应用.水土保持学报,2003，17(4):102～109
[150] 李道峰,刘昌明.黄河河源区近10年来土地覆被变化研究.北京师范大学学报(自然科学版)，2004，40(2):269～275
[151] 李道峰,田英,刘昌明.GIS支持下的黄河河源区降水径流要素变化分析.水土保持研究,2004，11(1):144～147
[152] 李道峰,田英,刘昌明.黄河河源区变化环境下分布式水文模拟.地理学报,2004，59(4):565～573
[153] 李道峰,刘昌明.黄河流域水循环地理信息系统平台构建初探.地理科学进展,2003,22(5):472～478
[154] 李海滨,林忠辉,刘苏峡. Kriging方法在区域土壤水分估值中的应用. 地理研究,2001,20(4):446～452
[155] 李丽娟,郑红星. 华北典型河流年径流演变规律及其驱动力分析——以潮白河为例. 地理学报，2000,5:309～317
[156] 李志林，朱庆. 数字高程模型. 武汉:武汉测绘大学出版社，2000
[157] 林忠辉,莫兴国,李宏轩,等. 中国陆地区域气象要素的空间插值. 地理学报,2002,57(1): 47～56
[158] 刘昌明，成立.黄河干流断流的径流序列分析.地理学报,2000，55(3):57～265
[159] 刘昌明,等.水文循环过程理论与方法的研究进展.见:刘昌明等.黄河流域水资源演化规律与可再生性维持机理研究和进展.郑州:黄河水利出版社，2001.22～33
[160] 刘昌明,李道峰,田英,等.基于DEM的分布式水文模型在大尺度流域应用研究.地理科学进展，2003，22(5):437～445
[161] 刘昌明,王红瑞.浅析水资源与人口、经济和社会环境的关系.自然资源学报,2003，18(5):635～644
[162] 刘昌明,夏军,郭生练.黄河流域分布式水文模型.水科学进展,2004，15(4):495～500
[163] 刘昌明,张学成.黄河干流实际来水量不断减少的成因分析.地理学报,2004，59(3):323～330
[164] 刘昌明,郑红星.黄河流域水循环要素变化趋势分析.自然资源学报,2003，18(2):129～135
[165] 刘昌明.植被变化对产水量影响的研究.中国水利,2002 (10):112～117
[166] 刘青娥,左其亭. TOPMODEL模型探讨 .郑州大学学报(工学版)，2002,23(4):82～86
[167] 刘绍民,孙睿,孙中平.基于互补相关原理的区域蒸散发量估算模型比较.地理学报,2004,59(3):331～340
[168] 刘绍民,孙中平,李小文.蒸发量测定与估算方法的对比研究.自然资源学报,2003，18(2):161～167

[169] 刘苏峡,刘昌明. 90年代水文学研究的进展和趋势.水科学进展,1997, 8(4):365～369
[170] 刘苏峡,张士锋,刘昌明.黄河流域水循环研究的进展和展望.地理研究,2001, 20(3):257～265
[171] 罗乔林. 数据处理之进展——见于气象四维同化问题. 系统工程理论与实践,1997,9(9):98～103
[172] 莫兴国. 区域蒸发研究综述. 水科学进展,1996 (6):180～185
[173] 马雪华. 森林水文学. 北京:中国林业出版社, 1993
[174] 邱新法,刘昌明,曾燕.黄河流域近40年蒸发皿蒸发量的气候变化特征.自然资源学报,2003,18(4):437～442
[175] 邱新法,曾燕,缪启龙,等.用常规气象资料计算陆面年实际蒸散(发)量.中国科学(D辑),2003,33(3):281～288
[176] 任立良. 流域数字水文模型研究. 河海大学学报, 2000,28(4): 1～7
[177] 芮孝芳. Muskingum法及其分段连续演算的若干理论探讨. 水科学进展,2002,13(6): 682～688
[178] 芮孝芳. 流域水文模型研究中的若干问题.水科学进展, 1997 (1):94～98
[179] 孙睿,刘昌明,李小文.利用累积NDVI估算黄河流域年蒸散量.自然资源学报,2003, 18(2):155～160
[180] 孙睿,刘昌明,朱启疆.黄河流域植被覆盖度动态变化与降水的关系.地理学报,2001, 56(6):667～672
[181] 孙睿,刘昌明.地表水热通量研究进展.应用生态学报,2003, 14(3):434～438
[182] 万洪涛,等. GIS技术支持下的洪水模型建模. 地理研究,2001,20(4): 407～415
[183] 汪岗,范昭. 黄河水沙变化研究(第二卷). 郑州:黄河水利出版社, 2002
[184] 王冰洋,陈伟,姜大志,等.环境下异种数据库应用系统集成的实现方法.计算机工程,2001(2):18～19
[185] 王刚胜,夏军,朱一中.基于非线性系统理论的分布式水文模拟.水科学进展,2004,15(4):521～525
[186] 王纲胜,夏军,谈戈,等. 潮河流域时变增益分布式水循环模型研究. 地理科学进展,2002,21(6)
[187] 王平,覃理矜.基于OLEDB的ADO数据访问技术.重庆邮电学院学报,2001,(3):65～68
[188] 王西琴,张远,刘昌明.河道生态及环境需水理论探讨.自然资源学报,2003, 18(2):240～246
[189] 王燕生. 遥感水文模型及其应用. 水文, 1989 (5):20～24
[190] 王中根,郑红星,刘昌明.基于模块结构的分布式水文模拟系统研究.地理科学进展, 2005,24(6):109～115
[191] 王中根,刘昌明,黄友波.SWAT模型的原理结构及其应用.地理科学进展,2003, 22(1):79～86
[192] 王中根,刘昌明,吴险峰.基于DEM的分布式水文模型研究综述.自然资源学报,2003, 18(2):168～173
[193] 王中根,刘昌明,左其亭,等.基于DEM的分布式水文模型构建方法.地理科学进展,2002, 21(5):430～439
[194] 王中根,夏军,刘昌明,等.水资源可再生性量化方法研究.资源科学,2003, 25(4):31～36
[195] 王中根,郑红星,刘昌明,等.基于GIS/RS的流域分布式水文模拟——模型的原理与结构.水科学进展,2004, 15(4):501～505
[196] 王中根,郑红星,刘昌明.黄河典型流域分布式水文模型及应用研究.中国科学(E辑),2004,34(增刊):49～59
[197] 魏文秋,谢淑琴.遥感资料在SCS模型产流计算中的应用.环境遥感, 1992 (4):243～250
[198] 邬伦,刘瑜,等.地理信息系统——原理、方法和应用. 北京:科学出版社, 2001

[199] 吴丽娜,王红瑞,程晓冰,等.黄河流域水资源管理中的问题与对策.资源科学,2003, 25(4):56~61
[200] 吴险峰,王中根,刘昌明,等.栅格DEM的水平分辨率对流域特征的影响.自然资源学报,2003,18(2):148~154
[201] 吴险峰,刘昌明,郝芳华,等.黄河小花区间暴雨径流过程分布式模拟.水科学进展, 2004, 15(4):511~516
[202] 吴险峰,刘昌明.流域水文模型研究的若干进展.地理科学进展,2002, 21 (4):341~348
[203] 吴险峰,王中根,刘昌明,等.基于DEM的数字降水径流模型.地理学报,2002, 57(6):671~678
[204] 夏军,王纲胜,谈戈,等. 水文非线性系统与分布式时变增益模型. 中国科学(D辑), 2004, 34(11): 1072~1082
[205] 夏军,王中根,刘昌明.黄河水资源量可再生性问题及量化研究.地理学报,2003, 58(4):534~541
[206] 徐雨清,王兮之.遥感和地理信息系统在半干旱地区降雨—径流关系模拟中的应用. 遥感技术与应用, 2000,15(1):28~31
[207] 鲜飞军,杨合.在Visual Basic程序中调用Fortran动态连接库的方法.微型机与应用,2000(5):14~16
[208] 谢平, 梁瑞驹. 扩散模拟型流域地貌汇流模型. 地理学报, 1997, 52(4): 316~323
[209] 熊立华,郭生练,田向荣.基于DEM的分布式流域水文模型及应用.水科学进展,2004, 15(4):517~520
[210] 熊立华,郭生练.利用DEM提取地貌指数的方法述评.水科学进展,2002, 13(6):775~780
[211] 熊立华,郭生练.神经网络在洪水实时预报中的应用研究.水电能源科学,2002, 20(3):28~31
[212] 熊立华,彭定志.基于数字高程模型的等流时线推求与应用.武汉大学学报(工学版),2003,3:1~3
[213] 杨大文,李冲,倪广恒.分布式水文模型在黄河流域中的应用.地理学报,2004, 59(1):143~154
[214] 杨桂莲,郝芳华,刘昌明,等.基于SWAT模型的基流估算及评价——以洛河流域为例.地理科学进展,2003, 22(5):463~471
[215] 杨井,郭生练,王金星,等.基于GIS的分布式月水量平衡模型及其应用.武汉大学学报(工学版),2002, 35(4):22~26
[216] 杨胜天,刘昌明,孙睿.黄河流域干旱状况变化的气候与植被特征分析.自然资源学报,2003,18(2):136~141
[217] 杨胜天,刘昌明,孙睿.近20年来黄河流域植被覆盖变化分析.地理学报,2002, 57(6):679~684
[218] 杨胜天,刘昌明,王鹏新.黄河流域土壤水分遥感估算.地理科学进展,2003, 22(5):454~462
[219] 杨胜天,刘昌明.黄河流域土壤水分遥感计算及水循环过程分析.中国科学(E辑),2004,34(增刊):1~12
[220] 叶秉如.水利计算及水资源规划.北京:水利电力出版社, 1995
[221] 于维忠.水文学原理.北京:水利电力出版社, 1987
[222] 曾燕,邱新法,刘昌明,等.基于DEM的黄河流域天文辐射空间分布.地理学报,2003, 58(6):810~816
[223] 曾燕,邱新法,缪启龙,等.起伏地形下我国可照时间的空间分布.自然科学进展,2003, 13(5):545~548
[224] 张洪刚,郭生练,刘攀,等.概念型水文模型多目标参数自动优选方法研究.水文,2002, 22(1):12~16
[225] 张利军.OLE技术的概念和使用.内蒙古经济管理干部学院学报,2000,9:59~61
[226] 张欧阳,张红武. 数字流域及其在流域综合管理中的应用. 地理科学进展,2002,21(1): 66~71

[227] 张士锋,贾绍凤,刘昌明.黄河流域源区水循环变化规律及其影响.中国科学(E辑), 2004, 34(增刊): 117～125
[228] 张士锋,贾绍凤.降雨不均匀性对黄河流域径流量的影响.地理科学进展, 2001, 20(4):355～363
[229] 张士锋,刘昌明,夏军,等.降雨径流过程驱动因子的室内模拟试验研究.中国科学(D辑),2004, 34(3):280～289
[230] 张士锋.重新认识变化环境下的黄河水循环规律.中国水利,2004,7:37～38
[231] 张佐. 系统集成的概念、方法与实践.测控技术,1999,18(9): 3～6
[232] 郑红星,刘昌明,王中根,等.黄河典型流域分布式水文过程模拟.地理研究,2004, 23(4):447～454
[233] 郑红星,刘昌明.黄河流域水资源演化模式分析.地理学报,2004, 59(2):267～273
[234] 郑红星,刘昌明.黄河源区径流量年内分配变化规律分析.地理科学进展,2003, 22(6):585～590
[235] 郑红星,王中根,刘昌明,等.基于GIS/RS的流域分布式水文模拟——模型的校正与应用.水科学进展,2004, 15(4):506～510
[236] 周成虎.地理信息系统概要.北京:中国科学技术出版社, 1992
[237] 朱从旭,邓宏贵.基于Windows软件系统集成的应用程序调控技术研究.计算机工程,2000(8): 92～94
[238] 左其亭,王中根 .现代水文学. 郑州: 黄河水利出版社, 2002

# 附　图

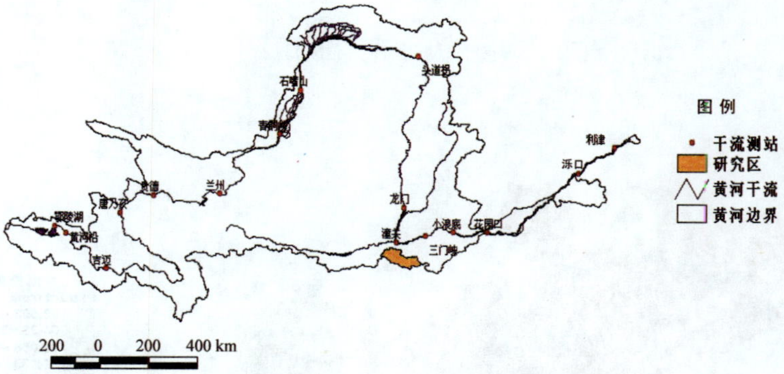


附图 1　洛河上游卢氏水文站以上流域地理位置

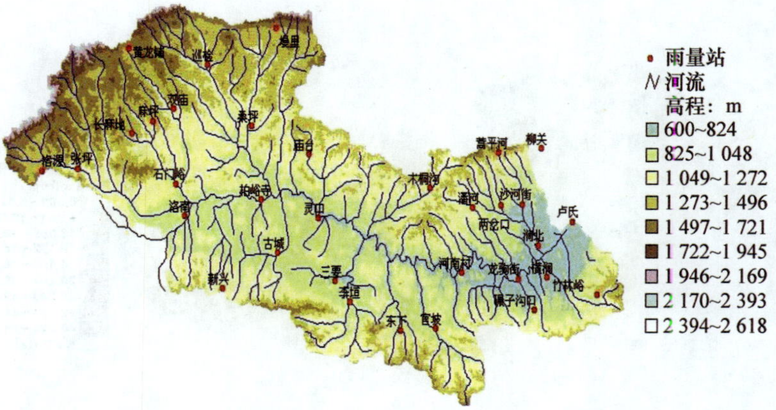


附图 2　洛河上游卢氏水文站以上流域水系

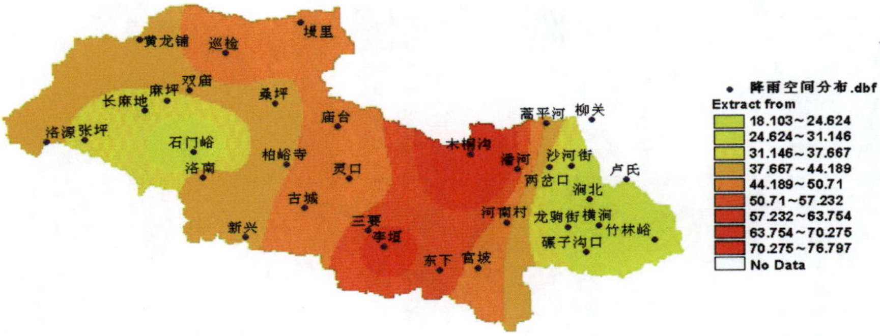


(a)1971 年 6 月 28 日

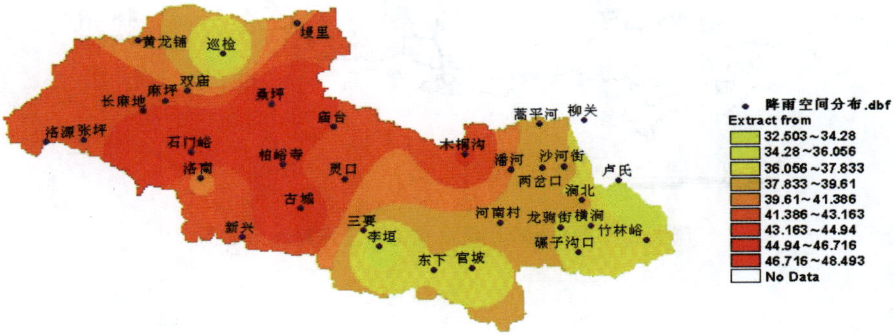


(b)1974 年 9 月 13 日

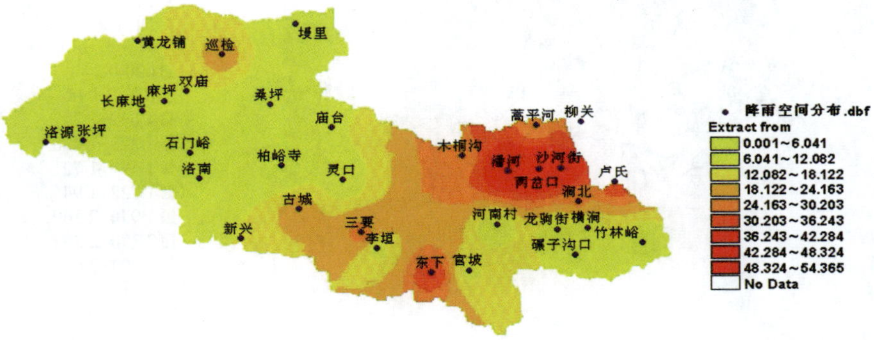


(c)1980 年 6 月 29 日

**附图 3　洛河上游卢氏水文站以上流域暴雨空间分布**

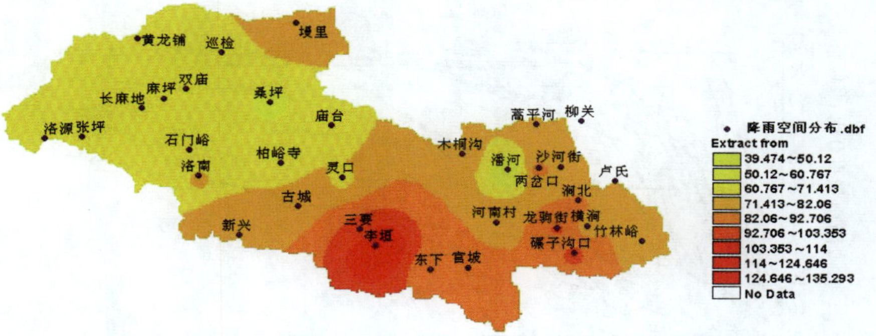


(d)1985 年 9 月 14 日

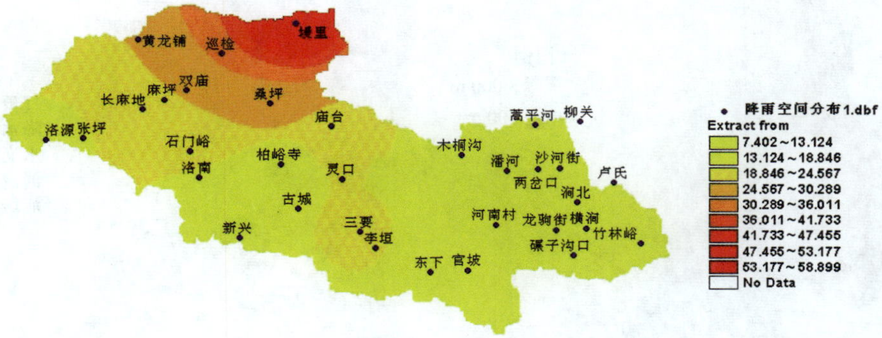


(e)1992 年 8 月 13 日

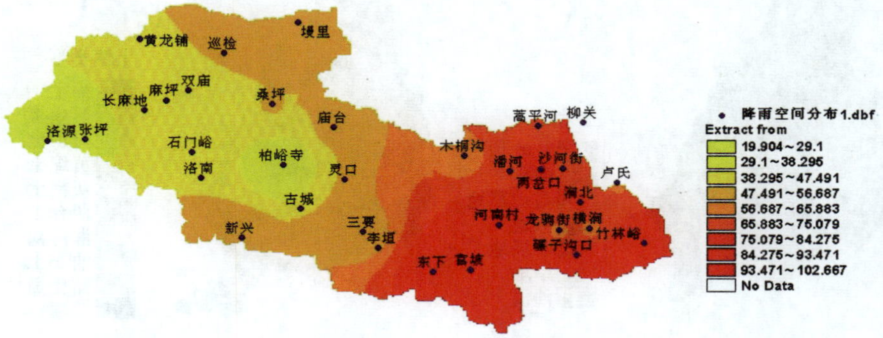


(f)1996 年 9 月 17 日

**续附图 3**

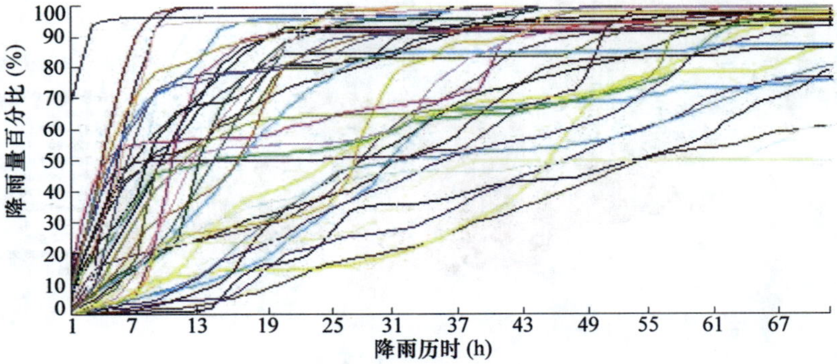


附图 4　43 场暴雨降雨量时段累积曲线

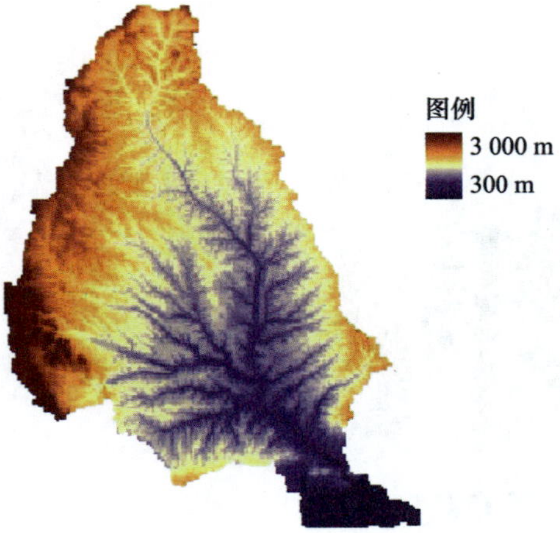


(a)泾河流域 DEM(1:25 万)

(b)水文气象站点空间分布

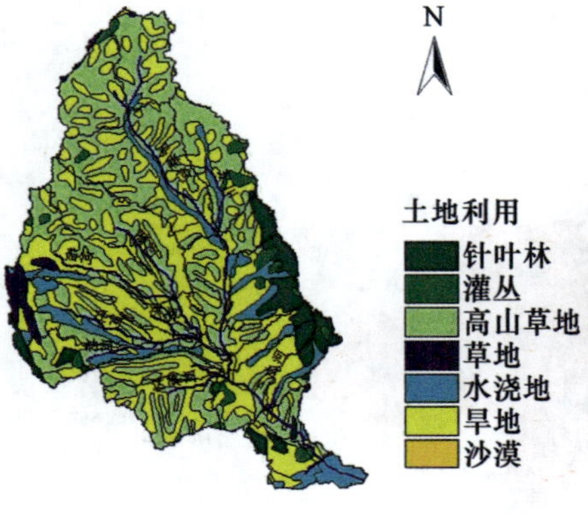


(c)土地利用空间分布

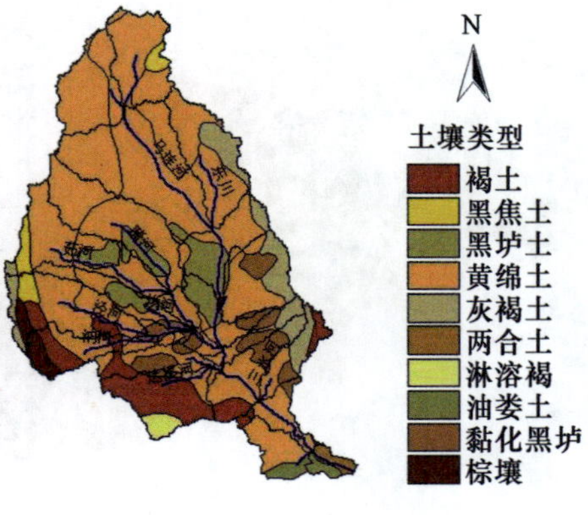


(d)土壤类型空间分布

附图 5　泾河流域地形、气象站点、植被和土壤资料

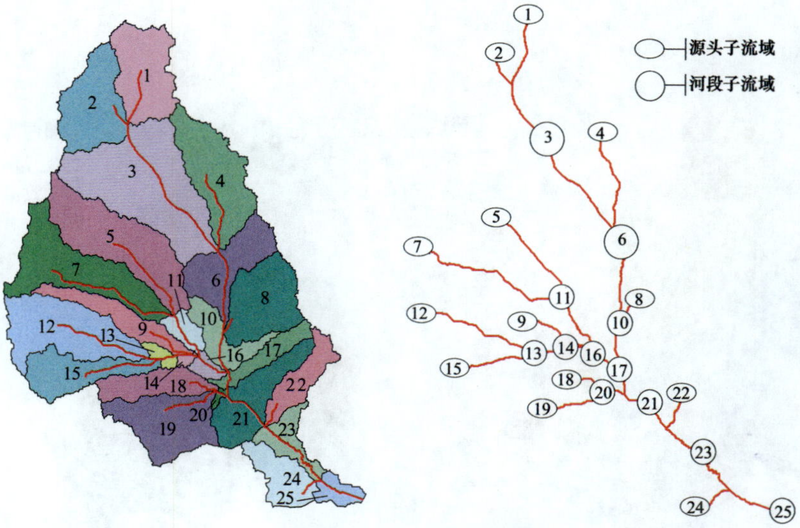


**附图 6　泾河流域河网结构及子流域划分**

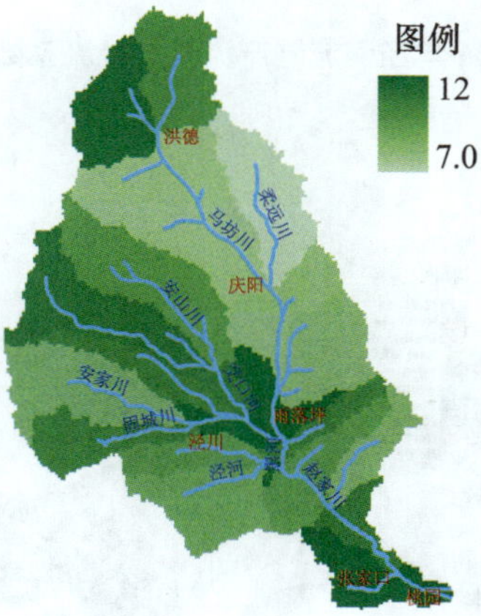


(a)泾河地形指数均值空间分布

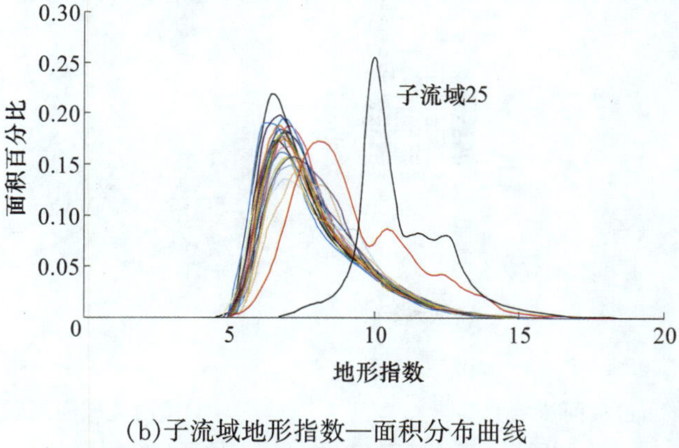


(b)子流域地形指数—面积分布曲线

**附图 7　泾河子流域地形指数**

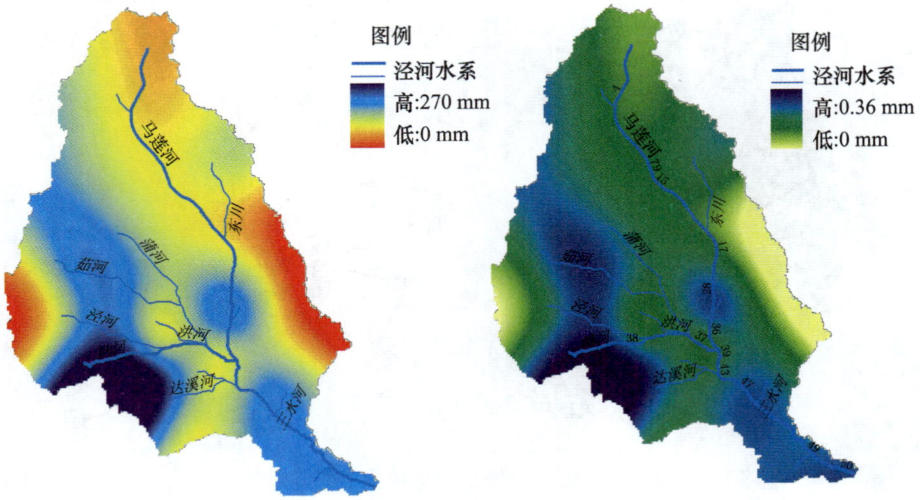


**附图 8　1996 年泾河流域产流量与径流系数空间分布**

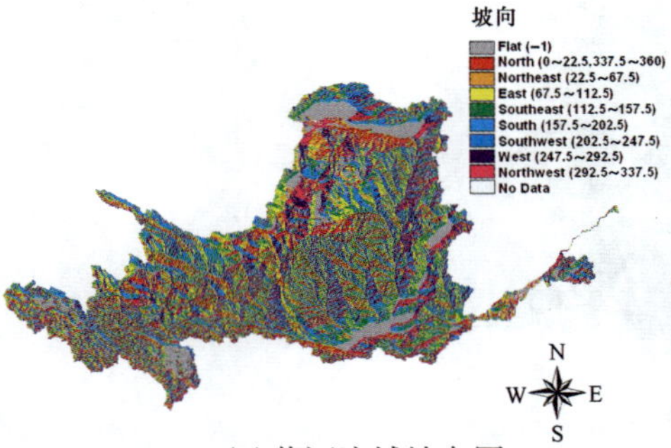


(a)黄河流域坡向图

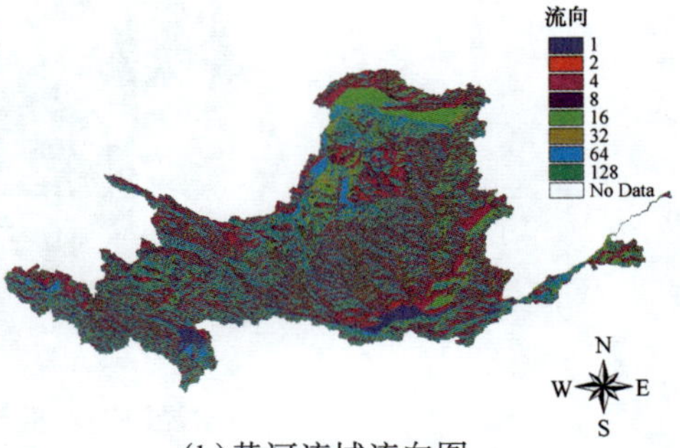


(b)黄河流域流向图

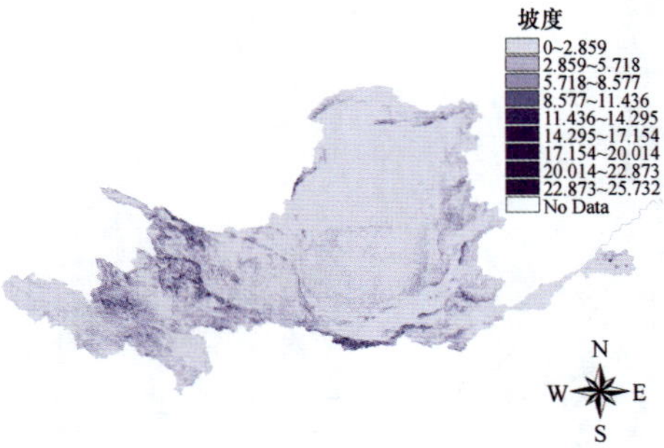


(c)黄河流域坡度图

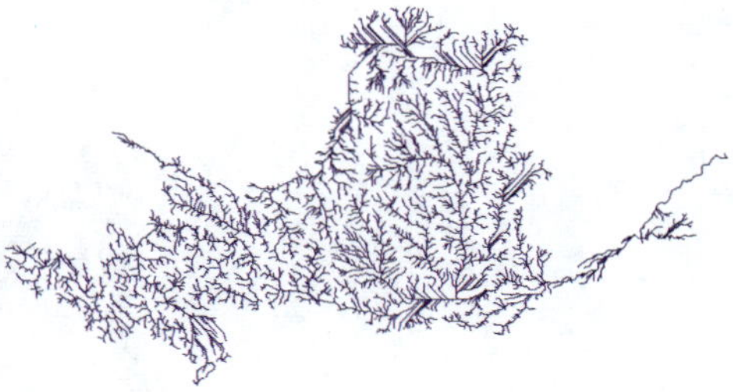

(d)黄河流域河网图

**附图 9　基于 DEM 的黄河流域地形特征提取**

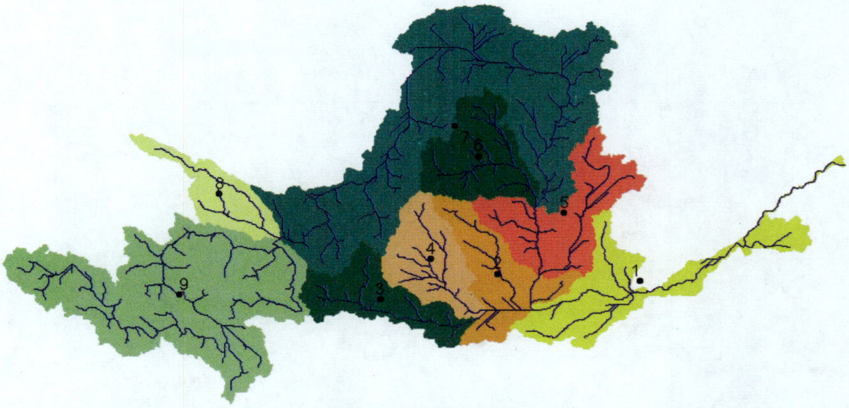


附图 10　黄河流域二级分区图

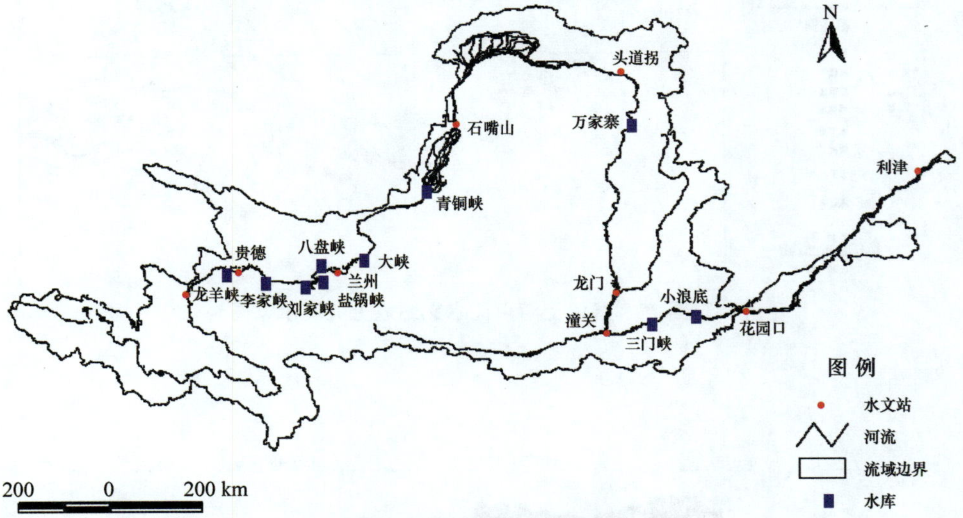


附图 11　黄河流域水库分布图

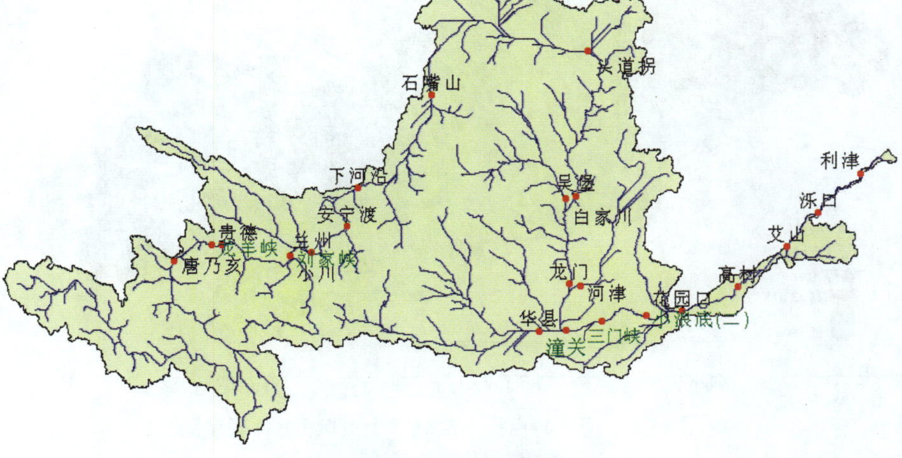


附图 12　黄河流量站

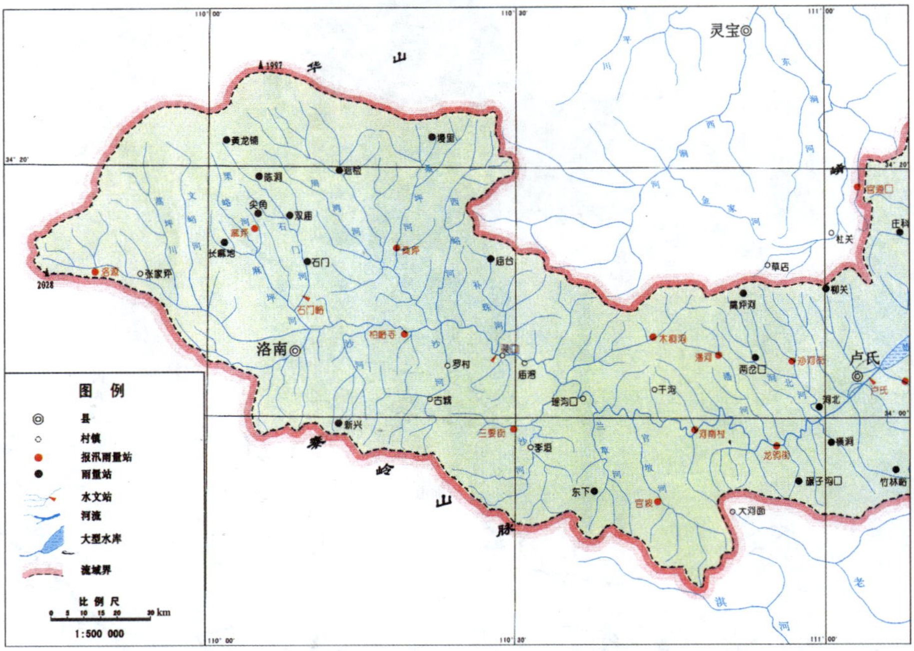


附图 13　洛河上游卢氏水文站以上流域示意图

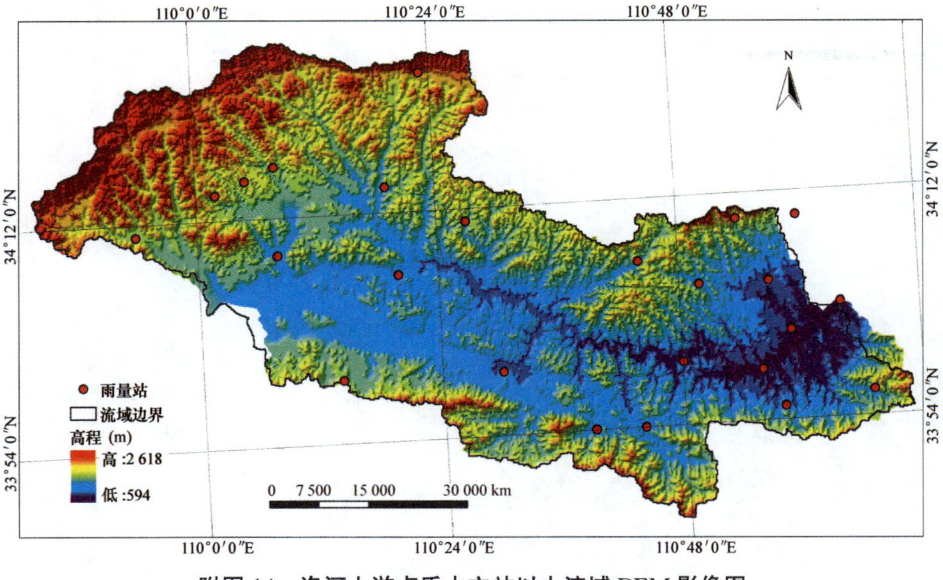


附图 14　洛河上游卢氏水文站以上流域 DEM 影像图

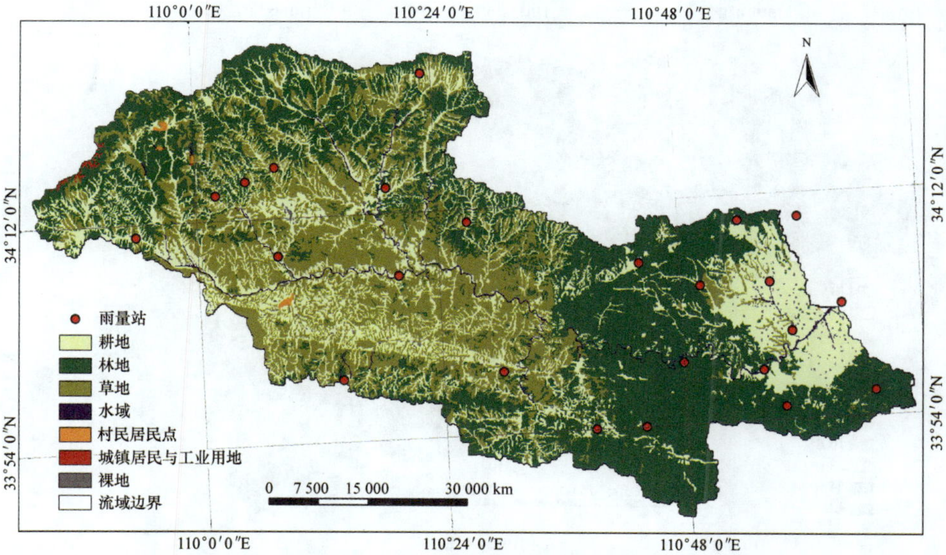


附图 15 洛河上游卢氏水文站以上流域
土地利用类型重新分类

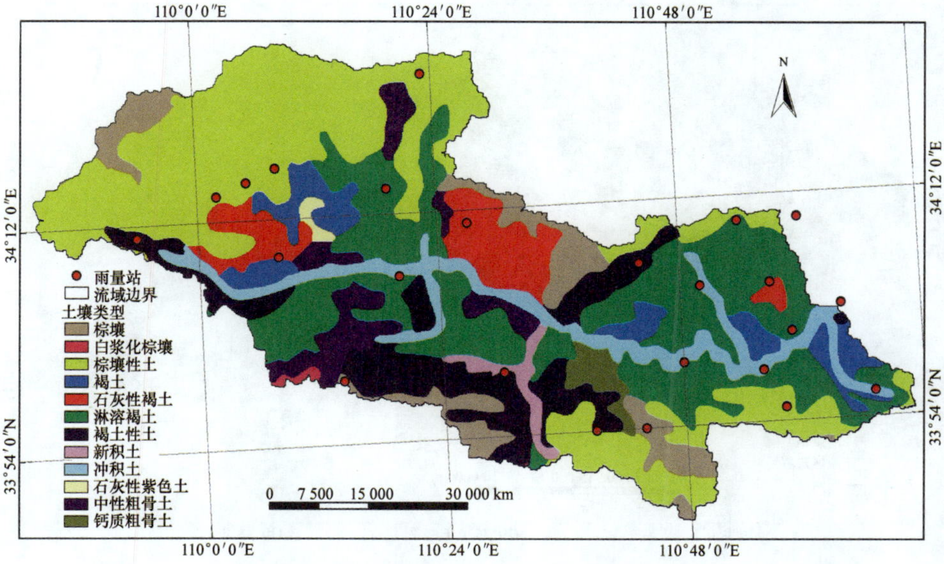


附图 16 洛河上游卢氏水文站以上流域土壤类型

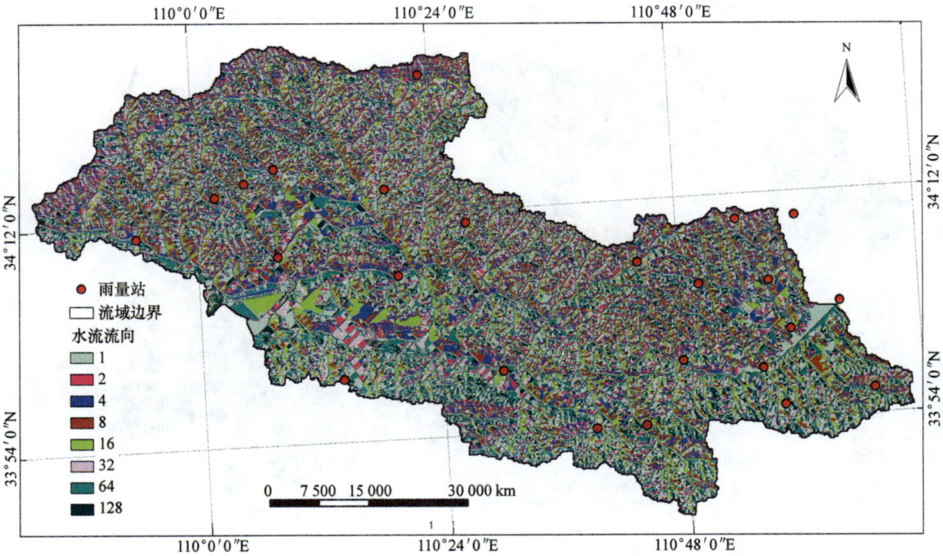


附图 17　洛河上游卢氏水文站以上流域水流流向

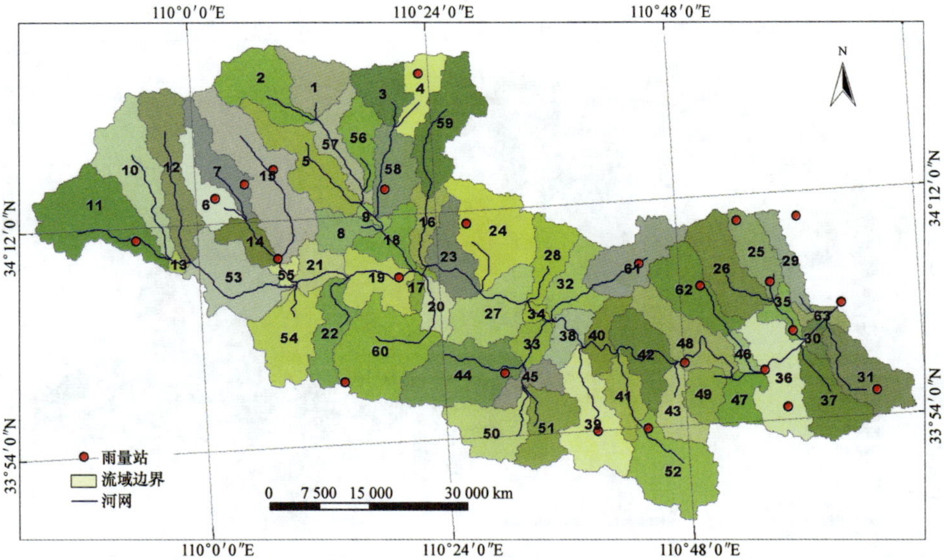


附图 18　洛河上游卢氏水文站以上流域水系及子流域划分

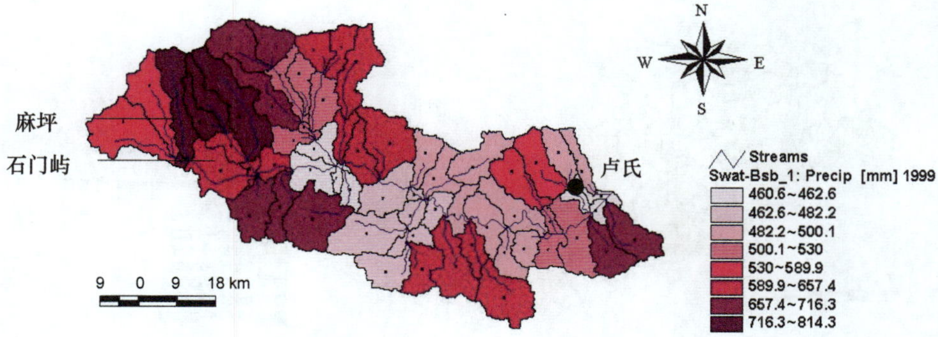


附图 19　1999 年降水空间分布

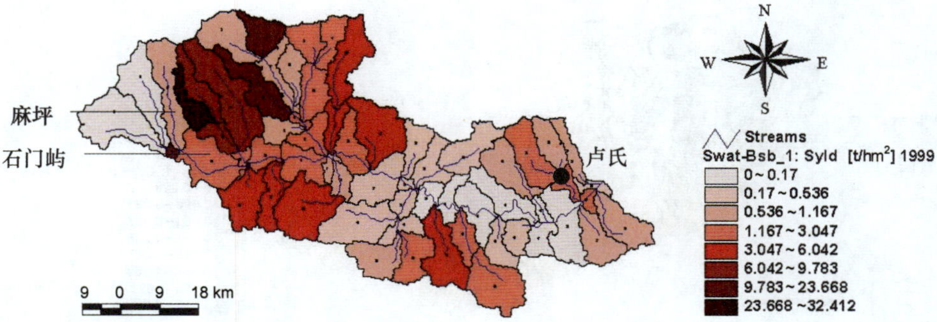


附图 20　1999 年泥沙空间分布

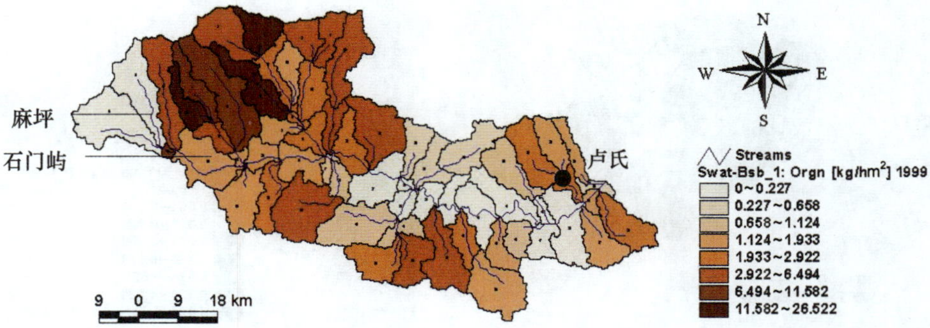


附图 21　1999 年吸附态氮空间分布

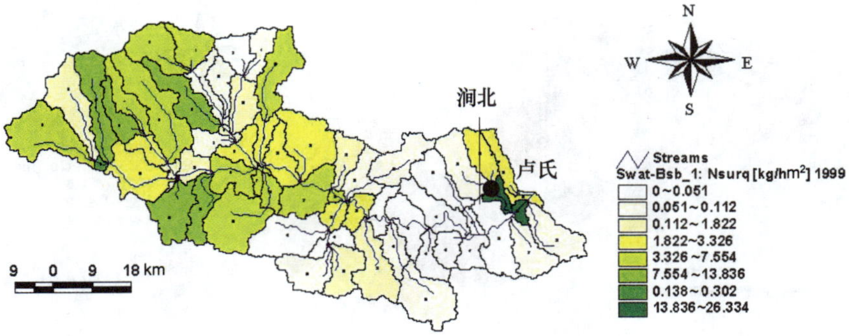


附图 22　1999 年溶解态氮空间分布

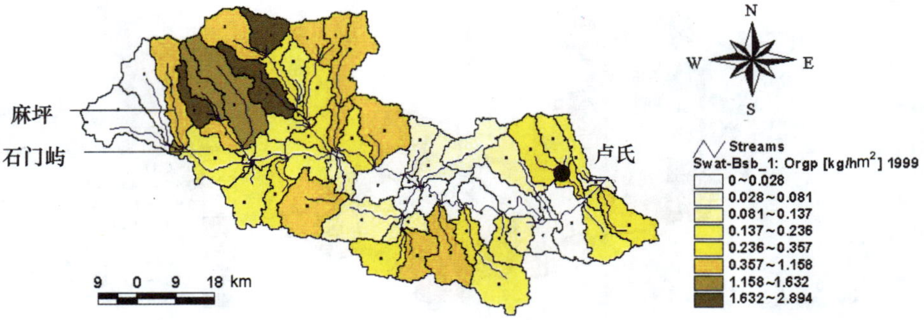


附图 23　1999 年吸附态磷空间分布

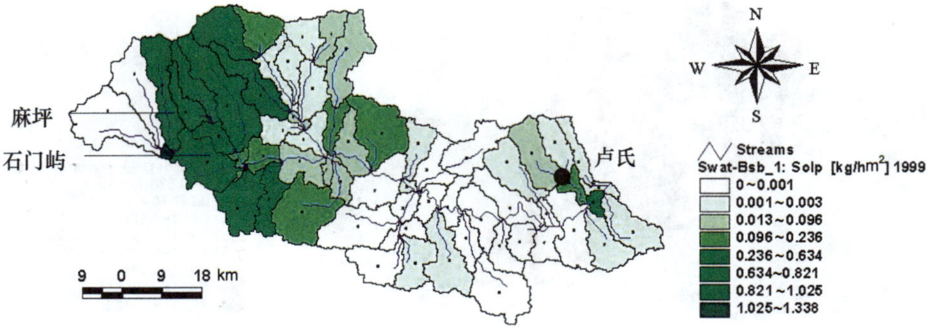


附图 24　1999 年溶解态磷空间分布

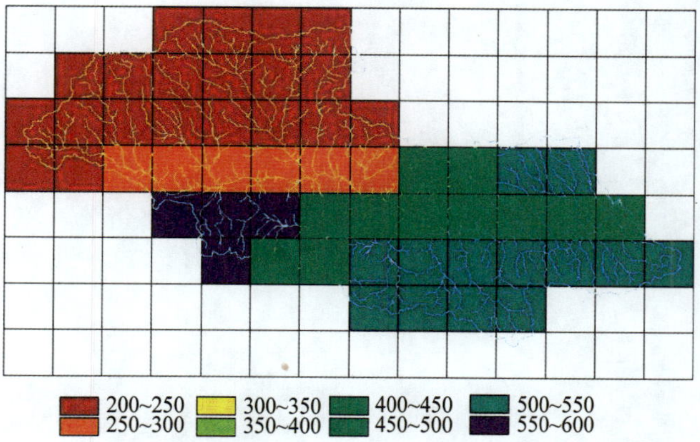


(a)蒸散发

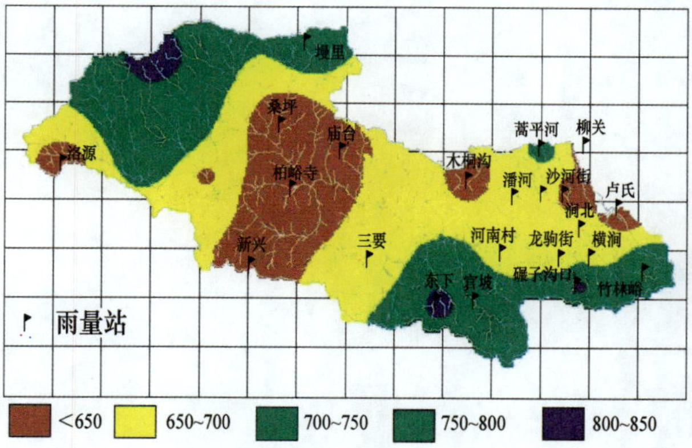


(b)降水

**附图 25　洛河上游卢氏水文站以上流域多年平均降水与蒸散发空间分布**

(1990～1996 年,单位:mm)